△

수학을 쉽게 만들어 주는 자

풍산자 반복수학

중학수학 3-1

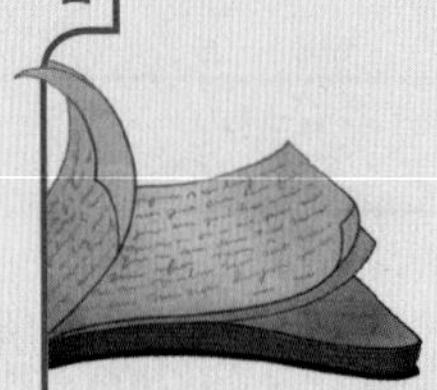

구성과 특징

» 반복 연습으로 기초를 탄탄하게 만드는 기본학습서!

수학하는 힘을 길러주는 반복수학으로 기초 실력과 자신감을 UP하세요.

I-1. 제곱근과 실수

01 제곱근의 뜻

❶

핵심개념

1. **a의 제곱근:** 어떤 수 x를 제곱하여 $a(a\geq 0)$가 될 때, x를 a의 제곱근이라고 한다.

   $x^2=a$ → x는 a의 제곱근

2. **제곱근의 개수:** 양수의 제곱근은 2개, 0의 제곱근은 1개, 음수의 제곱근은 없다.

2, −2 ⇄ 4 (제곱 / 제곱근)

❷

▶학습 날짜 월 일 ▶걸린 시간 분 / 목표 시간 15분

❸

1 다음을 완성하여라.

(1) 제곱하여 25가 되는 수는 5와 □

→ $5^2=$□, (□)$^2=25$

→ 5와 □는 25의 제곱근

(2) 제곱하여 0.04가 되는 수는 □와 −0.2

→ (□)$^2=0.04$, $(-0.2)^2=0.04$

→ □와 −0.2는 □의 제곱근

(3) 어떤 수 x를 제곱하여 a가 될 때, 즉 $x^2=a$일 때 x를 a의 ________이라고 한다.

(3) $\frac{1}{16}$의 제곱근

→ 제곱하여 □이 되는 수

→ $x^2=$□을 만족시키는 x의 값

→ □과 □

2 다음을 완성하여라.

(1) 9의 제곱근

→ 제곱하여 □가 되는 수

→ $x^2=$□를 만족시키는 x의 값

→ □과 −3

(2) 0.01의 제곱근

→ 제곱하여 □이 되는 수

→ $x^2=$□을 만족시키는 x의 값

→ □과 □

3 제곱하여 다음 수가 되는 수를 모두 구하여라.

(1) 36 답 ________

(2) 81 답 ________

(3) 0.09 답 ________

(4) 0.64 답 ________

(5) $\frac{1}{25}$ 답 ________

(6) $\frac{9}{16}$ 답 ________

8 I. 실수와 그 계산

❹

4 다음 수의 제곱근을 모두 구하여라.

(1) 1 답 ________

(2) 0 답 ________

(3) 16 답 ________

(4) 100 답 ________

(5) 0.49 답 ________

(6) $\frac{1}{9}$ 답 ________

(7) $\frac{25}{81}$ 답 ________

5 다음 수의 제곱근을 모두 구하여라.

(1) 3^2 답 ________

(2) $(-2)^2$ 답 ________

(3) $(0.01)^2$ 답 ________

(4) $(-1.2)^2$ 답 ________

(5) $\left(\frac{1}{7}\right)^2$ 답 ________

(6) $\left(-\frac{2}{5}\right)^2$ 답 ________

(7) −49 답 ________

음수의 제곱근은 없어. 꼭 기억해.

정답과 해설 2쪽

6 제곱근에 대한 다음 설명 중 옳은 것에는 ○표, 옳지 않은 것에는 ×표를 하여라.

(1) 0의 제곱근은 없다. ( )

(2) 4의 제곱근은 2, −2이다. ( )

(3) 1의 제곱근은 1개이다. ( )

(4) −25의 제곱근은 5, −5이다. ( )

(5) $(-3)^2$의 제곱근은 3, −3이다. ( )

(6) 제곱하여 49가 되는 수는 7, −7이다. ( )

(7) 모든 수의 제곱근은 2개이다. ( )

❺

풍쌤의 point

1. **a ($a\geq 0$)의 제곱근**
   → 제곱하여 a가 되는 수
   → $x^2=a$를 만족시키는 x의 값
2. **제곱근의 개수**
   양수 a의 제곱근 → 2개
   0의 제곱근 → 1개
   음수 a의 제곱근 → 0개

1. 제곱근과 실수 9

학습 Tip | 문제를 해결하는데 꼭 알아야 할 주의점이나 Tip을 주었습니다.

❶ 학습 내용의 핵심만 쏙쏙!

주제별 핵심 개념과 원리를 핵심만 쏙쏙 뽑아 이해하기 쉽게 정리

❷ 학습 날짜와 시간 체크!

주제별 학습 날짜, 걸린 시간을 체크하면서 계획성 있게 학습

❸ 단계별 문제로 개념을 확실히!

'빈칸 채우기 → 과정 완성하기 → 직접 풀어 보기'의 과정을 통해서 스스로 개념을 이해할 수 있도록 제시

❹ 유사 문제의 반복 학습!

같은 유형의 유사 문제를 반복적으로 연습하면서 개념을 확실히 익히고 기본 실력을 기를 수 있도록 구성

❺ 풍쌤의 point!

용어, 공식 등 꼭 알아야 할 핵심 사항을 다시 한번 체크할 수 있도록 구성

풍산자 반복수학에서는
수학의 기본기를 다지는 원리, 개념, 연산 문제의 반복 연습을 통해
자기 주도적 학습을 할 수 있습니다.

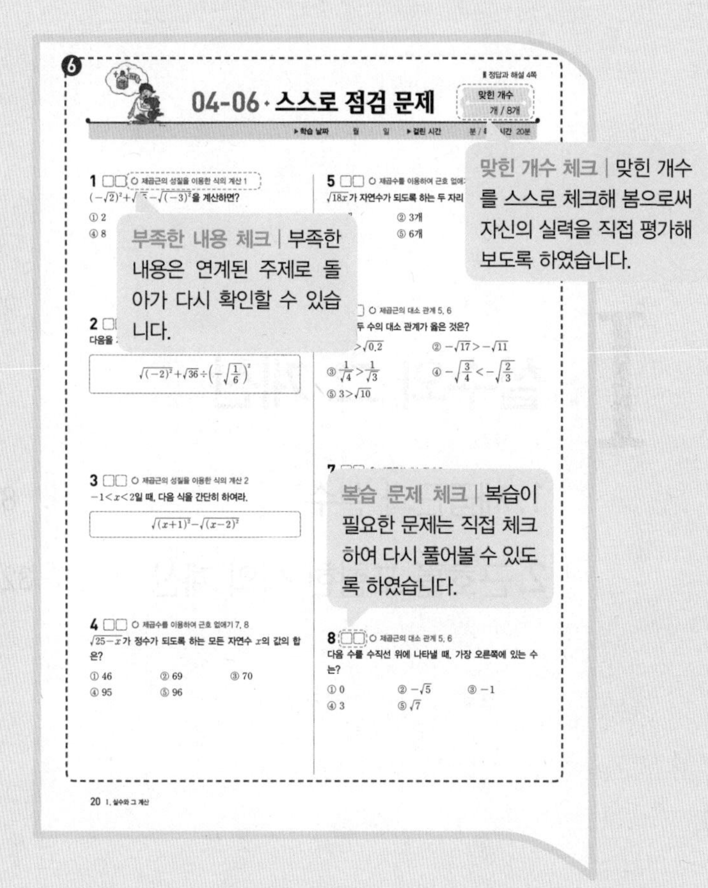

❻ 중요한 문제만 모아 점검!

집중+반복 학습한 내용을 바탕으로 자기 실력을 점검할 수 있는 평가 문항으로 구성

정답과 해설

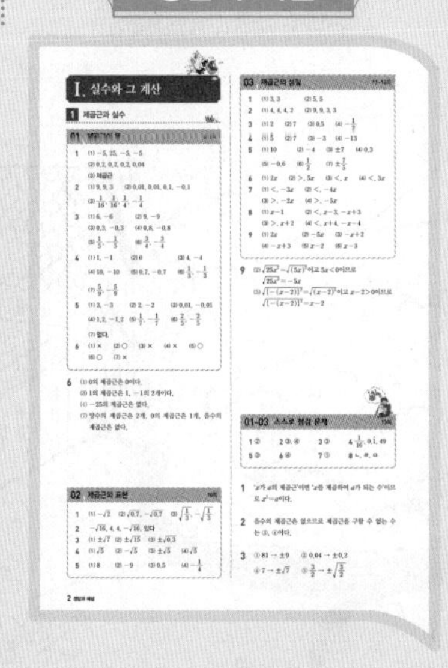

• 최적의 문제 해결 방법을 자세하고 친절하게 제시

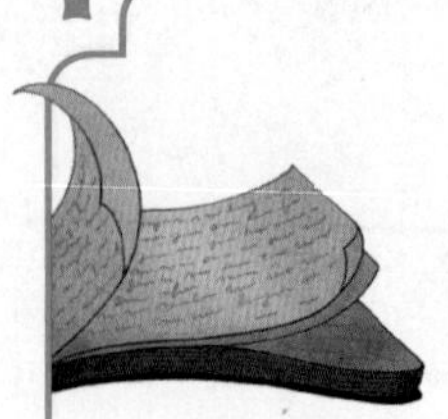

이 책의 차례

I 실수와 그 계산

Ⅱ : 인수분해와 이차방정식

Ⅲ : 이차함수

실천이 말보다 낫다.

– 벤자민 프랭클린 –

실수와 그 계산

01 제곱근의 뜻

핵심개념

1. **a의 제곱근:** 어떤 수 x를 제곱하여 $a(a\geq0)$가 될 때, x를 a의 제곱근이라고 한다.
   $x^2=a$ → x는 a의 제곱근
2. **제곱근의 개수:** 양수의 제곱근은 2개, 0의 제곱근은 1개, 음수의 제곱근은 없다.

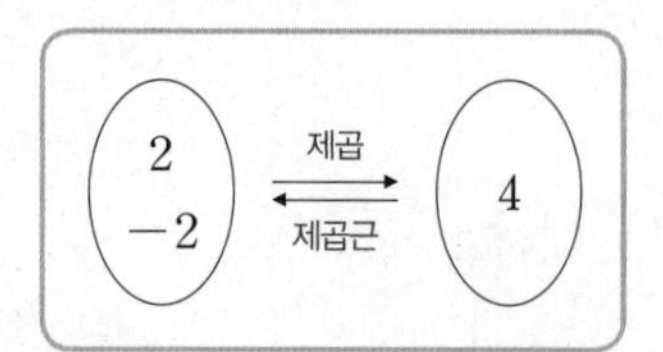

▶학습 날짜 월 일 ▶걸린 시간 분 / 목표 시간 15분

1 다음을 완성하여라.

(1) 제곱하여 25가 되는 수는 5와 ☐
→ $5^2=$☐, (☐$)^2=25$
→ 5와 ☐는 25의 제곱근

(2) 제곱하여 0.04가 되는 수는 ☐와 -0.2
→ (☐$)^2=0.04$, $(-0.2)^2=0.04$
→ ☐와 -0.2는 ☐의 제곱근

(3) 어떤 수 x를 제곱하여 a가 될 때, 즉 $x^2=a$일 때 x를 a의 __________이라고 한다.

2 다음을 완성하여라.

(1) 9의 제곱근
→ 제곱하여 ☐가 되는 수
→ $x^2=$☐를 만족시키는 x의 값
→ ☐과 -3

(2) 0.01의 제곱근
→ 제곱하여 ☐이 되는 수
→ $x^2=$☐을 만족시키는 x의 값
→ ☐과 ☐

(3) $\frac{1}{16}$의 제곱근
→ 제곱하여 ☐이 되는 수
→ $x^2=$☐을 만족시키는 x의 값
→ ☐과 ☐

3 제곱하여 다음 수가 되는 수를 모두 구하여라.

(1) 36 답 ____________

(2) 81 답 ____________

(3) 0.09 답 ____________

(4) 0.64 답 ____________

(5) $\frac{1}{25}$ 답 ____________

(6) $\frac{9}{16}$ 답 ____________

4 다음 수의 제곱근을 모두 구하여라.

(1) 1 답

(2) 0 답

(3) 16 답

(4) 100 답

(5) 0.49 답

(6) $\frac{1}{9}$ 답

(7) $\frac{25}{81}$ 답

5 다음 수의 제곱근을 모두 구하여라.

(1) 3^2 답

(2) $(-2)^2$ 답

(3) $(0.01)^2$ 답

(4) $(-1.2)^2$ 답

(5) $\left(\frac{1}{7}\right)^2$ 답

(6) $\left(-\frac{2}{5}\right)^2$ 답

(7) -49 답

음수의 제곱근은 없어. 꼭 기억해.

6 제곱근에 대한 다음 설명 중 옳은 것에는 ○표, 옳지 않은 것에는 ×표를 하여라.

(1) 0의 제곱근은 없다. (　　)

(2) 4의 제곱근은 2, -2이다. (　　)

(3) 1의 제곱근은 1개이다. (　　)

(4) -25의 제곱근은 5, -5이다. (　　)

(5) $(-3)^2$의 제곱근은 3, -3이다. (　　)

(6) 제곱하여 49가 되는 수는 7, -7이다. (　　)

(7) 모든 수의 제곱근은 2개이다. (　　)

풍쌤의 point

1. a ($a \geq 0$)의 제곱근
→ 제곱하여 a가 되는 수
→ $x^2=a$를 만족시키는 x의 값

2. 제곱근의 개수
양수 a의 제곱근 → 2개
0의 제곱근 → 1개
음수 a의 제곱근 → 0개

02 제곱근의 표현

핵심개념

1. **제곱근의 표현:** 제곱근은 기호 $\sqrt{\ }$ (근호)를 사용하여 나타내고, 제곱근 또는 루트라고 읽는다.
2. **a의 제곱근:** 양수 a의 제곱근 중 양의 제곱근은 $\sqrt{a}$, 음의 제곱근은 $-\sqrt{a}$로 나타낸다.
   참고 3의 양의 제곱근은 $\sqrt{3}$, 음의 제곱근은 $-\sqrt{3}$이고 이것을 한꺼번에 $\pm\sqrt{3}$으로 나타내기도 한다.
3. **제곱근 a:** 양수 a의 제곱근 중 양의 제곱근, 즉 $\sqrt{a}$를 의미한다.

▶학습 날짜 월 일 ▶걸린 시간 분 / 목표 시간 10분

정답과 해설 2쪽

1 다음을 완성하여라.

(1) 2의 양의 제곱근은 $\sqrt{2}$, 음의 제곱근은 ☐

(2) 0.7의 양의 제곱근은 ☐, 음의 제곱근은 ☐

(3) $\frac{1}{3}$의 양의 제곱근은 ☐, 음의 제곱근은 ☐

2 다음을 완성하여라.

양수 16의 제곱근을 근호를 사용하여 나타내면 $\sqrt{16}$과 ☐이다. 이때 16의 제곱근은 ☐와 -4이므로 $\sqrt{16}=$☐, ☐$=-4$
➔ 근호 안의 수가 어떤 수의 제곱이면 그 수의 제곱근은 근호를 사용하지 않고 나타낼 수 (있다, 없다).

3 다음 수의 제곱근을 근호를 사용하여 나타내어라.

(1) 7 답

(2) 15 답

(3) 0.3 답

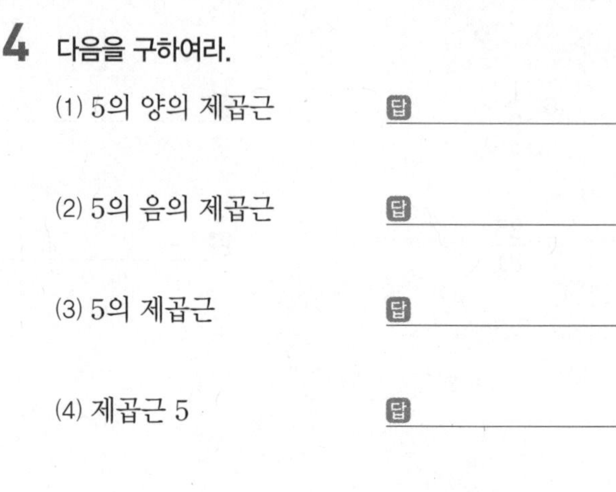

4 다음을 구하여라.

(1) 5의 양의 제곱근 답

(2) 5의 음의 제곱근 답

(3) 5의 제곱근 답

(4) 제곱근 5 답

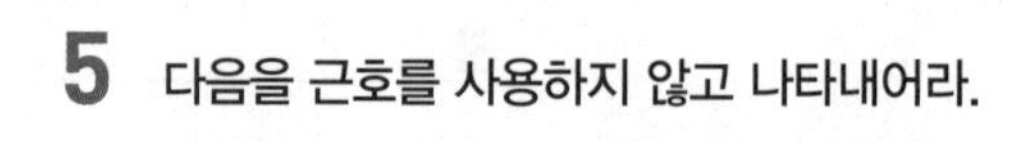

5 다음을 근호를 사용하지 않고 나타내어라.

(1) $\sqrt{64}$ 답

(2) $-\sqrt{81}$ 답

(3) $\sqrt{0.25}$ 답

(4) $-\sqrt{\frac{1}{16}}$ 답

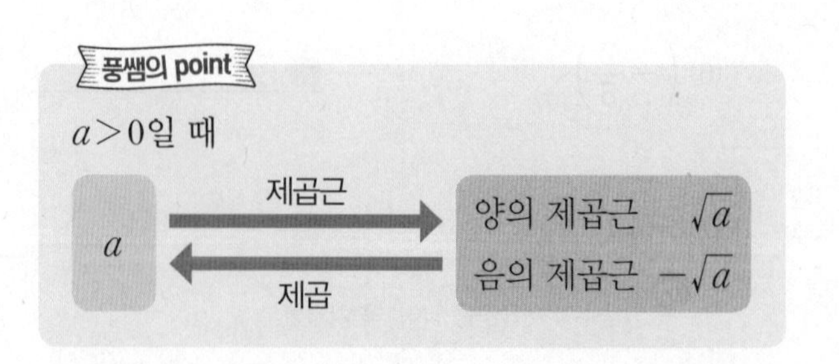

03 제곱근의 성질

핵심개념

1. 제곱근의 성질 (1)

$a>0$일 때

(1) $(\sqrt{a})^2=a$, $(-\sqrt{a})^2=a$ (2) $\sqrt{a^2}=a$, $\sqrt{(-a)^2}=a$

2. 제곱근의 성질 (2)

(1) $a\ge 0$일 때, $\sqrt{a^2}=a$ (2) $a<0$일 때, $\sqrt{a^2}=-a$

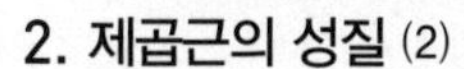

▶학습 날짜 월 일 ▶걸린 시간 분 / 목표 시간 15분

정답과 해설 2쪽

1 다음을 완성하여라.

(1) $\sqrt{3}$과 $-\sqrt{3}$은 3의 제곱근이므로
$(\sqrt{3})^2=\square$, $(-\sqrt{3})^2=\square$

(2) $\sqrt{5}$와 $-\sqrt{5}$는 5의 제곱근이므로
$(\sqrt{5})^2=\square$, $(-\sqrt{5})^2=\square$

2 다음을 완성하여라.

(1) $2^2=\square$, $(-2)^2=\square$이고, 4의 양의 제곱근은 2이므로
$\sqrt{2^2}=\sqrt{\square}=2$, $\sqrt{(-2)^2}=\sqrt{4}=\square$

(2) $3^2=\square$, $(-3)^2=\square$이고, 9의 양의 제곱근은 3이므로
$\sqrt{3^2}=\sqrt{9}=\square$, $\sqrt{(-3)^2}=\sqrt{9}=\square$

3 다음 수를 근호를 사용하지 않고 나타내어라.

(1) $(\sqrt{2})^2$ 답 ______

(2) $(-\sqrt{7})^2$ 답 ______

(3) $(-\sqrt{0.5})^2$ 답 ______

(4) $-\left(-\sqrt{\frac{1}{2}}\right)^2$ 답 ______

4 다음 수를 근호를 사용하지 않고 나타내어라.

(1) $\sqrt{5^2}$ 답 ______

(2) $\sqrt{(-7)^2}$ 답 ______

(3) $-\sqrt{3^2}$ 답 ______

(4) $-\sqrt{(-13)^2}$ 답 ______

5 다음 수를 근호를 사용하지 않고 나타내어라.

(1) $\sqrt{100}$ 답 ______

(2) $-\sqrt{16}$ 답 ______

(3) $\pm\sqrt{49}$ 답 ______

(4) $\sqrt{0.09}$ 답 ______

(5) $-\sqrt{0.36}$ 답 ______

(6) $\sqrt{\frac{1}{4}}$ 답 ______

(7) $\pm\sqrt{\frac{49}{25}}$ 답 ______

6 $x>0$일 때, ◯ 안에 부등호 $>$ 또는 $<$를 써넣고, 식을 간단히 하여라.

(1) $2x>0$ ➜ $\sqrt{(2x)^2}=$☐

(2) $5x$ ◯ 0 ➜ $\sqrt{(5x)^2}=$☐

(3) $-x$ ◯ 0 ➜ $\sqrt{(-x)^2}=$☐

(4) $-3x$ ◯ 0 ➜ $\sqrt{(-3x)^2}=$☐

7 $x<0$일 때, ◯ 안에 부등호 $>$ 또는 $<$를 써넣고, 식을 간단히 하여라.

(1) $3x$ ◯ 0 ➜ $\sqrt{(3x)^2}=$☐

(2) $4x$ ◯ 0 ➜ $\sqrt{(4x)^2}=$☐

(3) $-2x$ ◯ 0 ➜ $\sqrt{(-2x)^2}=$☐

(4) $-5x$ ◯ 0 ➜ $\sqrt{(-5x)^2}=$☐

8 다음을 완성하여라.

(1) $x>1$일 때, $x-1>0$

➜ $\sqrt{(x-1)^2}=$☐

(2) $x<3$일 때, $x-3$ ◯ 0

➜ $\sqrt{(x-3)^2}=-($☐$)=$☐

(3) $x>-2$일 때, $x+2$ ◯ 0

➜ $\sqrt{(x+2)^2}=$☐

(4) $x<-4$일 때, $x+4$ ◯ 0

➜ $\sqrt{(x+4)^2}=-($☐$)=$☐

9 다음 식을 간단히 하여라.

(1) $x>0$일 때, $\sqrt{(-2x)^2}$ 답 ________

(2) $x<0$일 때, $\sqrt{25x^2}$ 답 ________

(3) $x<2$일 때, $\sqrt{(x-2)^2}$ 답 ________

(4) $x>3$일 때, $-\sqrt{(x-3)^2}$ 답 ________

(5) $x>2$일 때, $\sqrt{\{-(x-2)\}^2}$ 답 ________

(6) $x<3$일 때, $-\sqrt{(x-3)^2}$ 답 ________

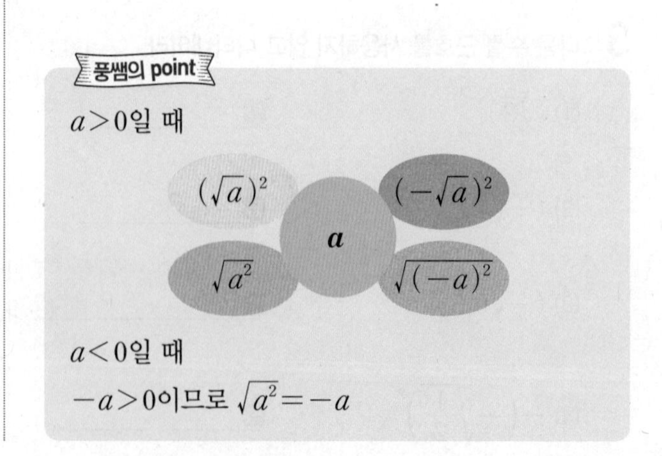

정답과 해설 2쪽

01-03 스스로 점검 문제

맞힌 개수 개 / 8개

▶학습 날짜 월 일 ▶걸린 시간 분 / 목표 시간 20분

1 □□ 제곱근의 뜻 1

다음 중 x가 a의 제곱근임을 나타낸 것은? (단, $a \geq 0$)

① $x^2 = a^2$ ② $x^2 = a$ ③ $x = a^2$
④ $x = \sqrt{a^2}$ ⑤ $\sqrt{x} = a$

2 □□ 제곱근의 뜻 6

다음 중 제곱근을 구할 수 없는 수를 모두 고르면? (정답 2개)

① 8 ② 0 ③ -0.5
④ -3 ⑤ 4

3 □□ 제곱근의 뜻 4, 5

다음 중 제곱근을 바르게 구한 것은?

① 81 → 9 ② 0.04 → ± 0.02
③ $(-8)^2$ → ± 8 ④ 7 → $\sqrt{7}$
⑤ $\frac{3}{2}$ → $-\sqrt{\frac{3}{2}}$

4 □□ 제곱근의 표현 3, 5

다음 중 근호를 사용하지 않고 제곱근을 나타낼 수 있는 수를 모두 구하여라.

13, 0.9, $\frac{1}{16}$, $0.\dot{1}$, 49

5 □□ 제곱근의 성질 3, 4

다음 중 옳지 않은 것은?

① $(\sqrt{9})^2 = 9$ ② $-\sqrt{5^2} = -5$
③ $\sqrt{(-3)^2} = -3$ ④ $-\sqrt{(-2)^2} = -2$
⑤ $\left(-\sqrt{\frac{4}{11}}\right)^2 = \frac{4}{11}$

6 □□ 제곱근의 성질 3, 4

다음 중 계산 결과가 나머지 넷과 다른 하나는?

① $\sqrt{3^2}$ ② $(-\sqrt{3})^2$ ③ $(\sqrt{3})^2$
④ $-\sqrt{(-3)^2}$ ⑤ $\sqrt{(-3)^2}$

7 □□ 제곱근의 성질 7

$a < 0$일 때, 다음 중 옳지 않은 것은?

① $\sqrt{a^2} = a$ ② $-\sqrt{(-a)^2} = a$
③ $\sqrt{(-3a)^2} = -3a$ ④ $-\sqrt{4a^2} = 2a$
⑤ $-\sqrt{(5a)^2} = 5a$

8 □□ 제곱근의 성질 8, 9

$-3 < a < 2$일 때, 다음 〈보기〉에서 옳은 것을 모두 골라라.

보기

ㄱ. $\sqrt{(a-2)^2} = a-2$
ㄴ. $-\sqrt{(a-2)^2} = a-2$
ㄷ. $\sqrt{(a+3)^2} = -a-3$
ㄹ. $\sqrt{(-3-a)^2} = 3+a$
ㅁ. $-\sqrt{(2-a)^2} = -2+a$
ㅂ. $-\sqrt{(a+3)^2} = a+3$

04 제곱근의 성질을 이용한 식의 계산

핵심개념

1. 제곱근의 성질을 이용하여 근호를 없앤 후 계산한다.
2. 덧셈, 뺄셈, 곱셈, 나눗셈이 섞여 있을 때에는 곱셈, 나눗셈부터 계산한 후 덧셈, 뺄셈을 계산한다.

▶학습 날짜 월 일 ▶걸린 시간 분 / 목표 시간 10분

정답과 해설 3쪽

1 다음을 계산하여라.

(1) $(\sqrt{3})^2+(-\sqrt{2})^2$

> ➜ $(\sqrt{3})^2=3$, $(-\sqrt{2})^2=\square$이므로
> $(\sqrt{3})^2+(-\sqrt{2})^2=3+\square=\square$

(2) $(-\sqrt{6})^2+\sqrt{3^2}$ 답 ______

(3) $(\sqrt{2})^2-\sqrt{(-5)^2}$ 답 ______

(4) $\sqrt{25}\times\sqrt{(-2)^2}$ 답 ______

(5) $(\sqrt{1.2})^2\div\sqrt{(-0.3)^2}$ 답 ______

(6) $\sqrt{(-6)^2}\times(-\sqrt{7})^2\div\sqrt{\left(\frac{3}{4}\right)^2}$

답 ______

(7) $\sqrt{4^2}+\sqrt{(-3)^2}\div\sqrt{\left(\frac{3}{5}\right)^2}$

답 ______

(8) $(-\sqrt{2})^2-\sqrt{9}\times(-\sqrt{3})^2$

답 ______

2 다음을 간단히 하여라.

(1) $a>0$일 때, $\sqrt{(2a)^2}+\sqrt{(-3a)^2}$

> ➜ $2a$ ◯ 0, $-3a$ ◯ 0이므로
> $\sqrt{(2a)^2}+\sqrt{(-3a)^2}=\square+\square$
> $=\square$

(2) $a>0$일 때, $\sqrt{(-7a)^2}+\sqrt{(2a)^2}$

답 ______

(3) $a<0$일 때, $-\sqrt{(-6a)^2}-\sqrt{a^2}$

답 ______

(4) $1<x<2$일 때, $\sqrt{(x-2)^2}-\sqrt{(x-1)^2}$

> ➜ $x-2$ ◯ 0, $x-1$ ◯ 0이므로
> $\sqrt{(x-2)^2}-\sqrt{(x-1)^2}$
> $=-(\square)-(\square)$
> $=\square$

(5) $-3<x<3$일 때, $\sqrt{(x+3)^2}-\sqrt{(3-x)^2}$

 ______

풍쌤의 point

제곱근의 근호 없애기

↓

×, ÷를 먼저
+, −는 나중에

05 제곱수를 이용하여 근호 없애기

핵심개념

1. **제곱수:** $1(=1^2)$, $4(=2^2)$, $9(=3^2)$, $16(=4^2)$, …과 같이 자연수의 제곱인 수
2. 근호 안의 수가 제곱수이면 근호를 사용하지 않고 자연수로 나타낼 수 있다.
   ➔ $\sqrt{(제곱수)}=\sqrt{(자연수)^2}=(자연수)$
3. **$\sqrt{a+x}$ (a는 자연수) 꼴을 자연수로 만드는 방법**
   ❶ $a+x>a$이므로 a보다 큰 제곱수 b를 찾는다. ($b=1^2, 2^2, 3^2, \cdots$)
   ❷ $a+x=b$를 만족시키는 자연수 x의 값을 찾는다.
4. **$\sqrt{ax}$, $\sqrt{\dfrac{a}{x}}$ (a는 자연수) 꼴을 자연수로 만드는 방법**
   ❶ a를 소인수분해한다.
   ❷ 소인수의 지수가 모두 짝수가 되도록 하는 x의 값을 구한다.

▶학습 날짜 월 일 ▶걸린 시간 분 / 목표 시간 20분

정답과 해설 3쪽

1 다음을 근호를 사용하지 않고 자연수로 나타내어라.

$\sqrt{4}=2$, $\sqrt{9}=\square$, $\sqrt{16}=\square$, $\sqrt{25}=\square$, …,
$\sqrt{121}=\square$, $\sqrt{144}=\square$, $\sqrt{169}=\square$,
$\sqrt{196}=\square$, $\sqrt{225}=\square$, $\sqrt{256}=\square$

2 $\sqrt{x+4}$가 자연수가 되도록 하는 가장 작은 자연수 x의 값을 구하려고 한다. 다음을 완성하여라.

(1) $x+4>4$이므로 $x+4$가 $\square$보다 큰 제곱수이어야 한다.

(2) $x+4=\square$, 16, $\square$, 36, …을 만족시키는 x의 값은 $\square$, 12, $\square$, 32, …

(3) 따라서 $\sqrt{x+4}$가 자연수가 되도록 하는 가장 작은 자연수 x의 값은 $\square$이다.

3 $\sqrt{45x}$가 자연수가 되도록 하는 가장 작은 자연수 x의 값을 구하려고 한다. 다음을 완성하여라.

(1) $45x$를 소인수분해하면
$45x=3^{\square}\times\square\times x$ …… ㉠

(2) ㉠에서 지수가 홀수인 소인수는 $\square$이므로 소인수의 지수가 모두 짝수이려면
$x=\square\times(자연수)^2$ 꼴이어야 한다.

(3) 따라서 $\sqrt{45x}$가 자연수가 되도록 하는 가장 작은 자연수 x의 값은 $\square$이다.

4 $\sqrt{\dfrac{12}{x}}$가 자연수가 되도록 하는 가장 작은 자연수 x의 값을 구하려고 한다. 다음을 안성하여라.

(1) $\dfrac{12}{x}$를 소인수분해하면 $\dfrac{12}{x}=\dfrac{2^2\times\square}{x}$ …… ㉠

(2) ㉠에서 지수가 홀수인 소인수는 $\square$이므로 소인수의 지수가 모두 짝수이려면
$x=\square\times(자연수)^2$ 꼴이어야 한다.

(3) 따라서 $\sqrt{\dfrac{12}{x}}$가 자연수가 되도록 하는 가장 작은 자연수 x의 값은 $\square$이다.

5 $\sqrt{x+21}$이 자연수가 되도록 하는 가장 작은 자연수 x의 값을 구하려고 한다. 다음 물음에 답하여라.

(1) 21보다 큰 제곱수 중 가장 작은 수를 구하여라.

답

(2) 가장 작은 자연수 x의 값을 구하여라.

답

6 다음 수가 자연수가 되도록 하는 가장 작은 자연수 x의 값을 구하여라.

(1) $\sqrt{x+7}$ 답

(2) $\sqrt{x+11}$ 답

(3) $\sqrt{10+x}$ 답

(4) $\sqrt{25+x}$ 답

(5) $\sqrt{27+x}$ 답

(6) $\sqrt{24+x}$ 답

7 $\sqrt{11-x}$가 자연수가 되도록 하는 가장 작은 자연수 x의 값을 구하려고 한다. 다음 물음에 답하여라.

(1) 11보다 작은 제곱수 중 가장 큰 수를 구하여라.

답

tip $\sqrt{a+x}$ 꼴은 a보다 큰 제곱수를 찾았지만 $\sqrt{b-x}$ 꼴은 b보다 작은 제곱수를 찾아야 해.

(2) 가장 작은 자연수 x의 값을 구하여라.

답

8 다음 수가 자연수가 되도록 하는 가장 작은 자연수 x의 값을 구하여라.

(1) $\sqrt{8-x}$ 답

(2) $\sqrt{12-x}$ 답

(3) $\sqrt{16-x}$ 답

(4) $\sqrt{25-x}$ 답

(5) $\sqrt{36-x}$ 답

(6) $\sqrt{21-x}$ 답

9 $\sqrt{15x}$가 자연수가 되도록 하는 가장 작은 자연수 x의 값을 구하려고 한다. 다음 물음에 답하여라.

(1) 15를 소인수분해하여라.

답 ____________

(2) (1)의 결과에서 지수가 홀수인 소인수를 구하여라.

답 ____________

(3) 가장 작은 자연수 x의 값을 구하여라.

답 ____________

10 다음 수가 자연수가 되도록 하는 가장 작은 자연수 x의 값을 구하여라.

(1) $\sqrt{3^2\times7\times x}$ 답 ____________

(2) $\sqrt{2\times5^3\times x}$ 답 ____________

(3) $\sqrt{48x}$ 답 ____________

(4) $\sqrt{24x}$ 답 ____________

(5) $\sqrt{95x}$ 답 ____________

(6) $\sqrt{30x}$ 답 ____________

11 $\sqrt{\frac{10}{x}}$이 자연수가 되도록 하는 가장 작은 자연수 x의 값을 구하려고 한다. 다음 물음에 답하여라.

(1) 10을 소인수분해하여라. 답 ____________

(2) (1)의 결과에서 지수가 홀수인 소인수를 구하여라. 답 ____________

(3) 가장 작은 자연수 x의 값을 구하여라.

답 ____________

12 다음 수가 자연수가 되도록 하는 가장 작은 자연수 x의 값을 구하여라.

(1) $\sqrt{\frac{3^2\times7}{x}}$ 답 ____________

(2) $\sqrt{\frac{54}{x}}$ 답 ____________

풍쌤의 point

1. $\sqrt{a+x}$가 자연수인 경우

$\sqrt{a+x}$가 자연수

→ $a+x$는 제곱수

→ $a+x$는 1^2, 2^2, 3^2, $2^2\times3^2$, …과 같이 소인수의 지수가 짝수여야 한다.

2. $\sqrt{ax}$, $\sqrt{\frac{a}{x}}$가 자연수인 경우

$\sqrt{ax}$, $\sqrt{\frac{a}{x}}$가 자연수

→ ax, $\frac{a}{x}$는 제곱수

→ ax, $\frac{a}{x}$는 1^2, 2^2, 3^2, $2^2\times3^2$, …과 같이 소인수의 지수가 짝수여야 한다. 이때 x의 값의 조건에 주의한다.

06 제곱근의 대소 관계

핵심개념

1. 제곱근의 대소 관계: $a>0$, $b>0$일 때
   (1) $a<b$이면 $\sqrt{a}<\sqrt{b}$, $-\sqrt{a}>-\sqrt{b}$
   (2) $\sqrt{a}<\sqrt{b}$이면 $a<b$, $-a>-b$
2. a와 $\sqrt{b}$의 대소 비교: $a>0$, $b>0$일 때, 근호가 없는 수를 근호가 있는 수로 바꾸어 비교한다. ➔ $\sqrt{a^2}$과 $\sqrt{b}$를 1과 같은 방법으로 비교

▶학습 날짜 월 일 ▶걸린 시간 분 / 목표 시간 15분

1 두 수의 대소를 비교하는 다음을 완성하여라.

(1) $\sqrt{4}$, $\sqrt{6}$
➔ $4<6$이므로 $\sqrt{4}\bigcirc\sqrt{6}$

(2) $\sqrt{0.7}$, $\sqrt{0.9}$
➔ $0.7\bigcirc0.9$이므로 $\sqrt{0.7}\bigcirc\sqrt{0.9}$

(3) $\sqrt{\frac{1}{3}}$, $\sqrt{\frac{1}{5}}$
➔ $\frac{1}{3}\bigcirc\frac{1}{5}$이므로 $\sqrt{\frac{1}{3}}\bigcirc\sqrt{\frac{1}{5}}$

2 두 수의 대소를 비교하는 다음을 완성하여라.

(1) 3, $\sqrt{10}$
➔ $3=\sqrt{9}$이므로 $\sqrt{9}\bigcirc\sqrt{10}$
$\therefore 3\bigcirc\sqrt{10}$

(2) 0.4, $\sqrt{0.1}$
➔ $0.4=\sqrt{\square}$이므로 $\sqrt{\square}\bigcirc\sqrt{0.1}$
$\therefore 0.4\bigcirc\sqrt{0.1}$

(3) $\frac{1}{3}$, $\sqrt{\frac{1}{8}}$
➔ $\frac{1}{3}=\sqrt{\square}$이므로 $\sqrt{\square}\bigcirc\sqrt{\frac{1}{8}}$
$\therefore \frac{1}{3}\bigcirc\sqrt{\frac{1}{8}}$

3 두 수의 대소를 비교하는 다음을 완성하여라.

(1) $-\sqrt{4}$, $-\sqrt{3}$
➔ $\sqrt{4}\bigcirc\sqrt{3}$이므로 $-\sqrt{4}\bigcirc-\sqrt{3}$

(2) $-\sqrt{0.4}$, $-\sqrt{0.5}$
➔ $\sqrt{0.4}\bigcirc\sqrt{0.5}$이므로 $-\sqrt{0.4}\bigcirc-\sqrt{0.5}$

(3) $-\sqrt{\frac{1}{3}}$, $-\sqrt{\frac{1}{4}}$
➔ $\sqrt{\frac{1}{3}}\bigcirc\sqrt{\frac{1}{4}}$이므로 $-\sqrt{\frac{1}{3}}\bigcirc-\sqrt{\frac{1}{4}}$

4 두 수의 대소를 비교하는 다음을 완성하여라.

(1) -7, $-\sqrt{50}$
➔ $-7=-\sqrt{\square}$이므로
$-\sqrt{\square}\bigcirc-\sqrt{50}$
$\therefore -7\bigcirc-\sqrt{50}$

(2) -0.3, $-\sqrt{0.9}$
➔ $-0.3=-\sqrt{\square}$이므로
$-\sqrt{\square}\bigcirc-\sqrt{0.9}$
$\therefore -0.3\bigcirc-\sqrt{0.9}$

(3) $-\frac{1}{2}$, $-\sqrt{\frac{1}{5}}$
➔ $-\frac{1}{2}=-\sqrt{\square}$이므로 $-\sqrt{\square}\bigcirc-\sqrt{\frac{1}{5}}$
$\therefore -\frac{1}{2}\bigcirc-\sqrt{\frac{1}{5}}$

정답과 해설 4쪽

5 다음 두 수의 대소를 비교하여 ◯ 안에 부등호 $>$ 또는 $<$를 써넣어라.

(1) $\sqrt{5}$ ◯ $\sqrt{7}$

(2) $\sqrt{24}$ ◯ $\sqrt{21}$

(3) $\sqrt{0.8}$ ◯ $\sqrt{0.7}$

(4) $\sqrt{\frac{1}{2}}$ ◯ $\sqrt{\frac{1}{4}}$

(5) $\sqrt{0.2}$ ◯ $\sqrt{\frac{2}{5}}$

(6) 4 ◯ $\sqrt{10}$

(7) $\sqrt{45}$ ◯ 7

(8) 0.5 ◯ $\sqrt{2.5}$

(9) $\frac{1}{5}$ ◯ $\sqrt{\frac{3}{25}}$

6 다음 두 수의 대소를 비교하여 ◯ 안에 부등호 $>$ 또는 $<$를 써넣어라.

(1) $-\sqrt{3}$ ◯ $-\sqrt{5}$

(2) $-\sqrt{0.3}$ ◯ $-\sqrt{0.2}$

(3) $-\sqrt{\frac{3}{4}}$ ◯ $-\sqrt{\frac{1}{2}}$

(4) $-\sqrt{\frac{3}{10}}$ ◯ $-\sqrt{0.4}$

(5) -5 ◯ $-\sqrt{35}$

(6) -1 ◯ $-\sqrt{0.9}$

(7) $-\frac{1}{2}$ ◯ $-\sqrt{\frac{2}{3}}$

풍쌤의 point

$a>0$, $b>0$일 때

1. $a<b$이면 ➜ $\sqrt{a}<\sqrt{b}$

2. $\sqrt{a}<\sqrt{b}$이면 ➜ $a<b$

3. $-\sqrt{a}<-\sqrt{b}$이면 ➜ $\sqrt{a}>\sqrt{b}$, $a>b$

4. a와 $\sqrt{b}$의 대소 비교

➜ $\sqrt{a^2}$과 $\sqrt{b}$의 대소를 비교

정답과 해설 4쪽

04-06 ◆ 스스로 점검 문제

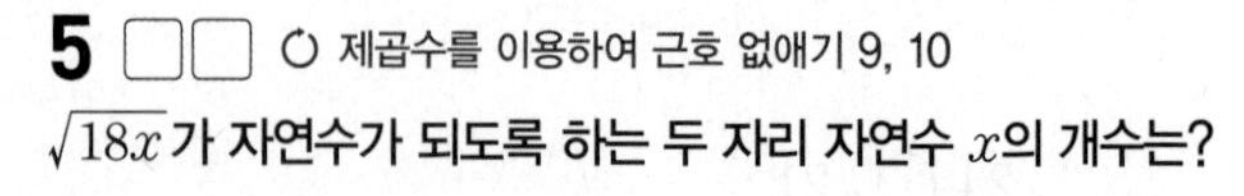

▶학습 날짜 월 일 ▶걸린 시간 분 / 목표 시간 20분

1 ○ 제곱근의 성질을 이용한 식의 계산 1

$(-\sqrt{2})^2+\sqrt{25}-\sqrt{(-3)^2}$을 계산하면?

① 2 ② 4 ③ 6
④ 8 ⑤ 10

2 ○ 제곱근의 성질을 이용한 식의 계산 1

다음을 계산하여라.

$$\sqrt{(-2)^2}+\sqrt{36}\div\left(-\sqrt{\frac{1}{6}}\right)^2$$

3 ○ 제곱근의 성질을 이용한 식의 계산 2

$-1<x<2$일 때, 다음 식을 간단히 하여라.

$$\sqrt{(x+1)^2}-\sqrt{(x-2)^2}$$

4 ○ 제곱수를 이용하여 근호 없애기 7, 8

$\sqrt{25-x}$가 정수가 되도록 하는 모든 자연수 x의 값의 합은?

① 46 ② 69 ③ 70
④ 95 ⑤ 96

5 ○ 제곱수를 이용하여 근호 없애기 9, 10

$\sqrt{18x}$가 자연수가 되도록 하는 두 자리 자연수 x의 개수는?

① 2개 ② 3개 ③ 4개
④ 5개 ⑤ 6개

6 ○ 제곱근의 대소 관계 5, 6

다음 중 두 수의 대소 관계가 옳은 것은?

① $0.2>\sqrt{0.2}$ ② $-\sqrt{17}>-\sqrt{11}$
③ $\frac{1}{\sqrt{4}}>\frac{1}{\sqrt{3}}$ ④ $-\sqrt{\frac{3}{4}}<-\sqrt{\frac{2}{3}}$
⑤ $3>\sqrt{10}$

7 ○ 제곱근의 대소 관계 5

다음 수를 작은 수부터 차례대로 나열할 때, 두 번째에 오는 수는?

① $\frac{1}{\sqrt{2}}$ ② $\sqrt{\frac{1}{4}}$ ③ $\sqrt{\frac{3}{4}}$
④ $\frac{1}{\sqrt{8}}$ ⑤ $\sqrt{\frac{5}{8}}$

8 ○ 제곱근의 대소 관계 5, 6

다음 수를 수직선 위에 나타낼 때, 가장 오른쪽에 있는 수는?

① 0 ② $-\sqrt{5}$ ③ -1
④ 3 ⑤ $\sqrt{7}$

07 유리수와 무리수

핵심개념
1. **유리수:** 분수 $\frac{b}{a}$ $(a, b$는 정수, $a \neq 0)$ 꼴로 나타낼 수 있는 수
2. **무리수:** 유리수가 아닌 수, 즉 순환하지 않는 무한소수로 나타내어지는 수

▶학습 날짜 월 일 ▶걸린 시간 분 / 목표 시간 15분

정답과 해설 5쪽

1 다음 □ 안에 알맞은 수를 써넣고, 옳은 것에 ○표를 하여라.

(1) $\sqrt{2}$를 소수로 나타내면 순환하지 않는 무한소수이므로 (유리수, 무리수)이다.

(2) $\sqrt{9}=\sqrt{3^2}=\square$, $\sqrt{\frac{1}{4}}=\sqrt{\left(\frac{1}{2}\right)^2}=\square$, $-\sqrt{0.16}=-\sqrt{(\square)^2}=-\square$와 같이 근호 안의 수가 어떤 유리수의 제곱이면 그 수는 (유리수, 무리수)이다.

2 다음 수가 유리수이면 '유', 무리수이면 '무'를 써넣어라.

(1) $\frac{3}{4}$ ( )

(2) $-\sqrt{5}$ ( )

(3) $0.\dot{7}$ ( )

(4) $\sqrt{0.36}$ ( )

(5) $\frac{\pi}{2}$ ( )

(6) $0.\dot{2}7\dot{3}$ ( )

3 다음 수 중 무리수를 모두 골라라.

(1) $3.14,\ -\sqrt{0.3},\ \sqrt{\frac{1}{16}},\ 0.\dot{2}\dot{6},\ \sqrt{2}+1$

답

(2) $0.2\dot{7},\ -\sqrt{3},\ -5,\ \sqrt{7},\ \sqrt{9},\ 4.1$

답

(3) $-3.14,\ \sqrt{1.21},\ \pi+1,\ 0.\dot{5},\ \sqrt{20}$

답

(4) 4의 양의 제곱근, $\sqrt{(-3)^2}$, $\sqrt{0.\dot{1}}$, 제곱근 2

답

4 다음 수 중 순환하지 않는 무한소수로 나타낼 수 있는 것에는 ○표, 그렇지 않은 것에는 ×표를 하여라.

(1) $\sqrt{3}$ ( )

(2) $\sqrt{40}$ ( )

(3) $\frac{7}{16}$ ( )

(4) $\sqrt{25}$ ( )

(5) $\sqrt{\frac{49}{81}}$ ( )

(6) $2.\dot{7}$ ( )

(7) $-\sqrt{0.09}$ ( )

(8) π ( )

(9) $0.7\dot{9}\dot{3}$ ( )

(10) $\sqrt{(-5)^2}$ ( )

5 무리수에 대한 다음 설명 중 옳은 것에는 ○표, 옳지 않은 것에는 ×표를 하여라.

(1) 무한소수는 모두 무리수이다. ( )

(2) 순환하지 않는 무한소수는 무리수이다. ( )

(3) 유리수는 분모, 분자가 정수인 분수로 나타낼 수 있다. (단, 분모는 0이 아니다.) ( )

(4) 근호를 사용하여 나타낸 수는 모두 무리수이다. ( )

(5) 무리수는 양의 무리수, 0, 음의 무리수로 나눌 수 있다. ( )

(6) 순환소수는 모두 무리수이다. ( )

(7) 양수의 제곱근은 모두 무리수이다. ( )

(8) 무한소수에는 유리수도 있다. ( )

풍쌤의 point

유리수는 무리수가 아닌 수

무리수는 유리수가 아닌 수

유리수는 a, b가 정수일 때 분수 $\frac{b}{a}$ $(a\neq0)$로 나타낼 수 있는 수

➜ 당연히 0도 유리수

08 실수의 분류

핵심개념

1. 실수: 유리수와 무리수를 통틀어 실수라고 한다.
2. 실수의 분류

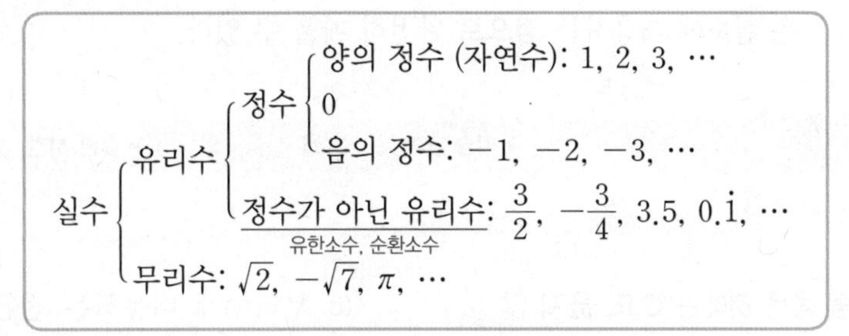

참고 앞으로 특별한 말이 없을 때에는 수라고 하면 실수를 말한다.

▶학습 날짜 월 일 ▶걸린 시간 분 / 목표 시간 10분

정답과 해설 5쪽

1 다음 중 □ 안에 알맞은 수를 써넣어라.

$3,\quad -\sqrt{5},\quad 2.7,\quad 0.4\dot{5},\quad -9,\quad 0,\quad \frac{6}{7}$

(1) 정수는 □, −9, □이다.

(2) 유리수는 3, □, □, −9, □, □이다.

(3) 무리수는 □이다.

(4) 실수는 3, □, □, □, □, □, □이다.

2 아래 수 중 다음에 해당하는 수를 모두 골라라.

$1,\quad \sqrt{3},\quad -\sqrt{64},\quad \pi,\quad 3.14,\quad \sqrt{\frac{25}{36}},\quad 1.\dot{3},\quad -\frac{3}{4}$

(1) 정수 ➜ ________________

(2) 유리수 ➜ ________________

(3) 무리수 ➜ ________________

(4) 실수 ➜ ________________

풍쌤의 point

〈수의 종류〉

실수
- 유리수
  - 정수
  - 정수가 아닌 유리수
- 무리수

〈수의 표현〉

- 유리수 → 분수, 유한소수, 순환소수
- 무리수 → 순환하지 않는 무한소수

09 실수와 수직선

핵심개념

1. 서로 다른 두 실수 사이에는 무수히 많은 실수가 있다.
2. 모든 실수는 각각 수직선 위의 한 점에 대응한다.
3. 수직선은 실수에 대응하는 점으로 완전히 메울 수 있다.

▶학습 날짜 월 일 ▶걸린 시간 분 / 목표 시간 10분

정답과 해설 5쪽

1 **실수에 대한 다음 설명 중 옳은 것에는 ○표, 옳지 않은 것에는 ×표를 하여라.**

(1) 서로 다른 두 정수 사이에는 무수히 많은 유리수가 있다. ( )

(2) 4와 7 사이에는 무수히 많은 무리수가 있다. ( )

(3) 2와 3 사이에는 정수가 있다. ( )

(4) $\sqrt{4}$와 $\sqrt{6}$ 사이의 무리수는 $\sqrt{5}$뿐이다. ( )

(5) $\sqrt{2}$와 $\sqrt{3}$ 사이에는 유리수가 있다. ( )

(6) $\frac{1}{5}$과 $\frac{1}{3}$ 사이에는 무리수가 하나도 없다. ( )

(7) $1+\sqrt{3}$에 대응하는 점은 수직선 위에 나타낼 수 없다. ( )

(8) 무리수에 대응하는 점은 수직선 위에 나타낼 수 없다. ( )

(9) 서로 다른 두 유리수 사이에는 무수히 많은 유리수가 있다. ( )

(10) 서로 다른 두 실수 사이에는 무수히 많은 실수가 있다. ( )

(11) 수직선은 정수와 무리수에 대응하는 점들로 완전히 메울 수 있다. ( )

풍쌤의 point

수직선은 유리수와 무리수를 모두 포함한 실수인 점으로 완전히 채울 수 있다.
또, 모든 실수를 수직선 위에 나타낼 수 있고 수직선 위의 두 실수 사이에는 무수히 많은 실수가 존재한다. 즉, 두 실수 사이에는 항상 다른 실수가 있다.

10 무리수를 수직선 위에 나타내기

핵심개념

무리수를 수직선 위에 나타내는 방법

❶ 피타고라스 정리를 이용하여 정사각형의 한 변의 길이를 구한다.

➔ (정사각형의 한 변의 길이)=(직각삼각형의 빗변의 길이)

❷ 기준점을 찾아 대응하는 점이

➔ 기준점의 { 오른쪽: (기준점)$+\sqrt{a}$ / 왼쪽: (기준점)$-\sqrt{a}$ }

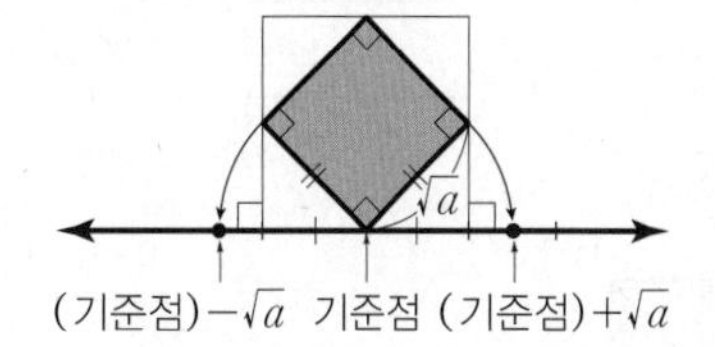

▶학습 날짜 월 일 ▶걸린 시간 분 / 목표 시간 15분

▌정답과 해설 5쪽

1 아래 그림에서 모눈 한 칸은 한 변의 길이가 1인 정사각형이다. 정사각형 ABCD에서 $\overline{BC}=\overline{BP}$, $\overline{BA}=\overline{BQ}$일 때, 두 점 P, Q에 대응하는 수를 구하는 다음 과정을 완성하여라.

(1)

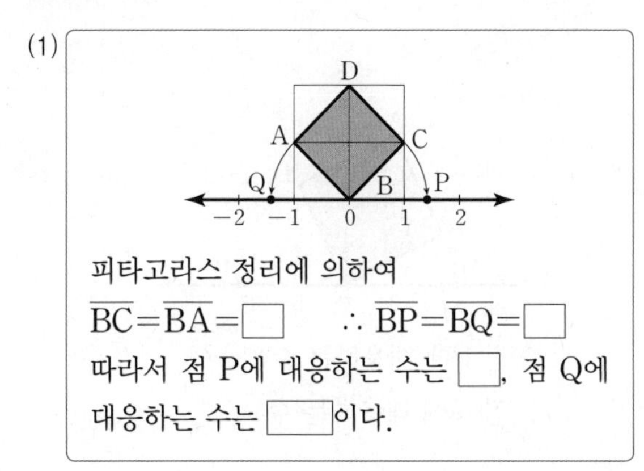

피타고라스 정리에 의하여

$\overline{BC}=\overline{BA}=$☐ $\therefore$ $\overline{BP}=\overline{BQ}=$☐

따라서 점 P에 대응하는 수는 ☐, 점 Q에 대응하는 수는 ☐이다.

(2)

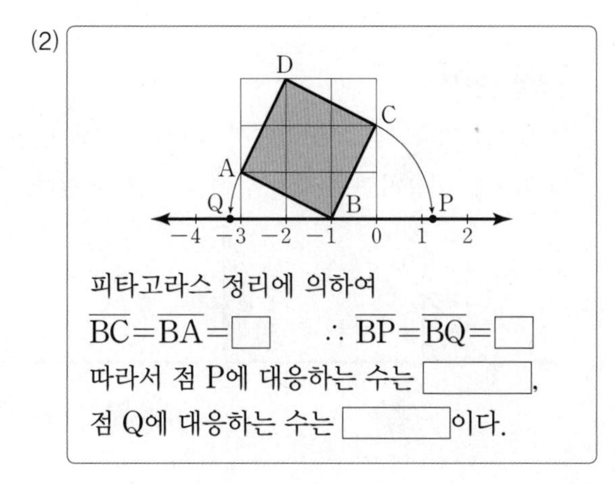

피타고라스 정리에 의하여

$\overline{BC}=\overline{BA}=$☐ $\therefore$ $\overline{BP}=\overline{BQ}=$☐

따라서 점 P에 대응하는 수는 ☐,

점 Q에 대응하는 수는 ☐이다.

2 다음 그림에서 $\overline{AB}=\overline{AP}$일 때, 수직선 위의 점 P에 대응하는 수를 구하여라.

(1)

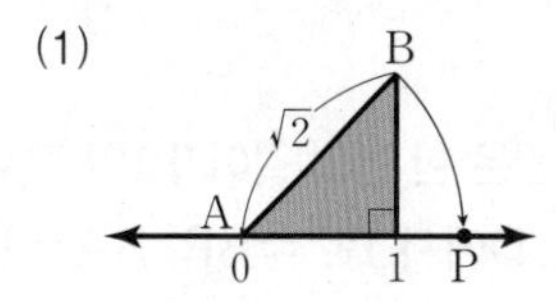

➔ $\overline{AP}=\sqrt{2}$이고, 점 P가 기준점 0의 오른쪽에 있으므로 P(0+☐)=P(☐)

(2)

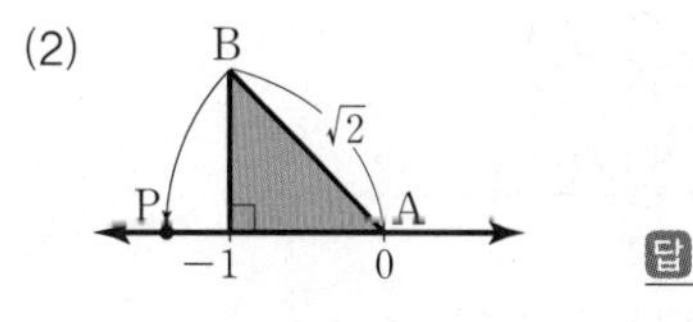

답 ____________

(3)

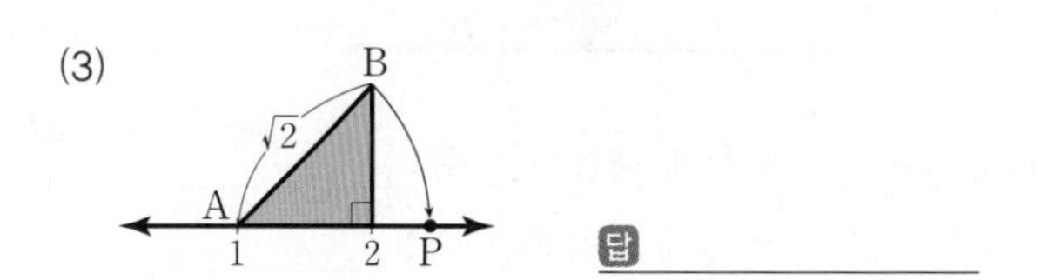

답 ____________

▌정답과 해설 5쪽

3 다음 그림에서 사각형 ABCD는 한 변의 길이가 1인 정사각형이고 $\overline{BD}=\overline{BP}$, $\overline{CA}=\overline{CQ}$일 때, 두 점 P, Q에 대응하는 수를 각각 구하여라.

(1)

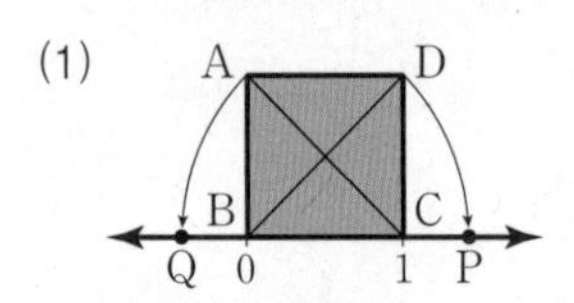

→ 점 P에 대응하는 수: ________

점 Q에 대응하는 수: ________

(2)

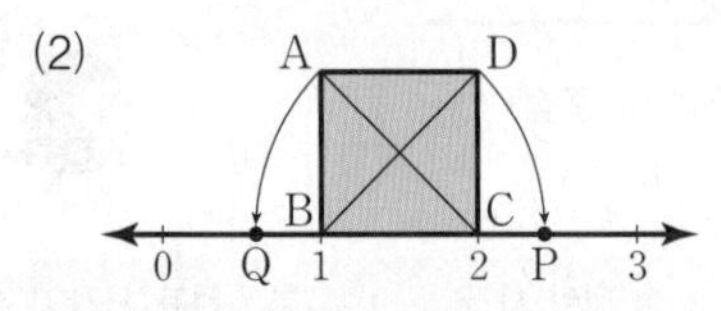

→ 점 P에 대응하는 수: ________

점 Q에 대응하는 수: ________

4 다음 그림에서 모눈 한 칸은 한 변의 길이가 1인 정사각형이다. 정사각형 ABCD에서 $\overline{BC}=\overline{BP}$, $\overline{BA}=\overline{BQ}$일 때, 두 점 P, Q에 대응하는 수를 각각 구하여라.

(1)

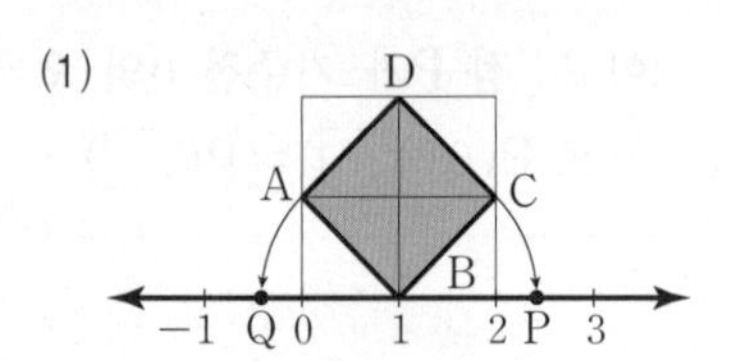

→ 점 P에 대응하는 수: ________

점 Q에 대응하는 수: ________

(2)

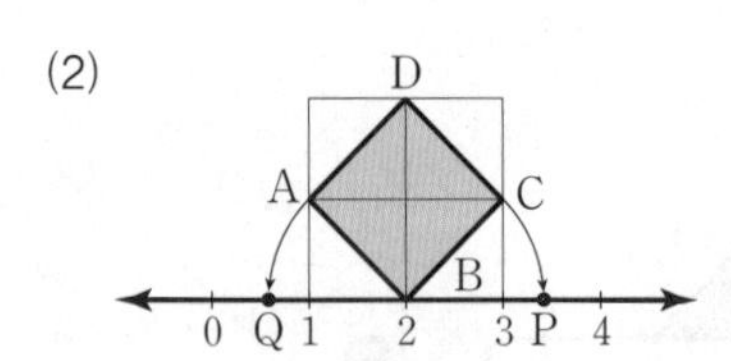

→ 점 P에 대응하는 수: ________

점 Q에 대응하는 수: ________

(3)

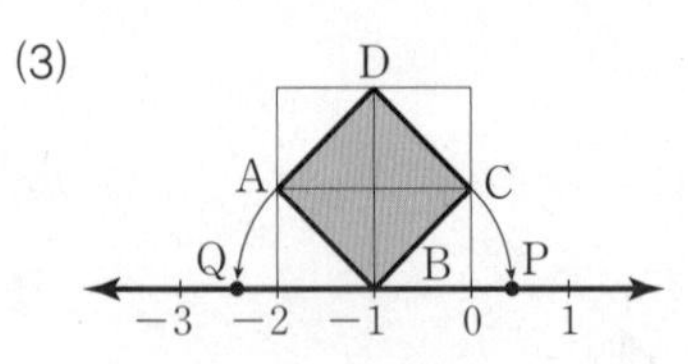

→ 점 P에 대응하는 수: ________

점 Q에 대응하는 수: ________

5 다음 그림에서 모눈 한 칸은 한 변의 길이가 1인 정사각형이다. $\overline{CD}=\overline{CP}$, $\overline{CB}=\overline{CQ}$일 때, 두 점 P, Q에 대응하는 수를 각각 구하여라.

(1)

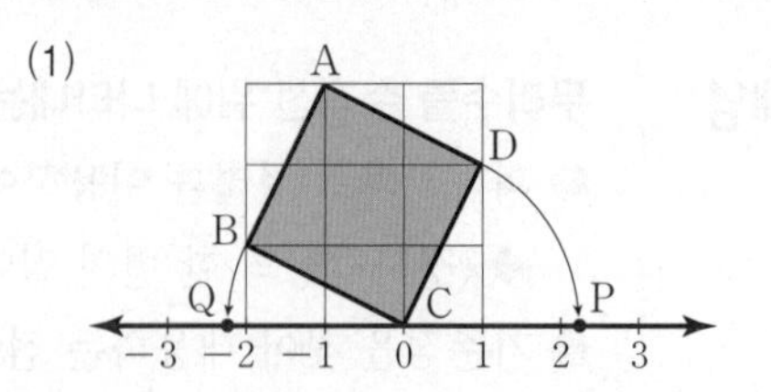

→ 점 P에 대응하는 수: ________

점 Q에 대응하는 수: ________

(2)

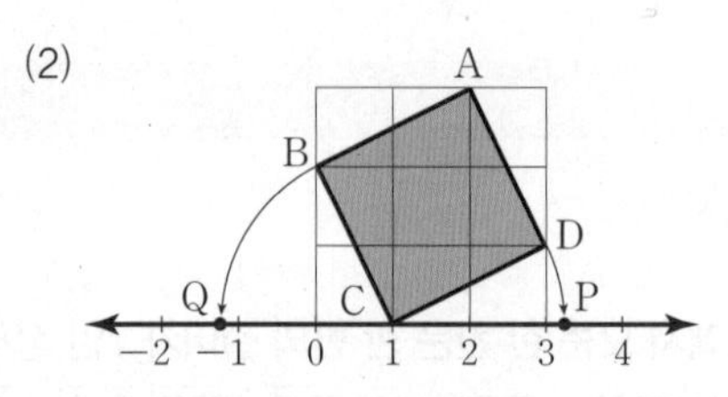

→ 점 P에 대응하는 수: ________

점 Q에 대응하는 수: ________

(3)

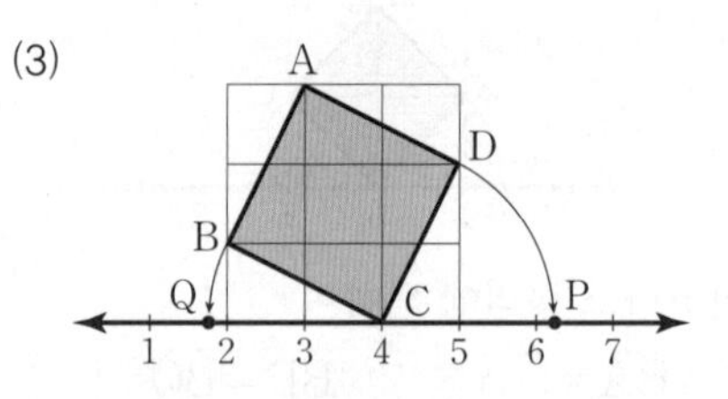

→ 점 P에 대응하는 수: ________

점 Q에 대응하는 수: ________

풍쌤의 point

무리수를 피타고라스 정리에서 직각삼각형의 빗변의 길이를 이용하면 수직선 위에 나타낼 수 있다.

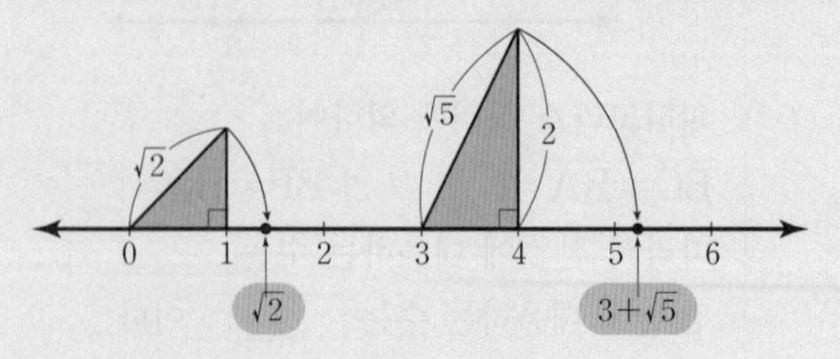

11 두 실수의 대소 관계

핵심개념 | **두 실수의 대소 관계:** a, b가 실수일 때

(1) $a-b>0$이면 $a>b$
(2) $a-b=0$이면 $a=b$
(3) $a-b<0$이면 $a<b$

▶학습 날짜 월 일 ▶걸린 시간 분 / 목표 시간 15분

▌정답과 해설 6쪽

1 두 수 $\sqrt{3}-2$와 $\sqrt{5}-2$의 대소를 비교하는 다음 과정을 완성하여라.

> [방법 1] 두 수를 직접 비교
> $\sqrt{3}-2$와 $\sqrt{5}-2$의 대소 비교는 $\sqrt{3}$, $\square$의 대소 비교와 같다.
> $\sqrt{3}<\sqrt{5}$이므로 양변에서 $\square$를 빼면
> $\sqrt{3}-2 \bigcirc \sqrt{5}-2$
>
> [방법 2] 두 수의 차 이용
> $(\sqrt{3}-2)-(\sqrt{5}-2)=\sqrt{3}-\sqrt{5} \bigcirc 0$이므로
> $\sqrt{3}-2 \bigcirc \sqrt{5}-2$

2 두 수 $2+\sqrt{3}$과 $\sqrt{5}+\sqrt{3}$의 대소를 비교하는 다음 과정을 완성하여라.

> [방법 1] 두 수를 직접 비교
> $2=\sqrt{2^2}=\sqrt{4}$이므로 $\sqrt{4} \bigcirc \sqrt{5}$
> 양변에 $\square$을 더하면
> $\sqrt{4}+\sqrt{3} \bigcirc \sqrt{5}+\sqrt{3}$
> $\therefore 2+\sqrt{3} \bigcirc \sqrt{5}+\sqrt{3}$
>
> [방법 2] 두 수의 차 이용
> $(2+\sqrt{3})-(\sqrt{5}+\sqrt{3})=\square-\sqrt{5}$
> 이때 $2=\sqrt{2^2}=\sqrt{4}$이므로
> $2-\sqrt{5}=\sqrt{\square}-\sqrt{5} \bigcirc 0$
> 따라서 $(2+\sqrt{3})-(\sqrt{5}+\sqrt{3}) \bigcirc 0$이므로
> $2+\sqrt{3} \bigcirc \sqrt{5}+\sqrt{3}$

3 두 수 3과 $\sqrt{3}+1$의 대소를 비교하는 다음 과정을 완성하여라.

> $3-(\sqrt{3}+1)=2-\sqrt{3}$
> 이때 $2=\sqrt{2^2}=\sqrt{4}$이므로
> $2-\sqrt{3}=\sqrt{\square}-\sqrt{3} \bigcirc 0$
> 따라서 $3-(\sqrt{3}+1) \bigcirc 0$이므로
> $3 \bigcirc \sqrt{3}+1$

4 다음 두 수의 대소를 비교하여 ○ 안에 부등호 > 또는 <를 써넣어라.

(1) $\sqrt{2}+3 \bigcirc \sqrt{3}+3$

(2) $-3+\sqrt{11} \bigcirc -3+\sqrt{13}$

(3) $3-\sqrt{5} \bigcirc 3-\sqrt{7}$

(4) $-\sqrt{5}-1 \bigcirc -\sqrt{7}-1$

5 다음 두 수의 대소를 비교하여 ◯ 안에 부등호 > 또는 <를 써넣어라.

(1) $1-\sqrt{3}$ ◯ $\sqrt{2}-\sqrt{3}$

(2) $\sqrt{2}+4$ ◯ $\sqrt{2}+\sqrt{13}$

(3) $\sqrt{6}-3$ ◯ $\sqrt{6}-\sqrt{11}$

(4) $\sqrt{2}-\sqrt{5}$ ◯ $\sqrt{2}-\sqrt{3}$

(5) $-\sqrt{5}-\sqrt{3}$ ◯ $-\sqrt{7}-\sqrt{3}$

(6) $8-\sqrt{7}$ ◯ 4

(7) 5 ◯ $\sqrt{2}+3$

(8) $\sqrt{4}$ ◯ $1+\sqrt{2}$

(9) $-1-\sqrt{2}$ ◯ -3

(10) -4 ◯ $-2-\sqrt{5}$

(11) -3 ◯ $-5+\sqrt{3}$

6 다음 두 수의 대소를 비교하여 ◯ 안에 부등호 > 또는 <를 써넣어라.

tip 두 수를 직접 비교하기 어려운 경우에는 두 수의 차의 부호를 이용하면 돼.

(1) $\sqrt{5}-1$ ◯ 3

(2) $3-\sqrt{2}$ ◯ 2

(3) $\sqrt{6}-1$ ◯ 2

(4) 5 ◯ $2+\sqrt{12}$

(5) $\sqrt{13}+1$ ◯ 3

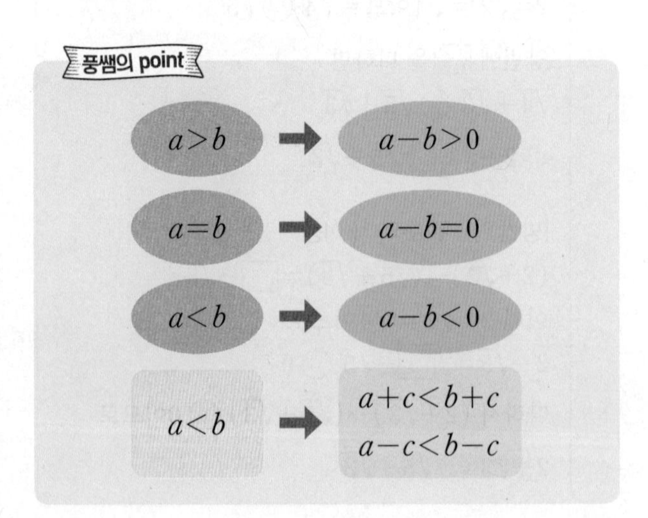

12 세 실수의 대소 관계

핵심개념

1. 세 실수의 대소 관계: a, b, c가 실수일 때,
$a<b$이고 $b<c$이면 $a<b<c$

2. 수직선에서 무리수에 대응하는 점 찾기
수직선에서 무리수 $\sqrt{x}$를 나타내는 점을 찾을 때에는 먼저 x에 가까운 제곱수를 찾아 $\sqrt{x}$의 값의 범위를 구한다.

예 수직선에서 $\sqrt{40}$에 대응하는 점을 찾으면
$\sqrt{36}<\sqrt{40}<\sqrt{49}$에서 $6<\sqrt{40}<7$이므로 6과 7 사이의 수이다.
즉, 오른쪽 수직선에서 점 D에 대응한다.

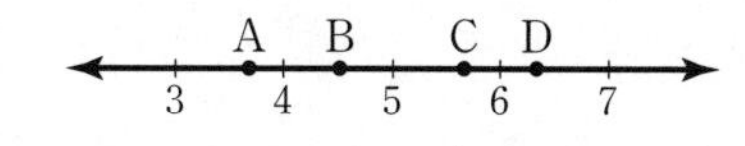

▶학습 날짜 월 일 ▶걸린 시간 분 / 목표 시간 15분

정답과 해설 6쪽

1 세 수 $2+\sqrt{5}$, 4, $\sqrt{6}+1$의 대소를 비교하는 다음 과정을 완성하여라.

(i) 두 수 $2+\sqrt{5}$와 4의 대소 비교
$(2+\sqrt{5})-4=$ ☐
$\sqrt{5}$ ◯ 2이므로 $\sqrt{5}-2$ ◯ 0
따라서 $(2+\sqrt{5})-4$ ◯ 0이므로
$2+\sqrt{5}$ ◯ 4
(ii) 두 수 4와 $\sqrt{6}+1$의 대소 비교
$4-(\sqrt{6}+1)=$ ☐
3 ◯ $\sqrt{6}$이므로 $3-\sqrt{6}$ ◯ 0
따라서 $4-(\sqrt{6}+1)$ ◯ 0이므로
4 ◯ $\sqrt{6}+1$
(i), (ii)에서 $2+\sqrt{5}$ ◯ 4 ◯ $\sqrt{6}+1$

2 아래 수직선에서 $\sqrt{19}$에 대응하는 점을 찾는 다음 과정을 완성하여라.

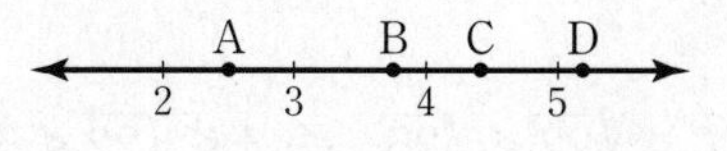

$\sqrt{16}<\sqrt{19}<\sqrt{25}$이므로 ☐ $<\sqrt{19}<$ ☐
따라서 $\sqrt{19}$에 대응하는 점은 점 ☐이다.

3 다음 세 수의 대소를 비교하는 과정을 완성하여라.

(1) $3+\sqrt{5}$, $\sqrt{2}+\sqrt{5}$, $2+\sqrt{2}$

(i) 두 수 $3+\sqrt{5}$와 $\sqrt{2}+\sqrt{5}$의 대소 비교
$3+\sqrt{5}$ ◯ $\sqrt{2}+\sqrt{5}$
(ii) 두 수 $\sqrt{2}+\sqrt{5}$와 $2+\sqrt{2}$의 대소 비교
$\sqrt{2}+\sqrt{5}$ ◯ $2+\sqrt{2}$
(i), (ii)에서 $3+\sqrt{5}$ ◯ $\sqrt{2}+\sqrt{5}$ ◯ $2+\sqrt{2}$

(2) $4-\sqrt{8}$, 2, $-\sqrt{10}+3$

(i) 두 수 $4-\sqrt{8}$과 2의 대소 비교
$4-\sqrt{8}-2=2-\sqrt{8}<0$이므로
$4-\sqrt{8}$ ◯ 2
(ii) 두 수 2와 $-\sqrt{10}+3$의 대소 비교
$2-(-\sqrt{10}+3)=\sqrt{10}-1>0$이므로
2 ◯ $-\sqrt{10}+3$
(iii) 두 수 $4-\sqrt{8}$과 $-\sqrt{10}+3$의 대소 비교
$4-\sqrt{8}-(-\sqrt{10}+3)$
$=1+\sqrt{10}-\sqrt{8}>0$
이므로 $4-\sqrt{8}$ ◯ $-\sqrt{10}+3$
(i), (ii), (iii)에서
$-\sqrt{10}+3$ ◯ $4-\sqrt{8}$ ◯ 2

4 다음 세 수 a, b, c의 대소 관계를 부등호를 사용하여 나타내어라.

(1)
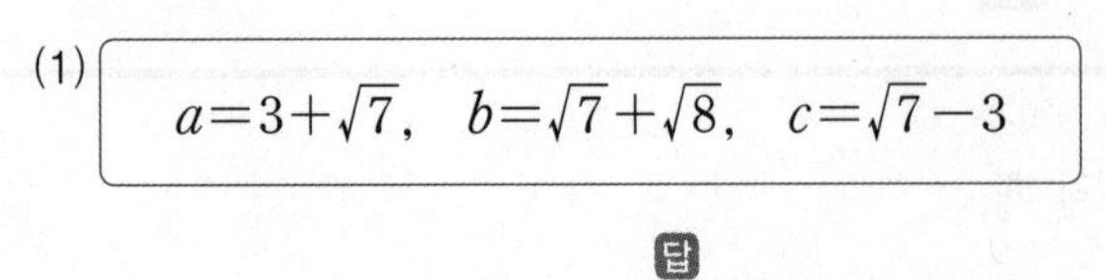

$a=3+\sqrt{7}$, $b=\sqrt{7}+\sqrt{8}$, $c=\sqrt{7}-3$

답 ____________

(2) $a=3+\sqrt{6}$, $b=\sqrt{2}+\sqrt{6}$, $c=1+\sqrt{2}$

답 ____________

(3) $a=\sqrt{6}+3$, $b=2+\sqrt{8}$, $c=\sqrt{6}+\sqrt{8}$

답 ____________

(4) $a=\sqrt{7}+1$, $b=3+\sqrt{3}$, $c=\sqrt{7}+\sqrt{3}$

답 ____________

(5) $a=\sqrt{10}-3$, $b=\sqrt{6}-3$, $c=3$

답 ____________

5 다음 수직선 위의 점 중 주어진 수에 대응하는 점을 찾아라.

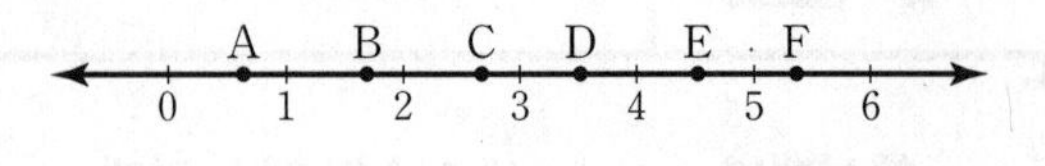

(1) $\sqrt{8}$ 답 ____________

(2) $\sqrt{12}$ 답 ____________

(3) $\sqrt{20}$ 답 ____________

(4) $\sqrt{\dfrac{1}{2}}$ 답 ____________

(5) $3+\sqrt{5}$ 답 ____________

(6) $\sqrt{7}-1$ 답 ____________

풍쌤의 point

1.
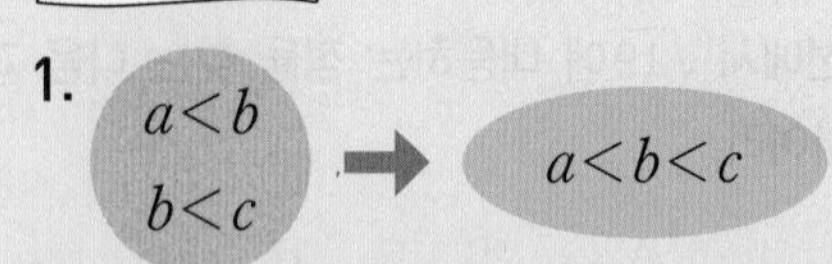

2. $\sqrt{16}<\sqrt{22}<\sqrt{25}$, 즉 $4<\sqrt{22}<5$이므로 수직선에서 $\sqrt{22}$에 대응하는 점은 4와 5 사이에 있다.

정답과 해설 6~7쪽

07-12 스스로 점검 문제

맞힌 개수 개 / 8개

▶학습 날짜 월 일 ▶걸린 시간 분 / 목표 시간 20분

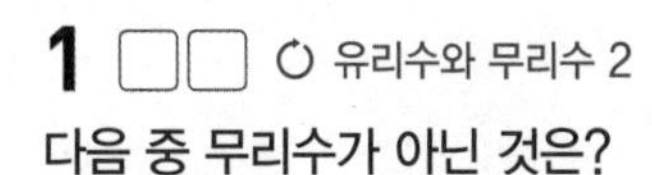

1 ○ 유리수와 무리수 2

다음 중 무리수가 아닌 것은?

① $\sqrt{2}+1$ ② $\sqrt{0.49}$ ③ $\sqrt{0.9}$
④ π ⑤ $2.7459\cdots$

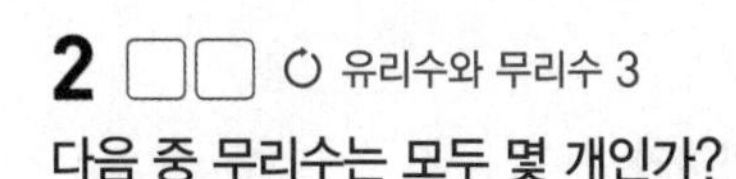

2 ○ 유리수와 무리수 3

다음 중 무리수는 모두 몇 개인가?

$\sqrt{\frac{4}{9}}$, 4.7, $\sqrt{8}$, $3.\dot{9}$, $2-\sqrt{3}$

① 1개 ② 2개 ③ 3개
④ 4개 ⑤ 5개

3 ○ 유리수와 무리수 5

다음 〈보기〉에서 옳은 것을 모두 골라라.

보기

ㄱ. 유한소수는 유리수이다.
ㄴ. 순환소수는 모두 유리수이다.
ㄷ. 무한소수는 모두 유리수이다.
ㄹ. 무한소수는 모두 무리수이다.

4 ○ 실수의 분류 2

다음 수에 대한 설명으로 옳은 것은?

$\sqrt{169}$, $-\sqrt{0.04}$, -3.14, $\sqrt{\frac{9}{25}}$, -7, 2π

① 자연수는 없다.
② 정수는 1개이다.
③ 유리수는 2개이다.
④ 정수가 아닌 유리수는 1개이다.
⑤ 순환하지 않는 무한소수는 1개이다.

5 ○ 무리수를 수직선 위에 나타내기 3

다음 그림에서 사각형 ABCD는 한 변의 길이가 1인 정사각형이다. $\overline{CA}=\overline{CP}$일 때, 점 P에 대응하는 수는?

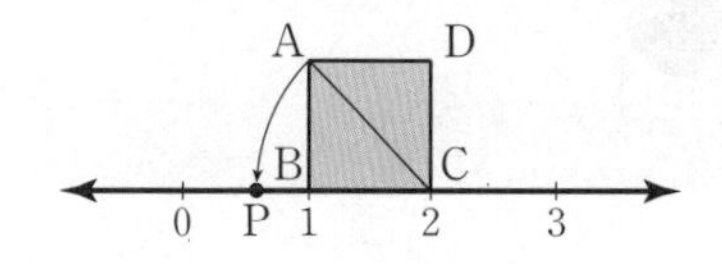

① $\sqrt{2}$ ② $1+\sqrt{2}$ ③ $1-\sqrt{2}$
④ $2+\sqrt{2}$ ⑤ $2-\sqrt{2}$

6 ○ 두 실수의 대소 관계 4, 5, 6

다음 중 두 실수의 대소 관계가 옳지 않은 것을 모두 고르면? (정답 2개)

① $\sqrt{2}+2>\sqrt{3}+2$
② $-\sqrt{10}-3<-\sqrt{10}-\sqrt{5}$
③ $6<3+\sqrt{12}$
④ $3-\sqrt{15}>-1$
⑤ $\sqrt{7}-4>\sqrt{11}-4$

7 ○ 세 실수의 대소 관계 4

세 수 $\sqrt{5}+7$, $2+\sqrt{7}$, $\sqrt{7}+\sqrt{5}$ 중 가장 큰 수를 구하여라.

8 ○ 세 실수의 대소 관계 5

다음 수직선 위의 점 중 $-\sqrt{14}$에 대응하는 점은?

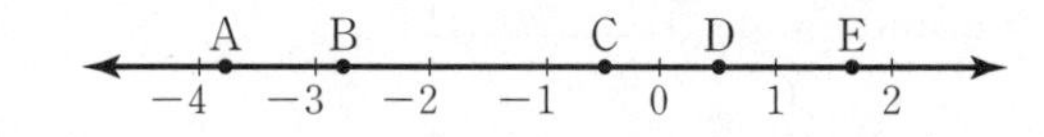

① 점 A ② 점 B ③ 점 C
④ 점 D ⑤ 점 E

13 제곱근의 곱셈

핵심개념 $a>0$, $b>0$이고 m, n이 유리수일 때

(1) $\sqrt{a}\times\sqrt{b}=\sqrt{a}\sqrt{b}=\sqrt{ab}$

(2) $m\sqrt{a}\times n=mn\sqrt{a}$

(3) $m\sqrt{a}\times n\sqrt{b}=mn\sqrt{ab}$

참고 근호 안의 수는 근호 안의 수끼리, 근호 밖의 수는 근호 밖의 수끼리 곱한다.

▶학습 날짜 월 일 ▶걸린 시간 분 / 목표 시간 15분

1 다음을 완성하여라.

(1) $\sqrt{2}\times\sqrt{5}=\sqrt{2\times\square}=\sqrt{\square}$

(2) $\sqrt{3}\times\sqrt{\frac{1}{6}}=\sqrt{\square\times\square}=\sqrt{\square}$

(3) $\sqrt{0.2}\times\sqrt{0.5}=\sqrt{\square\times\square}=\sqrt{\square}$

(4) $2\sqrt{3}\times5=(\square\times\square)\times\sqrt{3}=\square\sqrt{3}$

(5) $3\sqrt{2}\times5\sqrt{3}=(3\times\square)\times\sqrt{2\times\square}$
$=\square\sqrt{\square}$

(6) $3\sqrt{\frac{3}{2}}\times4\sqrt{\frac{4}{3}}=(\square\times\square)\times\sqrt{\square\times\frac{4}{3}}$
$=\square\sqrt{\square}$

2 다음 식을 간단히 하여라.

(1) $\sqrt{2}\times\sqrt{3}$ 답 ________

(2) $\sqrt{3}\times\sqrt{7}$ 답 ________

(3) $\sqrt{6}\times\sqrt{5}$ 답 ________

(4) $\sqrt{\frac{7}{3}}\times\sqrt{\frac{6}{7}}$ 답 ________

(5) $\sqrt{5}\times\sqrt{0.4}$ 답 ________

(6) $\sqrt{2}\times\sqrt{3}\times\sqrt{5}$ 답 ________

3 다음 식을 간단히 하여라.

(1) $2\times3\sqrt{2}$ 답

(2) $4\sqrt{5}\times5$ 답

(3) $3\sqrt{2}\times2\sqrt{5}$ 답

(4) $4\sqrt{3}\times5\sqrt{6}$ 답

(5) $3\sqrt{7}\times(-5\sqrt{3})$ 답

(6) $-4\sqrt{2}\times3\sqrt{10}$ 답

(7) $-3\sqrt{5}\times(-5\sqrt{7})$ 답

(8) $2\sqrt{0.1}\times\sqrt{0.2}$ 답

(9) $3\sqrt{0.3}\times2\sqrt{0.5}$ 답

(10) $5\sqrt{2}\times2\sqrt{0.1}$ 답

(11) $\sqrt{\frac{7}{3}}\times4\sqrt{\frac{15}{7}}$ 답

(12) $2\sqrt{\frac{7}{3}}\times5\sqrt{\frac{6}{7}}$ 답

(13) $6\sqrt{\frac{11}{6}}\times\left(-3\sqrt{\frac{12}{11}}\right)$ 답

풍쌤의 point

$a>0$, $b>0$일 때

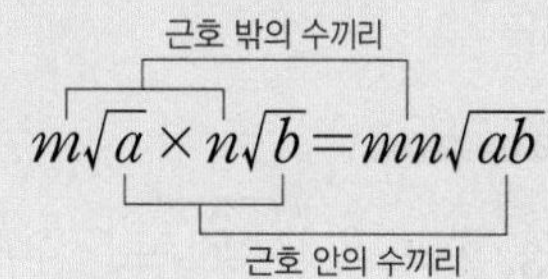

14 제곱근의 나눗셈

핵심개념 $a>0$, $b>0$이고 m, n이 유리수일 때

(1) $\sqrt{a}\div\sqrt{b}=\dfrac{\sqrt{a}}{\sqrt{b}}=\sqrt{\dfrac{a}{b}}$

(2) $m\sqrt{a}\div n\sqrt{b}=\dfrac{m}{n}\sqrt{\dfrac{a}{b}}$

참고 근호 안의 수는 근호 안의 수끼리, 근호 밖의 수는 근호 밖의 수끼리 나눈다.

▶학습 날짜 월 일 ▶걸린 시간 분 / 목표 시간 15분

1 다음을 완성하여라.

(1) $\dfrac{\sqrt{6}}{\sqrt{2}}=\sqrt{\dfrac{\square}{2}}=\sqrt{\square}$

(2) $\sqrt{4}\div\sqrt{2}=\dfrac{\sqrt{4}}{\sqrt{2}}=\sqrt{\dfrac{4}{\square}}=\sqrt{\square}$

(3) $(-\sqrt{2})\div\sqrt{10}$

$=-\dfrac{\sqrt{2}}{\sqrt{\square}}=-\sqrt{\dfrac{2}{\square}}=-\sqrt{\square}$

(4) $2\sqrt{15}\div\sqrt{3}=2\sqrt{15}\times\dfrac{1}{\sqrt{\square}}=2\sqrt{\dfrac{15}{\square}}=2\sqrt{\square}$

(5) $10\sqrt{6}\div(-5\sqrt{2})$

$=-\dfrac{\square}{5}\sqrt{\dfrac{\square}{2}}=-\square\sqrt{\square}$

(6) $6\sqrt{3}\div3\sqrt{2}=\dfrac{6}{\square}\sqrt{\dfrac{3}{\square}}=\square\sqrt{\square}$

2 다음 식을 간단히 하여라.

(1) $\dfrac{\sqrt{6}}{\sqrt{3}}$ 답 ______

(2) $\dfrac{\sqrt{10}}{\sqrt{2}}$ 답 ______

(3) $\dfrac{\sqrt{18}}{\sqrt{6}}$ 답 ______

(4) $\dfrac{\sqrt{28}}{\sqrt{7}}$ 답 ______

(5) $\dfrac{\sqrt{54}}{\sqrt{9}}$ 답 ______

(6) $\dfrac{\sqrt{5}}{\sqrt{10}}$ 답 ______

3 다음 식을 간단히 하여라.

(1) $\sqrt{21}\div\sqrt{7}$ 답 ____

(2) $\sqrt{10}\div(-\sqrt{5})$ 답 ____

(3) $\sqrt{15}\div\sqrt{3}$ 답 ____

(4) $(-\sqrt{24})\div\sqrt{4}$ 답 ____

(5) $\sqrt{18}\div\sqrt{12}$ 답 ____

(6) $(-\sqrt{16})\div(-\sqrt{24})$ 답 ____

4 다음 식을 간단히 하여라.

(1) $2\sqrt{14}\div\sqrt{7}$ 답 ____

(2) $6\sqrt{12}\div3\sqrt{6}$ 답 ____

(3) $(-14\sqrt{6})\div7\sqrt{2}$ 답 ____

(4) $9\sqrt{15}\div3\sqrt{5}$ 답 ____

(5) $12\sqrt{10}\div(-4\sqrt{5})$ 답 ____

5 다음 식을 간단히 하여라.

(1) $\dfrac{\sqrt{3}}{\sqrt{2}}\div\dfrac{\sqrt{6}}{\sqrt{8}}$

tip 분수의 나눗셈은 역수의 곱셈으로 바꾸어 계산하면 돼.

$$\rightarrow \frac{\sqrt{3}}{\sqrt{2}}\div\frac{\sqrt{6}}{\sqrt{8}}=\frac{\sqrt{3}}{\sqrt{2}}\times\frac{\sqrt{\square}}{\sqrt{6}}$$
$$=\sqrt{\frac{3}{2}\times\frac{\square}{6}}$$
$$=\sqrt{\square}$$

(2) $\dfrac{\sqrt{4}}{\sqrt{3}}\div\left(-\dfrac{\sqrt{2}}{\sqrt{3}}\right)$ 답 ____

(3) $\dfrac{\sqrt{9}}{\sqrt{2}}\div\dfrac{\sqrt{3}}{\sqrt{8}}$ 답 ____

(4) $\dfrac{\sqrt{14}}{\sqrt{3}}\div\dfrac{\sqrt{7}}{\sqrt{9}}$ 답 ____

(5) $\left(-\dfrac{\sqrt{5}}{\sqrt{2}}\right)\div\left(-\dfrac{\sqrt{15}}{\sqrt{6}}\right)$ 답 ____

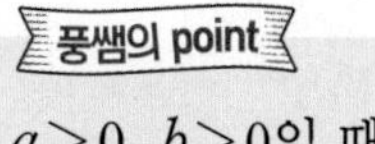

$a>0$, $b>0$일 때

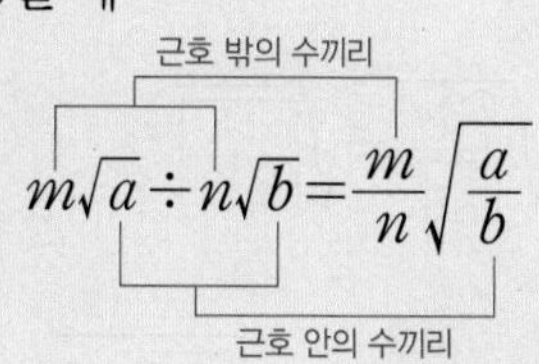

15 근호가 있는 식의 변형

핵심개념

1. 근호 안의 수를 밖으로 꺼내기: 근호 안의 수를 소인수분해하였을 때, 제곱인 인수가 있으면 근호 밖으로 꺼낸다. 이때 근호 안의 수가 가장 작은 자연수가 되게 한다.

$a>0$, $b>0$일 때

(1) $\sqrt{a^2b}=a\sqrt{b}$　　(2) $\sqrt{\dfrac{a}{b^2}}=\dfrac{\sqrt{a}}{b}$

2. 근호 밖의 수를 안으로 넣기: 근호 밖의 양수를 제곱하여 근호 안으로 넣는다.

$a>0$, $b>0$일 때

(1) $a\sqrt{b}=\sqrt{a^2b}$　　(2) $\dfrac{\sqrt{a}}{b}=\sqrt{\dfrac{a}{b^2}}$

▶학습 날짜　　월　　일　▶걸린 시간　　분 / 목표 시간 15분

1 다음을 완성하여라.

(1) $\sqrt{12}=\sqrt{\square^2\times 3}=\square\sqrt{3}$

(2) $\sqrt{27}=\sqrt{\square^2\times 3}=\square\sqrt{3}$

(3) $\sqrt{\dfrac{3}{4}}=\sqrt{\dfrac{3}{\square^2}}=\dfrac{\sqrt{3}}{\square}$

(4) $\sqrt{0.03}=\sqrt{\dfrac{3}{\square}}=\sqrt{\dfrac{3}{\square^2}}=\dfrac{\sqrt{3}}{\square}$

2 다음을 완성하여라.

(1) $2\sqrt{5}=\sqrt{\square^2\times 5}=\sqrt{\square}$

(2) $5\sqrt{3}=\sqrt{\square^2\times 3}=\sqrt{\square}$

(3) $\dfrac{\sqrt{3}}{7}=\sqrt{\dfrac{3}{\square^2}}=\sqrt{\square}$

(4) $2\sqrt{2}\times 2=\square\sqrt{2}=\sqrt{\square^2\times 2}=\sqrt{\square}$

3 다음 수를 $a\sqrt{b}$ 꼴로 나타내어라.

(단, b는 가장 작은 자연수이다.)

(1) $\sqrt{18}$　　답 ________

(2) $\sqrt{28}$　　답 ________

(3) $\sqrt{54}$　　답 ________

(4) $\sqrt{75}$　　답 ________

(5) $\sqrt{108}$　　답 ________

(6) $\sqrt{200}$　　답 ________

4 다음 수를 $\frac{\sqrt{a}}{b}$ 꼴로 나타내어라.
(단, a는 가장 작은 자연수이다.)

(1) $\sqrt{\frac{2}{9}}$ 답 ______

(2) $\sqrt{\frac{3}{16}}$ 답 ______

(3) $\sqrt{\frac{11}{64}}$ 답 ______

(4) $\sqrt{\frac{7}{100}}$ 답 ______

(5) $\sqrt{\frac{5}{121}}$ 답 ______

(6) $\sqrt{0.05}$ 답 ______

근호 안이 소수일 때는 소수를 분수로 고친다.

(7) $\sqrt{0.13}$ 답 ______

(4) $\frac{\sqrt{3}}{10}$ 답 ______

(5) $\frac{\sqrt{7}}{8}$ 답 ______

5 다음 수를 $\sqrt{a}$ 꼴로 나타내어라. (단, a는 유리수)

(1) $5\sqrt{2}$ 답 ______

(2) $4\sqrt{7}$ 답 ______

(3) $6\sqrt{4}$ 답 ______

(6) $2\sqrt{3}\times2$ 답 ______

(7) $3\sqrt{2}\times2$ 답 ______

(8) $2\sqrt{5}\times3$ 답 ______

(9) $2\sqrt{2}\times\sqrt{5}$ 답 ______

(10) $2\sqrt{5}\times2\sqrt{3}$ 답 ______

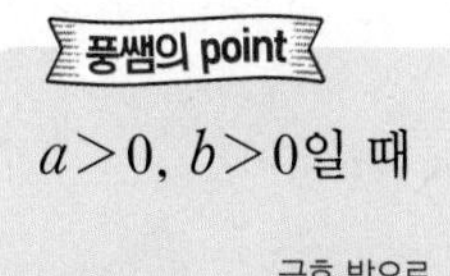

$a>0$, $b>0$일 때

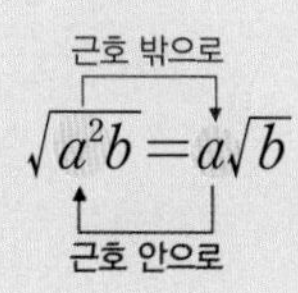

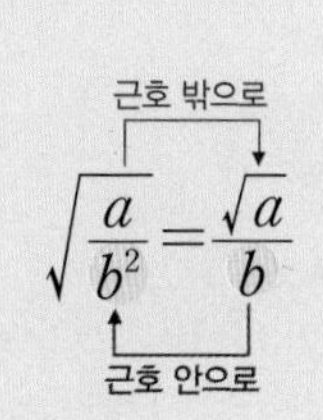

정답과 해설 8쪽

13-15 · 스스로 점검 문제

맞힌 개수 개 / 8개

▶학습 날짜 월 일 ▶걸린 시간 분 / 목표 시간 20분

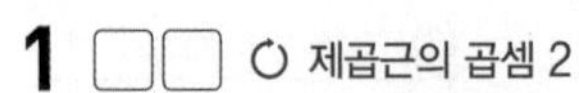

1 □□ 제곱근의 곱셈 2

$\sqrt{\dfrac{26}{3}} \times \sqrt{\dfrac{9}{13}}$ 를 간단히 하면?

① 2 ② $\sqrt{6}$ ③ $\sqrt{8}$
④ $\sqrt{10}$ ⑤ $\sqrt{12}$

2 □□ 제곱근의 곱셈 2

$\sqrt{8} \times \sqrt{0.4} \times \sqrt{\dfrac{5}{4}}$ 를 간단히 하여라.

3 □□ 제곱근의 나눗셈 3

다음 중 옳지 않은 것은?

① $\sqrt{8} \div \sqrt{2} = 2$ ② $\sqrt{13} \div \sqrt{26} = \sqrt{2}$
③ $\sqrt{24} \div \sqrt{8} = \sqrt{3}$ ④ $\sqrt{36} \div \sqrt{12} = \sqrt{3}$
⑤ $\sqrt{90} \div \sqrt{15} = \sqrt{6}$

4 □□ 제곱근의 나눗셈 3, 5

$\sqrt{30} \div \sqrt{5} \div \sqrt{3}$ 을 간단히 하여라.

5 □□ 제곱근의 나눗셈 5

$\dfrac{\sqrt{5}}{\sqrt{42}} \div \dfrac{\sqrt{10}}{\sqrt{21}} \div \dfrac{\sqrt{3}}{\sqrt{24}}$ 을 간단히 하면?

① 1 ② $\sqrt{2}$ ③ $\sqrt{3}$
④ $\sqrt{6}$ ⑤ $\sqrt{7}$

6 □□ 근호가 있는 식의 변형 3

$\sqrt{48} = a\sqrt{3}$, $\sqrt{50} = b\sqrt{2}$ 일 때, 유리수 a, b의 합 $a+b$의 값은?

① 3 ② 5 ③ 7
④ 9 ⑤ 11

7 □□ 근호가 있는 식의 변형 5

다음 중 가장 큰 수는?

① $3\sqrt{3}$ ② $2\sqrt{5}$ ③ $6\sqrt{2}$
④ $2\sqrt{7}$ ⑤ $7\sqrt{2}$

8 □□ 근호가 있는 식의 변형 4, 5

$\sqrt{\dfrac{10}{72}} = \dfrac{\sqrt{5}}{a}$, $\dfrac{\sqrt{3}}{2} = \sqrt{b}$ 일 때, 유리수 a, b의 곱 ab의 값을 구하여라.

16 분모의 유리화

핵심개념

1. 분모의 유리화: 분수의 분모가 근호를 포함한 무리수일 때, 분모와 분자에 0이 아닌 같은 수를 곱하여 분모를 유리수로 고치는 것

2. 분모의 유리화 방법

$a>0$, $b>0$일 때

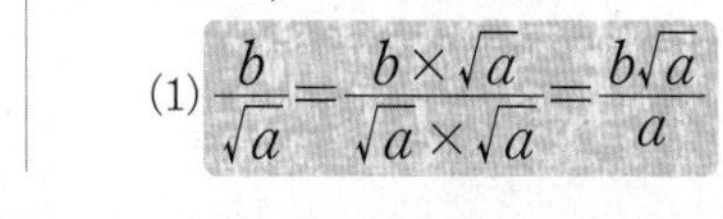

(1) $\dfrac{b}{\sqrt{a}}=\dfrac{b\times\sqrt{a}}{\sqrt{a}\times\sqrt{a}}=\dfrac{b\sqrt{a}}{a}$

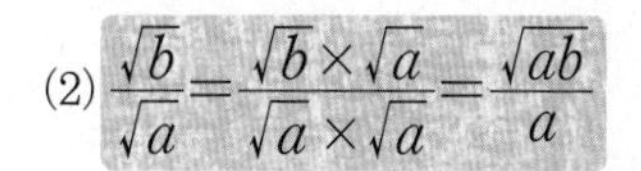

(2) $\dfrac{\sqrt{b}}{\sqrt{a}}=\dfrac{\sqrt{b}\times\sqrt{a}}{\sqrt{a}\times\sqrt{a}}=\dfrac{\sqrt{ab}}{a}$

▶학습 날짜　　월　　일　▶걸린 시간　　분 / 목표 시간 15분

정답과 해설 9쪽

1 분모를 유리화하는 다음 과정을 완성하여라.

(1) $\dfrac{1}{\sqrt{2}}=\dfrac{\sqrt{2}}{\sqrt{2}\times\square}=\dfrac{\sqrt{2}}{(\square)^2}=\dfrac{\sqrt{2}}{\square}$

(2) $\dfrac{2}{\sqrt{5}}=\dfrac{2\times\square}{\sqrt{5}\times\square}=\dfrac{2\sqrt{\square}}{(\square)^2}=\dfrac{2\sqrt{\square}}{\square}$

(3) $\dfrac{\sqrt{3}}{\sqrt{7}}=\dfrac{\sqrt{3}\times\square}{\sqrt{7}\times\square}=\dfrac{\sqrt{\square}}{(\square)^2}=\dfrac{\sqrt{\square}}{\square}$

(4) $\dfrac{5}{2\sqrt{3}}=\dfrac{5\times\square}{2\sqrt{3}\times\square}=\dfrac{5\sqrt{\square}}{2(\square)^2}=\dfrac{5\sqrt{\square}}{\square}$

(5) $\dfrac{\sqrt{3}}{2\sqrt{5}}=\dfrac{\sqrt{3}\times\square}{2\sqrt{5}\times\square}=\dfrac{\sqrt{\square}}{2(\square)^2}=\dfrac{\sqrt{\square}}{\square}$

(6) $\dfrac{3}{\sqrt{8}}=\dfrac{3}{\sqrt{\square^2\times2}}=\dfrac{3}{\square\sqrt{2}}=\dfrac{3\times\square}{\square\sqrt{2}\times\sqrt{2}}$

$=\dfrac{3\sqrt{\square}}{\square}$

tip $\sqrt{a^2b}$ 꼴인 경우 $a\sqrt{b}$ 꼴로 고친 후, 분모를 유리화하면 계산하기 쉬워.

2 다음 수의 분모를 유리화하여라.

(1) $\dfrac{1}{\sqrt{5}}$

답 ________

(2) $\dfrac{1}{\sqrt{11}}$

답 ________

(3) $\dfrac{3}{\sqrt{7}}$

답 ________

(4) $\dfrac{7}{\sqrt{2}}$

답 ________

(5) $-\dfrac{2}{\sqrt{3}}$

답 ________

(6) $-\dfrac{11}{\sqrt{5}}$

답 ________

3 다음 수의 분모를 유리화하여라.

(1) $\dfrac{\sqrt{3}}{\sqrt{2}}$ 답

(2) $\dfrac{\sqrt{5}}{\sqrt{3}}$ 답

(3) $\dfrac{\sqrt{2}}{\sqrt{7}}$ 답

(4) $\dfrac{\sqrt{3}}{\sqrt{5}}$ 답

(5) $-\dfrac{\sqrt{5}}{\sqrt{6}}$ 답

(6) $-\dfrac{\sqrt{7}}{\sqrt{11}}$ 답

4 다음 수의 분모를 유리화하여라.

(1) $\dfrac{1}{2\sqrt{5}}$ 답

(2) $\dfrac{2}{3\sqrt{3}}$ 답

(3) $-\dfrac{3}{2\sqrt{2}}$ 답

(4) $\dfrac{\sqrt{5}}{2\sqrt{3}}$ 답

(5) $-\dfrac{\sqrt{2}}{3\sqrt{5}}$ 답

(6) $\dfrac{2\sqrt{3}}{5\sqrt{5}}$ 답

5 다음 수의 분모를 유리화하여라.

(1) $\dfrac{1}{\sqrt{12}}$ 답

(2) $\dfrac{3}{\sqrt{20}}$ 답

(3) $\dfrac{3}{\sqrt{45}}$ 답

(4) $\dfrac{\sqrt{3}}{\sqrt{50}}$ 답

(5) $\dfrac{\sqrt{12}}{\sqrt{18}}$ 답

(6) $\dfrac{\sqrt{20}}{\sqrt{28}}$ 답

풍쌤의 point

$a>0$, $b>0$일 때

$$\frac{a}{\sqrt{b}}=\frac{a\times\sqrt{b}}{\sqrt{b}\times\sqrt{b}}=\frac{a\sqrt{b}}{b}$$

$$\sqrt{\frac{a}{b}}=\frac{\sqrt{a}\times\sqrt{b}}{\sqrt{b}\times\sqrt{b}}=\frac{\sqrt{ab}}{b}$$

$$\frac{\sqrt{a}}{c\sqrt{b}}=\frac{\sqrt{a}\times\sqrt{b}}{c\sqrt{b}\times\sqrt{b}}=\frac{\sqrt{ab}}{bc}$$

→ 즉, 분모의 $\sqrt{b}$를 분모, 분자에 각각 곱한다.

17 제곱근의 곱셈, 나눗셈의 혼합 계산

핵심개념
1. 유리수의 곱셈과 나눗셈의 혼합 계산과 같이 앞에서부터 순서대로 계산한다.
2. 나눗셈은 역수의 곱셈으로 고친 후, 계산한다.
3. 제곱근의 성질과 분모의 유리화를 이용한다.

▶학습 날짜 월 일 ▶걸린 시간 분 / 목표 시간 15분

▌정답과 해설 9~10쪽

1 다음을 완성하여라.

(1) $\sqrt{2}\times\sqrt{3}\div\sqrt{6}=\sqrt{2}\times\sqrt{3}\times\frac{1}{\square}$
$=\sqrt{2\times3\times\square}$
$=\square$

(2) $\sqrt{10}\div\sqrt{5}\times\sqrt{3}=\sqrt{10}\times\frac{1}{\square}\times\sqrt{3}$
$=\sqrt{10\times\square\times3}$
$=\square$

(3) $\sqrt{6}\div2\sqrt{2}\times2\sqrt{3}=\sqrt{6}\times\frac{1}{\square}\times2\sqrt{3}$
$=\square\times2\times\sqrt{6\times\square\times3}$
$=\sqrt{\square}=\square$

(4) $2\sqrt{6}\times\sqrt{45}\div\sqrt{12}$
$=2\sqrt{6}\times3\sqrt{5}\times\frac{1}{2\sqrt{\square}}$
$=2\times3\times\square\times\sqrt{6\times5\times\square}$
$=\square\sqrt{\square}$

2 다음 식을 간단히 하여라.

(1) $\sqrt{3}\times\sqrt{14}\div\sqrt{7}$ 답 ______

(2) $\sqrt{6}\div\sqrt{3}\times\sqrt{5}$ 답 ______

(3) $\sqrt{2}\times\sqrt{21}\div\sqrt{6}$ 답 ______

(4) $\sqrt{6}\div\sqrt{15}\times\sqrt{35}$ 답 ______

(5) $\sqrt{33}\div\sqrt{3}\div\sqrt{11}$ 답 ______

3 다음 식을 간단히 하여라.

tip 근호 안의 수는 근호 안의 수끼리, 근호 밖의 수는 근호 밖의 수끼리 계산해.

(1) $\sqrt{7}\times\sqrt{3}\div2\sqrt{3}$ 답 ____

(2) $2\sqrt{2}\times\sqrt{7}\div\sqrt{14}$ 답 ____

(3) $\sqrt{15}\times(-\sqrt{3})\div2\sqrt{5}$ 답 ____

(4) $3\sqrt{3}\div6\sqrt{6}\times\sqrt{3}$ 답 ____

(5) $4\sqrt{6}\times\sqrt{2}\div2\sqrt{3}$ 답 ____

(6) $2\sqrt{15}\div2\sqrt{3}\times4\sqrt{2}$ 답 ____

(7) $\sqrt{18}\times\sqrt{6}\div\sqrt{27}$ 답 ____

(8) $\sqrt{75}\div\sqrt{12}\times\sqrt{24}$ 답 ____

4 다음 식을 간단히 하여라.

(1) $\dfrac{2}{3\sqrt{7}}\times\dfrac{\sqrt{14}}{2}\div\dfrac{\sqrt{10}}{2}$

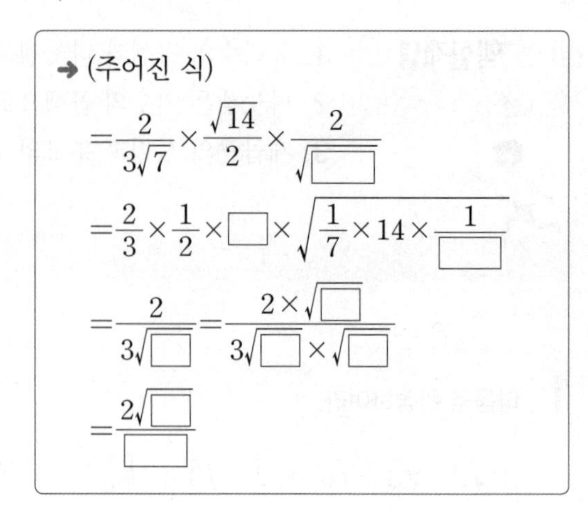
→ (주어진 식)

$=\dfrac{2}{3\sqrt{7}}\times\dfrac{\sqrt{14}}{2}\times\dfrac{2}{\sqrt{\square}}$

$=\dfrac{2}{3}\times\dfrac{1}{2}\times\square\times\sqrt{\dfrac{1}{7}\times14\times\dfrac{1}{\square}}$

$=\dfrac{2}{3\sqrt{\square}}=\dfrac{2\times\sqrt{\square}}{3\sqrt{\square}\times\sqrt{\square}}$

$=\dfrac{2\sqrt{\square}}{\square}$

(2) $(-\sqrt{24})\div\dfrac{\sqrt{3}}{2}\times\sqrt{18}$ 답 ____

(3) $\dfrac{5}{\sqrt{6}}\div\dfrac{\sqrt{5}}{3}\div\dfrac{1}{2\sqrt{15}}$ 답 ____

(4) $\sqrt{20}\times\dfrac{1}{\sqrt{2}}\div\dfrac{\sqrt{12}}{\sqrt{5}}$ 답 ____

풍쌤의 point

나눗셈은 역수의 곱셈으로 고친다. 즉,

$\div\sqrt{a}\rightarrow\times\dfrac{1}{\sqrt{a}}$

앞에서부터 순서대로 계산한다.

제곱근의 성질과 분모의 유리화를 이용하여 정리한다.

18 제곱근의 덧셈과 뺄셈

핵심개념 근호 안의 수가 같을 때, 근호를 포함한 식의 덧셈과 뺄셈은 다항식의 동류항의 덧셈, 뺄셈과 같은 방법으로 계산한다.

$a>0$이고 m, n, l은 유리수일 때

(1) $m\sqrt{a}+n\sqrt{a}=(m+n)\sqrt{a}$

(2) $m\sqrt{a}-n\sqrt{a}=(m-n)\sqrt{a}$

(3) $m\sqrt{a}+n\sqrt{a}-l\sqrt{a}=(m+n-l)\sqrt{a}$

▶학습 날짜 월 일 ▶걸린 시간 분 / 목표 시간 20분

정답과 해설 10~11쪽

1 다음을 완성하여라.

(1) $3\sqrt{3}+5\sqrt{3}=(3+\square)\sqrt{3}=\square\sqrt{3}$

(2) $\sqrt{6}+8\sqrt{6}=(1+\square)\sqrt{6}=\square\sqrt{6}$

(3) $4\sqrt{5}-\sqrt{5}=(\square-1)\sqrt{5}=\square\sqrt{5}$

(4) $-9\sqrt{10}-\sqrt{10}=(-9-\square)\sqrt{\square}$
$=\square\sqrt{\square}$

(5) $2\sqrt{3}+4\sqrt{3}-3\sqrt{3}=(2+\square-3)\sqrt{3}$
$=\square\sqrt{\square}$

(6) $6\sqrt{7}-3\sqrt{7}-5\sqrt{7}=(6-3-\square)\sqrt{7}$
$=\square\sqrt{\square}$

(7) $7\sqrt{5}-4\sqrt{5}+2\sqrt{2}+3\sqrt{2}$
$=(7-\square)\sqrt{5}+(2+\square)\sqrt{2}$
$=\square\sqrt{5}+\square\sqrt{2}$

(8) $3\sqrt{7}+13\sqrt{6}+2\sqrt{7}-3\sqrt{6}$
$=13\sqrt{6}-\square\sqrt{6}+\square\sqrt{7}+2\sqrt{7}$
$=(13-\square)\sqrt{6}+(\square+2)\sqrt{7}$
$=\square\sqrt{6}+\square\sqrt{7}$

2 다음을 완성하여라.

tip 근호 안의 수에 제곱인 인수가 있으면 제곱근의 성질을 이용하여 근호 안을 간단한 수로 바꾼 다음 계산해.

(1) $\sqrt{32}+\sqrt{18}=\square\sqrt{2}+\square\sqrt{2}$
$=(\square+\square)\sqrt{2}=\square\sqrt{2}$

(2) $\sqrt{125}-\sqrt{20}=\square\sqrt{5}-\square\sqrt{5}$
$=(\square-\square)\sqrt{5}=\square\sqrt{5}$

(3) $\sqrt{27}-\sqrt{12}+\sqrt{48}=\square\sqrt{3}-2\sqrt{3}+\square\sqrt{3}$
$=(\square-2+\square)\sqrt{3}$
$=\square\sqrt{3}$

3 다음 식을 간단히 하여라.

(1) $4\sqrt{2}+2\sqrt{2}$ 답 ______

(2) $2\sqrt{6}+5\sqrt{6}$ 답 ______

(3) $2\sqrt{3}+7\sqrt{3}$ 답 ______

(4) $6\sqrt{7}-3\sqrt{7}$ 답 ______

(5) $3\sqrt{5}-2\sqrt{5}$ 답 ______

(6) $7\sqrt{11}-4\sqrt{11}$ 답 ______

(7) $5\sqrt{10}-8\sqrt{10}$ 답 ______

(8) $-15\sqrt{13}-5\sqrt{13}$ 답 ______

4 다음 식을 간단히 하여라.

(1) $4\sqrt{2}+5\sqrt{2}-3\sqrt{2}$ 답 ______

(2) $6\sqrt{3}-7\sqrt{3}+4\sqrt{3}$ 답 ______

(3) $-5\sqrt{7}+2\sqrt{7}+8\sqrt{7}$ 답 ______

(4) $2\sqrt{5}+4\sqrt{5}-5\sqrt{5}$ 답 ______

(5) $7\sqrt{6}-6\sqrt{6}+4\sqrt{6}$ 답 ______

(6) $7\sqrt{10}-4\sqrt{10}-10\sqrt{10}$ 답 ______

(7) $9\sqrt{11}+9\sqrt{11}-15\sqrt{11}$ 답 ______

(8) $7\sqrt{13}-6\sqrt{13}+9\sqrt{13}$ 답 ______

5 다음 식을 간단히 하여라.

근호 안의 수가 같은 것끼리 모아서 계산하면 돼.

(1) $3\sqrt{2}-\sqrt{2}+5\sqrt{3}+2\sqrt{3}$

답

(2) $3\sqrt{3}-2\sqrt{5}-2\sqrt{3}+7\sqrt{5}$

답

(3) $8\sqrt{5}-7\sqrt{10}+2\sqrt{5}-3\sqrt{10}$

답

(4) $5\sqrt{7}+2\sqrt{6}-4\sqrt{7}+5\sqrt{6}$

답

(5) $7\sqrt{11}-4\sqrt{6}-3\sqrt{11}+3\sqrt{6}$

답

(6) $\sqrt{13}+4\sqrt{5}-3\sqrt{13}-\sqrt{5}$

답

(7) $2\sqrt{7}+13\sqrt{5}-4\sqrt{7}-\sqrt{5}$

답

(8) $5\sqrt{11}-4\sqrt{13}-6\sqrt{11}-2\sqrt{13}$

답

6 다음 식을 간단히 하여라.

(1) $\sqrt{12}+\sqrt{27}$

답

(2) $\sqrt{54}+\sqrt{24}$

답

(3) $\sqrt{63}-\sqrt{28}$

답

(4) $\sqrt{125}-\sqrt{45}$

답

(5) $\sqrt{50}-\sqrt{8}+\sqrt{18}$

답

(6) $\sqrt{27}+\sqrt{75}-\sqrt{12}$

답

풍쌤의 point

$a>0$, $b>0$일 때

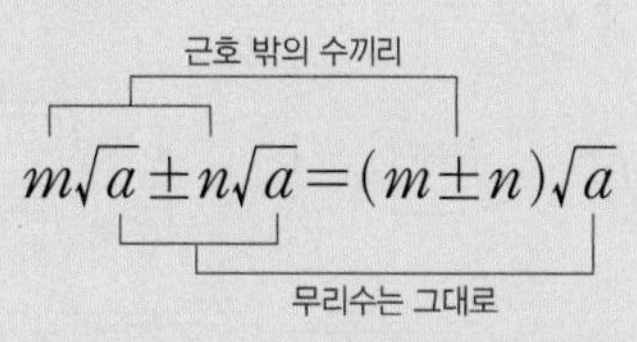

근호 안에 제곱인 수가 없도록 정리하고, 두 수의 무리수가 다른 경우에는 더 이상 계산할 수 없다.
예를 들어, $\sqrt{2}\pm\sqrt{3}$, $\sqrt{2}\pm2\sqrt{5}$

19 근호를 포함한 복잡한 식의 계산

핵심개념

1. 근호를 포함한 복잡한 식의 계산 방법

❶ 괄호가 있으면 분배법칙을 이용하여 괄호를 푼다.

❷ $\sqrt{a^2b}$ 꼴은 $a\sqrt{b}$ 꼴로 고친다.

❸ 곱셈, 나눗셈을 먼저 계산한다.

❹ 분모가 무리수이면 분모를 유리화한다.

❺ 근호 안의 수가 같은 것끼리 모아서 덧셈, 뺄셈을 한다.

$\sqrt{a}(\sqrt{b}\pm\sqrt{c})=\sqrt{ab}\pm\sqrt{ac}$
$(\sqrt{a}\pm\sqrt{b})\sqrt{c}=\sqrt{ac}\pm\sqrt{bc}$

2. a, b, c, d가 유리수이고, $\sqrt{m}$이 무리수일 때, $a+b\sqrt{m}=c+d\sqrt{m}$ → $a=c$, $b=d$

3. m, n이 유리수이고 $\sqrt{a}$가 무리수일 때, $m+n\sqrt{a}$가 유리수가 될 조건은 $n=0$이다.

▶학습 날짜 월 일 ▶걸린 시간 분 / 목표 시간 15분

1 다음을 완성하여라.

(1) $\sqrt{2}(\sqrt{3}+\sqrt{5})=\sqrt{2}\times\square+\sqrt{2}\times\square$
$=\square$

(2) $(\sqrt{10}-2\sqrt{5})\sqrt{2}=\square\times\sqrt{2}-\square\times\sqrt{2}$
$=\sqrt{\square}-2\sqrt{\square}$
$=\square\sqrt{5}-2\sqrt{\square}$

tip 근호 안에 제곱인 인수가 있으면 근호 밖으로 꺼내자.

(3) $\sqrt{2}(\sqrt{3}-1)+\sqrt{3}(\sqrt{6}-\sqrt{2})$
$=\sqrt{2}\times\sqrt{3}-\sqrt{2}+\sqrt{3}\times\square-\sqrt{3}\times\square$
$=\sqrt{6}-\sqrt{2}+\square-\square$
$=-\sqrt{2}+\square\sqrt{2}=\square$

(4) $\sqrt{12}+\sqrt{24}\div\sqrt{3}+\dfrac{4}{\sqrt{2}}$
$=2\sqrt{3}+2\sqrt{\square}\times\dfrac{1}{\sqrt{3}}+\dfrac{4\times\sqrt{\square}}{\sqrt{2}\times\sqrt{\square}}$
$=2\sqrt{3}+2\sqrt{\square\times\dfrac{1}{3}}+\dfrac{4\sqrt{\square}}{\square}$
$=2\sqrt{3}+2\sqrt{\square}+\square\sqrt{2}$
$=\square$

2 다음 등식이 성립하도록 하는 유리수 a, b의 값을 각각 구하여라.

(1) $2-3\sqrt{2}=a+b\sqrt{2}$ → $a=\square$, $b=\square$

(2) $2\sqrt{6}+1=a+b\sqrt{6}$ → $a=\square$, $b=\square$

(3) $1+2\sqrt{2}+a+b\sqrt{2}=3+5\sqrt{2}$

→ (좌변)$=(1+a)+(\square+b)\sqrt{2}$
이므로 $1+a=\square$, $\square+b=5$
$\therefore a=\square$, $b=\square$

3 $2+\sqrt{2}+a\sqrt{2}-4\sqrt{2}$의 계산 결과가 유리수가 되도록 하는 유리수 a의 값을 구하는 다음 과정을 완성하여라.

계산 결과가 유리수가 되려면 $m+n\sqrt{a}$에서 $n=\square$이어야 한다. (단, m, n은 유리수, $\sqrt{a}$는 무리수이다.)
주어진 식을 간단히 하면
(주어진 식)$=2+(\square+a-4)\sqrt{2}$
$=2+(a-\square)\sqrt{2}$
이므로 $a-3=\square$
$\therefore a=\square$

4 다음 식을 간단히 하여라.

(1) $\sqrt{3}(\sqrt{6}-\sqrt{3})$ 답 ______

(2) $2\sqrt{5}(3\sqrt{3}+2\sqrt{6})$ 답 ______

(3) $(\sqrt{6}+\sqrt{7})\sqrt{2}$ 답 ______

(4) $(2\sqrt{3}-3\sqrt{13})\sqrt{3}$ 답 ______

(5) $\sqrt{3}(\sqrt{2}-2\sqrt{5})+\sqrt{3}(\sqrt{5}+2\sqrt{2})$

답 ______

(6) $\sqrt{8}-\sqrt{18}+12\div\sqrt{2}$ 답 ______

(7) $\sqrt{2}(\sqrt{27}-2)+\sqrt{12}\div\frac{\sqrt{6}}{2}$

답 ______

5 다음 등식을 만족시키는 유리수 a, b의 값을 각각 구하여라.

(1) $a+2\sqrt{3}-4+b\sqrt{3}=5+4\sqrt{3}$

➜ $a=\square$, $b=\square$

(2) $-5+a\sqrt{5}+b-\sqrt{5}=3-5\sqrt{5}$

➜ $a=\square$, $b=\square$

6 계산 결과가 유리수가 되도록 하는 유리수 a의 값을 구하여라.

(1) $4\sqrt{5}-3+a+a\sqrt{5}$ 답 ______

(2) $2+8\sqrt{6}-3a+a\sqrt{6}$ 답 ______

(3) $5+a\sqrt{3}-\sqrt{3}-3\sqrt{3}$ 답 ______

(4) $2\sqrt{2}+a\sqrt{2}+2\sqrt{2}-1$ 답 ______

풍쌤의 point

분배법칙을 이용하여 괄호 풀기

$\sqrt{a^2b}$ 꼴은 $a\sqrt{b}$로 고치기
분모의 유리화하기

×, ÷를 먼저
+, −는 나중에

▌정답과 해설 12쪽

16-19 · 스스로 점검 문제

맞힌 개수 개 / 8개

▶학습 날짜 월 일 ▶걸린 시간 분 / 목표 시간 20분

1 ☐☐ 분모의 유리화 5

$\frac{\sqrt{3}}{\sqrt{8}}$의 분모를 유리화할 때, 분모와 분자에 곱해야 할 가장 작은 무리수는?

① $\sqrt{2}$ ② $\sqrt{3}$ ③ $\sqrt{5}$
④ $\sqrt{6}$ ⑤ $\sqrt{7}$

2 ☐☐ 분모의 유리화 5

$\frac{2}{\sqrt{45}}=a\sqrt{5}$를 만족시키는 유리수 a의 값을 구하여라.

3 ☐☐ 제곱근의 곱셈, 나눗셈의 혼합 계산 3, 4

$\frac{3}{\sqrt{5}}\div\frac{\sqrt{6}}{5}\times2\sqrt{15}$를 계산하면?

① $10\sqrt{2}$ ② $15\sqrt{2}$ ③ $10\sqrt{3}$
④ $15\sqrt{3}$ ⑤ $10\sqrt{5}$

4 ☐☐ 제곱근의 덧셈과 뺄셈 5, 6

$4\sqrt{6}-\sqrt{7}+6\sqrt{7}-2\sqrt{6}=a\sqrt{6}+b\sqrt{7}$일 때, 유리수 a, b의 합 $a+b$의 값을 구하여라.

5 ☐☐ 제곱근의 덧셈과 뺄셈 5, 6

$-\sqrt{80}+4\sqrt{18}+\sqrt{45}-\sqrt{72}$를 간단히 하여라.

6 ☐☐ 근호를 포함한 복잡한 식의 계산 1, 2

$\sqrt{3}(\sqrt{5}-\sqrt{6})-\sqrt{3}(\sqrt{5}+\sqrt{6})$을 간단히 하면?

① $-6\sqrt{2}$ ② $-4\sqrt{2}$ ③ $-2\sqrt{2}$
④ $\sqrt{2}$ ⑤ $2\sqrt{2}$

7 ☐☐ 근호를 포함한 복잡한 식의 계산 4, 5

$\sqrt{32}+2\sqrt{15}\div\sqrt{5}-\frac{2}{\sqrt{2}}=a\sqrt{2}+b\sqrt{3}$을 만족시키는 유리수 a, b의 합 $a+b$의 값을 구하여라.

8 ☐☐ 근호를 포함한 복잡한 식의 계산 6

$2a-3a\sqrt{2}-5\sqrt{2}+15$가 유리수가 되도록 하는 유리수 a의 값을 구하여라.

20 제곱근표

핵심개념

1. **제곱근표:** 1.00부터 99.9까지의 수의 양의 제곱근의 값을 소수점 아래 넷째 자리에서 반올림하여 나타낸 표
2. 처음 두 자리 수의 가로줄과 끝자리 수의 세로줄이 만나는 곳에 있는 수를 읽는다.

➔ $\sqrt{3.12}$의 값은 1.766

수	0	1	2	3	⋯
3.0	1.732	1.735	1.738	1.741	⋯
3.1	1.761	1.764	1.766	1.769	⋯
3.2	1.789	1.792	1.794	1.797	⋯

▶학습 날짜 월 일 ▶걸린 시간 분 / 목표 시간 5분

정답과 해설 12쪽

1 아래 제곱근표를 이용하여 $\sqrt{5.82}$의 값을 구하는 다음 과정을 완성하여라.

수	0	1	2	3
5.7	2.387	2.390	2.392	2.394
5.8	2.408	2.410	2.412	2.415
5.9	2.429	2.431	2.433	2.435

$\sqrt{5.82}$의 값은 ☐의 가로줄과 ☐의 세로줄이 만나는 곳에 있는 수인 ☐이다.

[2~3] 다음은 제곱근표의 일부이다. 물음에 답하여라.

수	0	1	2	3	4
6.1	2.470	2.472	2.474	2.476	2.478
6.2	2.490	2.492	2.494	2.496	2.498
6.3	2.510	2.512	2.514	2.516	2.518

2 위의 제곱근표를 이용하여 다음 제곱근의 값을 구하여라.

(1) $\sqrt{6.2}$ 답 ______

(2) $\sqrt{6.32}$ 답 ______

3 주어진 제곱근표를 이용하여 a의 값을 구하여라.

(1) $\sqrt{a}=2.474$ 답 ______

(2) $\sqrt{a}=2.478$ 답 ______

(3) $\sqrt{a}=2.496$ 답 ______

(4) $\sqrt{a}=2.510$ 답 ______

풍쌤의 point

제곱근표를 이용하여 1.00부터 99.9까지의 수를 구하려면 앞의 두 자리 수의 가로줄과 끝자리 수의 세로줄이 만나는 곳의 수를 읽는다.

예를 들어, $\sqrt{13.2}=3.633$

수	0	1	2	3
10	3.162	3.178	3.194	3.209
11	3.317	3.332	3.347	3.362
12	3.464	3.479	3.493	3.507
13	3.606	3.619	3.633	3.647

21 제곱근표에 없는 수의 값 구하기

핵심개념 1.00보다 작은 수와 100보다 큰 수의 제곱근의 어림한 값은 제곱근의 성질과 제곱근표를 이용하여 구할 수 있다.

(1) 100보다 큰 수: $\sqrt{100a}=10\sqrt{a}$, $\sqrt{10000a}=100\sqrt{a}$, $\cdots$

(2) 1.00보다 작은 수: $\sqrt{\dfrac{a}{100}}=\dfrac{\sqrt{a}}{10}$, $\sqrt{\dfrac{a}{10000}}=\dfrac{\sqrt{a}}{100}$, $\cdots$

▶학습 날짜 월 일 ▶걸린 시간 분 / 목표 시간 15분

1 다음을 완성하여라.

(1) $\sqrt{200}=\sqrt{2\times\square}=\square\sqrt{2}$

(2) $\sqrt{2000}=\sqrt{20\times\square}=\square\sqrt{20}$

(3) $\sqrt{20000}=\sqrt{2\times\square}=\square\sqrt{2}$

(4) $\sqrt{0.2}=\sqrt{\dfrac{20}{\square}}=\dfrac{\sqrt{20}}{\square}$

(5) $\sqrt{0.02}=\sqrt{\dfrac{2}{\square}}=\dfrac{\sqrt{2}}{\square}$

(6) $\sqrt{0.002}=\sqrt{\dfrac{20}{\square}}=\dfrac{\sqrt{20}}{\square}$

2 $\sqrt{3}=1.732$, $\sqrt{30}=5.477$로 계산할 때, 다음을 완성하여라.

(1) $\sqrt{300}=\sqrt{3\times\square}=\square\sqrt{3}=\square$

(2) $\sqrt{3000}=\sqrt{30\times\square}=\square\sqrt{30}$
$=\square$

(3) $\sqrt{30000}=\sqrt{3\times\square}=\square\sqrt{3}$
$=\square$

(4) $\sqrt{0.3}=\sqrt{\dfrac{30}{\square}}=\dfrac{\sqrt{30}}{\square}=\square$

(5) $\sqrt{0.03}=\sqrt{\dfrac{3}{\square}}=\dfrac{\sqrt{3}}{\square}=\square$

(6) $\sqrt{0.003}=\sqrt{\dfrac{30}{\square}}=\dfrac{\sqrt{30}}{\square}$
$=\square$

3 $\sqrt{2}=1.414$, $\sqrt{20}=4.472$로 계산할 때, 다음 수의 값을 구하여라.

(1) $\sqrt{200}$ 답 ______

(2) $\sqrt{2000}$ 답 ______

(3) $\sqrt{20000}$ 답 ______

(4) $\sqrt{200000}$ 답 ______

(5) $\sqrt{0.2}$ 답 ______

(6) $\sqrt{0.02}$ 답 ______

(7) $\sqrt{0.002}$ 답 ______

(8) $\sqrt{0.0002}$ 답 ______

4 $\sqrt{2.48}=1.575$, $\sqrt{24.8}=4.980$일 때, 다음 수의 값을 구하여라.

(1) $\sqrt{248}$ 답 ______

(2) $\sqrt{2480}$ 답 ______

(3) $\sqrt{0.248}$ 답 ______

(4) $\sqrt{0.0248}$ 답 ______

풍쌤의 point

제곱근표에 없는 수의 제곱근의 값

(1) 근호 안의 수가 100 이상일 때
➜ $\sqrt{100a}=10\sqrt{a}$, $\sqrt{10000a}=100\sqrt{a}$, $\cdots$
임을 이용한다.

(2) 근호 안의 수가 0보다 크고 1보다 작을 때
➜ $\sqrt{\frac{a}{100}}=\frac{\sqrt{a}}{10}$, $\sqrt{\frac{a}{10000}}=\frac{\sqrt{a}}{100}$, $\cdots$
임을 이용한다.

22 무리수의 정수 부분과 소수 부분

핵심개념

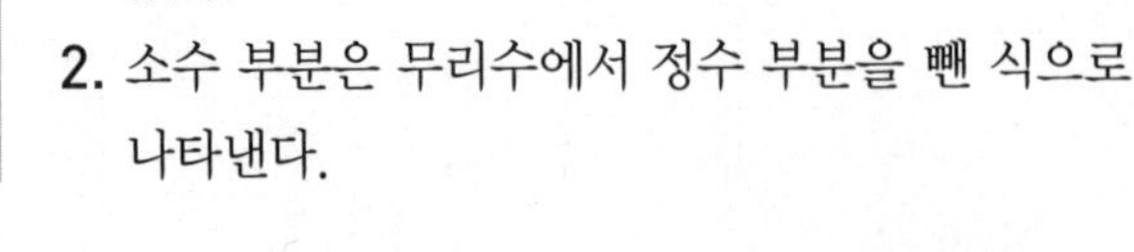

1. 무리수는 정수 부분과 소수 부분으로 나눌 수 있다.
2. 소수 부분은 무리수에서 정수 부분을 뺀 식으로 나타낸다.

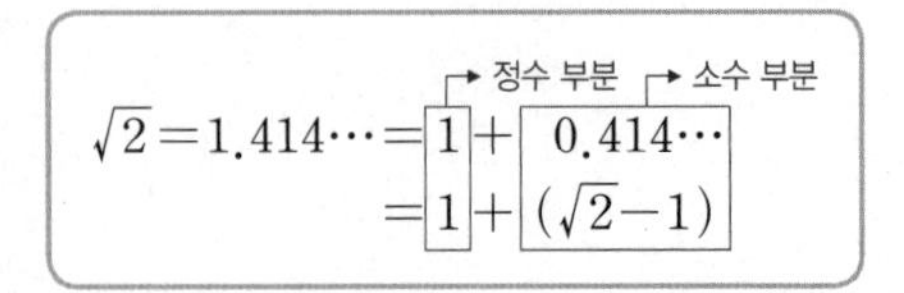

▶학습 날짜 월 일 ▶걸린 시간 분 / 목표 시간 15분

1 무리수의 정수 부분과 소수 부분을 구하는 다음 과정을 완성하여라.

(1) $\sqrt{8}$

➜ $\sqrt{4}<\sqrt{8}<\sqrt{9}$에서 $2<\sqrt{8}<\square$
➜ 정수 부분: $\square$, 소수 부분: $\sqrt{8}-\square$

(2) $\sqrt{11}$

➜ $\sqrt{9}<\sqrt{11}<\sqrt{16}$에서 $\square<\sqrt{11}<4$
➜ 정수 부분: $\square$, 소수 부분: $\sqrt{11}-\square$

(3) $\sqrt{22}$

➜ $\sqrt{16}<\sqrt{22}<\sqrt{25}$에서 $\square<\sqrt{22}<5$
➜ 정수 부분: $\square$, 소수 부분: $\sqrt{22}-\square$

(4) $\sqrt{38}$

➜ $\sqrt{36}<\sqrt{38}<\sqrt{49}$에서 $\square<\sqrt{38}<7$
➜ 정수 부분: $\square$, 소수 부분: $\sqrt{38}-\square$

2 무리수의 정수 부분과 소수 부분을 구하는 다음 과정을 완성하여라.

(1) $1+\sqrt{2}$

➜ $1<\sqrt{2}<2$에서 $2<1+\sqrt{2}<\square$
➜ 정수 부분: $\square$
소수 부분: $1+\sqrt{2}-\square=\square$

(2) $\sqrt{7}-1$

➜ $2<\sqrt{7}<3$에서 $1<\sqrt{7}-1<\square$
➜ 정수 부분: $\square$
소수 부분: $\sqrt{7}-1-\square=\sqrt{7}-\square$

(3) $3-\sqrt{2}$

➜ $1<\sqrt{2}<2$에서 $\square<-\sqrt{2}<-1$
$\therefore \square<3-\sqrt{2}<2$
➜ 정수 부분: $\square$
소수 부분: $3-\sqrt{2}-\square=\square-\sqrt{2}$

3 다음 무리수의 정수 부분과 소수 부분을 각각 구하여라.

(1) $\sqrt{5}$
→ 정수 부분: ______,
소수 부분: ______

(2) $\sqrt{7}$
→ 정수 부분: ______,
소수 부분: ______

(3) $\sqrt{13}$
→ 정수 부분: ______,
소수 부분: ______

(4) $\sqrt{17}$
→ 정수 부분: ______,
소수 부분: ______

(5) $\sqrt{19}$
→ 정수 부분: ______,
소수 부분: ______

(6) $\sqrt{23}$
→ 정수 부분: ______,
소수 부분: ______

(7) $\sqrt{26}$
→ 정수 부분: ______,
소수 부분: ______

(8) $\sqrt{40}$
→ 정수 부분: ______,
소수 부분: ______

4 다음 무리수의 정수 부분과 소수 부분을 각각 구하여라.

(1) $\sqrt{7}+4$
→ 정수 부분: ______,
소수 부분: ______

(2) $\sqrt{11}-2$
→ 정수 부분: ______,
소수 부분: ______

(3) $\sqrt{12}-3$
→ 정수 부분: ______,
소수 부분: ______

(4) $2+\sqrt{20}$
→ 정수 부분: ______,
소수 부분: ______

(5) $3-\sqrt{3}$
→ 정수 부분: ______,
소수 부분: ______

(6) $5-\sqrt{7}$
→ 정수 부분: ______,
소수 부분: ______

풍쌤의 point

(무리수)=(정수 부분)+(소수 부분)이므로
→ 0<(소수 부분)<1
(소수 부분)=(무리수)−(정수 부분)
(정수 부분)=(무리수)−(소수 부분)
예를 들어, $1<\sqrt{2}<2$이므로 무리수 $\sqrt{2}$의
정수 부분은 1, 소수 부분은 $\sqrt{2}-1$

정답과 해설 13쪽

20-22 · 스스로 점검 문제

맞힌 개수 개 / 8개

▶학습 날짜 월 일 ▶걸린 시간 분 / 목표 시간 20분

[1~2] 다음은 제곱근표의 일부이다. 물음에 답하여라.

수	0	1	2	3	4	5
5.7	2.387	2.390	2.392	2.394	2.396	2.398
5.8	2.408	2.410	2.412	2.415	2.417	2.419
5.9	2.429	2.431	2.433	2.435	2.437	2.439

1 ☐☐ 제곱근표 2

$\sqrt{5.72}=a$, $\sqrt{5.93}=b$일 때, $a+b$의 값은?

① 4.795 ② 4.800 ③ 4.806
④ 4.827 ⑤ 4.858

2 ☐☐ 제곱근표 3

$\sqrt{a}=2.412$, $\sqrt{b}=2.437$일 때, $10a+b$의 값을 구하여라.

3 ☐☐ 제곱근표에 없는 수의 값 구하기 3

$\sqrt{6}=2.449$, $\sqrt{60}=7.746$으로 계산할 때, $\sqrt{600}$의 값은?

① 24.49 ② 77.46 ③ 244.9
④ 774.6 ⑤ 2449

4 ☐☐ 제곱근표에 없는 수의 값 구하기 3

$\sqrt{5}=2.236$, $\sqrt{50}=7.071$로 계산할 때, 다음 중 옳지 않은 것은?

① $\sqrt{0.0005}=0.02236$ ② $\sqrt{0.5}=0.2236$
③ $\sqrt{500}=22.36$ ④ $\sqrt{5000}=70.71$
⑤ $\sqrt{50000}=223.6$

5 ☐☐ 제곱근표에 없는 수의 값 구하기 3

$\sqrt{3}=1.732$로 계산할 때, $\sqrt{75}-\frac{6}{\sqrt{3}}$의 값은?

① 0.866 ② 3.464 ③ 5.196
④ 10.392 ⑤ 17.320

6 ☐☐ 제곱근표에 없는 수의 값 구하기 4

$\sqrt{4.15}=2.037$, $\sqrt{41.5}=6.442$일 때, $\sqrt{4150}-\sqrt{415}$의 값을 구하여라.

7 ☐☐ 무리수의 정수 부분과 소수 부분 3

$\sqrt{7}$의 정수 부분을 a, 소수 부분을 b라 할 때, $2a+b$의 값은?

① $-2+\sqrt{7}$ ② $4-\sqrt{7}$ ③ $\sqrt{7}$
④ $6-\sqrt{7}$ ⑤ $2+\sqrt{7}$

8 ☐☐ 무리수의 정수 부분과 소수 부분 4

$2\sqrt{3}+1$의 정수 부분을 a, 소수 부분을 b라 할 때, ab의 값을 구하여라.

인수분해와 이차방정식

01 다항식의 곱셈

핵심개념

다항식의 곱셈: 분배법칙을 이용하여 전개한 다음 동류항이 있으면 동류항끼리 모아서 간단히 정리한다.

참고 $(a+b)(c+d)=a(c+d)+b(c+d)$
$=ac+ad+bc+bd$

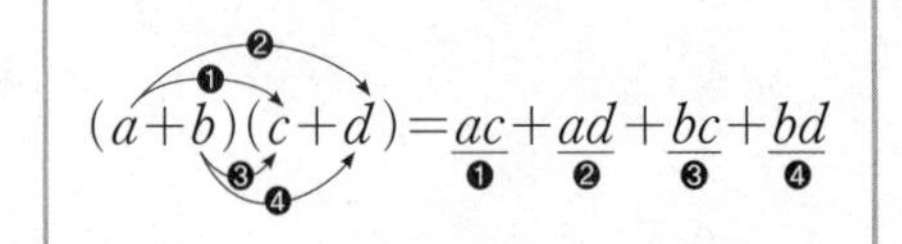

▶학습 날짜 월 일 ▶걸린 시간 분 / 목표 시간 15분

1 다음을 완성하여라.

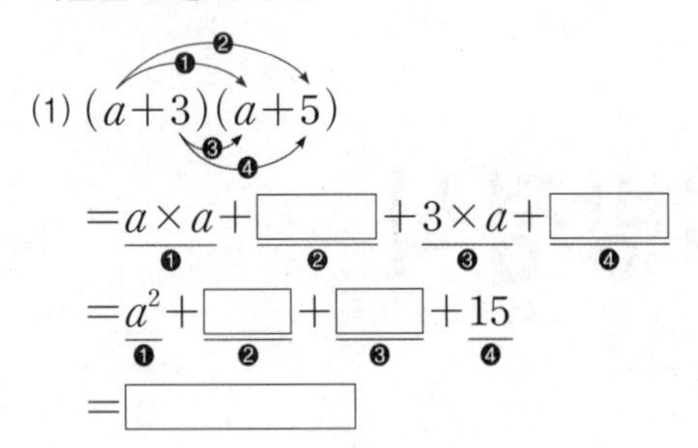

(1) $(a+3)(a+5)$
$=a\times a+\square+3\times a+\square$
$=a^2+\square+\square+15$
$=\square$

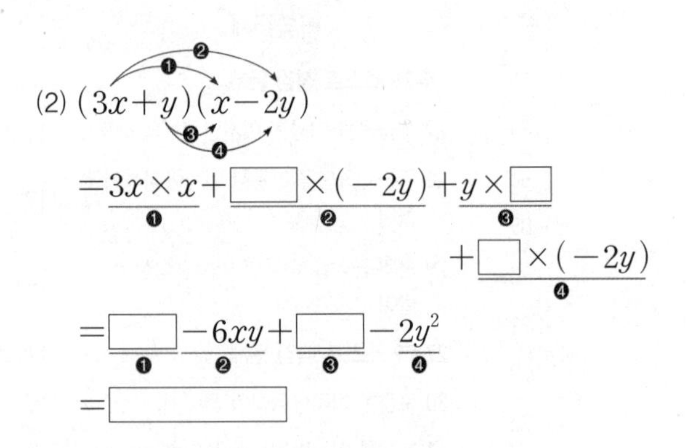

(2) $(3x+y)(x-2y)$
$=3x\times x+\square\times(-2y)+y\times\square$
$+\square\times(-2y)$
$=\square-6xy+\square-2y^2$
$=\square$

(3) $(a+b)(2a-b+1)$
$=\square a^2-ab+a+\square ab-b^2+b$
$=\square$

2 다음 식을 전개하여라.

(1) $(a+2)(b+3)$ 답 ______

(2) $(x+4)(y-1)$ 답 ______

(3) $(a-b)(2c+d)$ 답 ______

(4) $(2a-3b)(x-5y)$

답 ______

3 다음 식을 전개하여라.

tip 동류항이 있으면 반드시 정리해!

(1) $(a+5)(a+4)$ 답 ______

(2) $(x-7)(x+3)$ 답 ______

(3) $(y+6)(y-9)$ 답 ______

정답과 해설 14쪽

4 다음 식을 전개하여라.

(1) $(2a+3)(3a-4)$

답 ____________________

(2) $(4x+y)(x+5y)$

답 ____________________

(3) $(6a-b)(2a+3b)$

답 ____________________

(4) $(-7x+2y)(9x-y)$

답 ____________________

5 다음 식을 전개하여라.

(1) $(x+3y)(2x+y+5)$

답 ____________________

(2) $(2a-5b)(4a-b+8)$

답 ____________________

(3) $(-3x+4y)(5x+2y-6)$

답 ____________________

(4) $(6a+b-9)(3a-7)$

답 ____________________

6 다음 식을 전개하였을 때, xy의 계수를 구하여라.

(1) $(3x-2y)(2x+5y)$

→ xy항이 나오는 부분만 전개하면
$3x\times5y-\square\times2x=15xy-\square xy$
$=\square xy$
따라서 xy의 계수는 $\square$이다.

(2) $(4x+y)(-x+4y)$ 답 ____________________

(3) $(-2x+7y-3)(9x-y)$

답 ____________________

(4) $(x-8y)(2x-3y+10)$

답 ____________________

풍쌤의 point

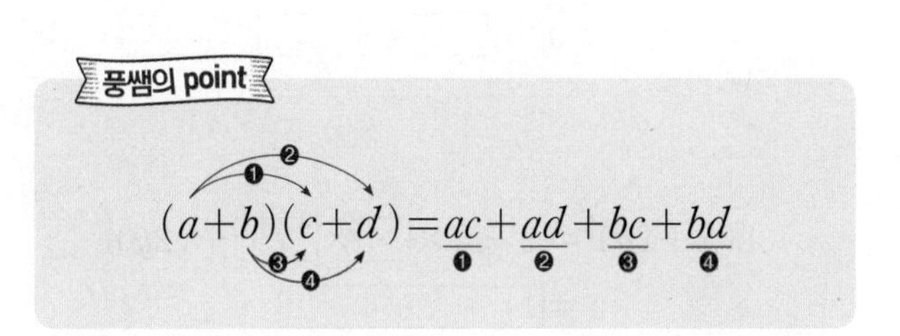

02 곱셈 공식 (1)

핵심개념

1. 합의 제곱

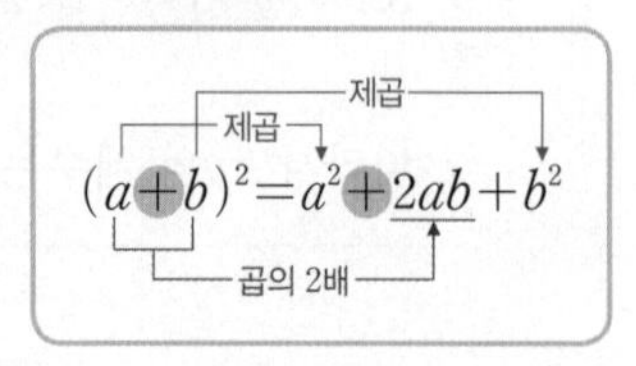

2. 차의 제곱

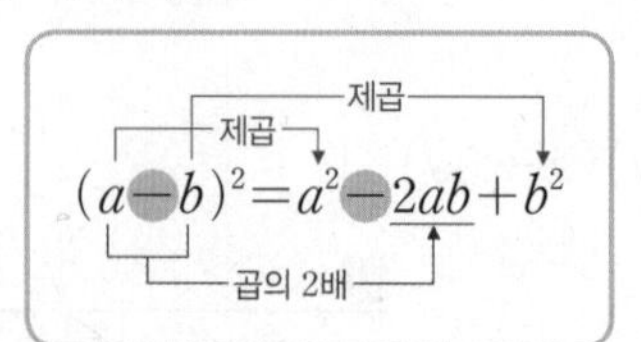

주의 $(a+b)^2 \neq a^2+b^2$, $(a-b)^2 \neq a^2-b^2$

▶학습 날짜 월 일 ▶걸린 시간 분 / 목표 시간 15분

1 다음을 완성하여라.

(1) $(a+b)^2=(a+b)(a+b)$

$=a^2+\square+ba+\square$

$=\square$

tip ab와 ba는 동류항!

(2) $(a-b)^2=(a-b)(a-b)$

$=a^2-\square-ba+\square$

$=\square$

2 다음을 완성하여라.

(1) $(a+5)^2=a^2+2\times\square\times\square+5^2$

$=a^2+\square a+\square$

(2) $(x-6)^2=\square-2\times\square\times\square+6^2$

$=x^2-\square x+\square$

(3) $(x+2y)^2=x^2+2\times\square\times\square+(2y)^2$

$=\square$

3 다음 식을 전개하여라.

(1) $(a+3)^2$ 답

(2) $(3x+2)^2$ 답

(3) $(a-5)^2$ 답

(4) $(x-9)^2$ 답

(5) $(4a-5)^2$ 답

(6) $(-5x+8)^2$ 답

정답과 해설 14~15쪽

4 다음 식을 전개하여라.

(1) $(a+4b)^2$ 답 ______

(2) $(x+9y)^2$ 답 ______

(3) $(2a+b)^2$ 답 ______

(4) $(5x+3y)^2$ 답 ______

(5) $(3x+8y)^2$ 답 ______

(6) $(a-3b)^2$ 답 ______

(7) $(x-6y)^2$ 답 ______

(8) $(4x-y)^2$ 답 ______

(9) $(7x-2y)^2$ 답 ______

(10) $(9x-5y)^2$ 답 ______

5 다음 식을 전개하여라.

(1) $\left(a+\frac{1}{2}\right)^2$ 답 ______

(2) $\left(x-\frac{1}{4}\right)^2$ 답 ______

(3) $\left(\frac{3}{4}a+2\right)^2$ 답 ______

(4) $\left(\frac{5}{2}x-4y\right)^2$ 답 ______

(5) $\left(6a-\frac{2}{3}b\right)^2$ 답 ______

(6) $\left(-a-\frac{1}{2}\right)^2$ 답 ______

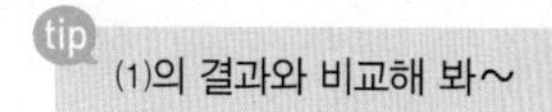

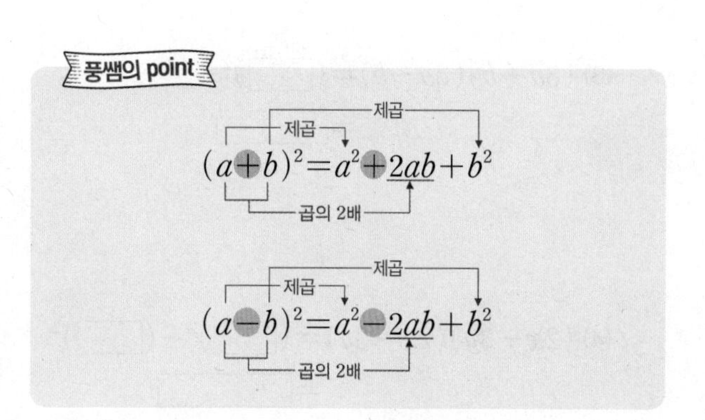

03 곱셈 공식 (2)

핵심개념 **합과 차의 곱**

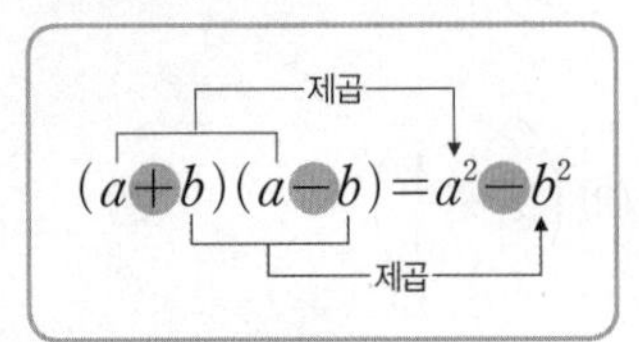

참고 $(-a+b)(a+b)=(b-a)(b+a)=b^2-a^2$
$(-a+b)(-a-b)=(-a)^2-b^2=a^2-b^2$

▶학습 날짜 월 일 ▶걸린 시간 분 / 목표 시간 15분

1 다음을 완성하여라.

$(a+b)(a-b)=a^2-\square+ba-\square$
$=\square$

2 다음을 완성하여라.

(1) $(a+5)(a-5)=a^2-\square^2$
$=\square$

(2) $(7+x)(7-x)=\square^2-x^2$
$=\square$

(3) $(3a+b)(3a-b)=(\square)^2-b^2$
$=\square$

(4) $(2x+3y)(2x-3y)=(\square)^2-(\square)^2$
$=\square$

3 다음 식을 전개하여라.

(1) $(a+1)(a-1)$ 답 ______

(2) $(8+x)(8-x)$ 답 ______

(3) $(-a+6)(-a-6)$ 답 ______

(4) $(2x-1)(2x+1)$ 답 ______

(5) $(5a+7)(5a-7)$ 답 ______

(6) $(-3x-4)(-3x+4)$ 답 ______

4 다음 식을 전개하여라.

(1) $(a+2b)(a-2b)$ 답 ______

(2) $(x-5y)(x+5y)$ 답 ______

(3) $(4a+b)(4a-b)$ 답 ______

(4) $(7x+y)(7x-y)$ 답 ______

(5) $(2a-9b)(2a+9b)$ 답 ______

(6) $(3x+7y)(3x-7y)$ 답 ______

(7) $(-a+8b)(-a-8b)$ 답 ______

(8) $(-5x-y)(-5x+y)$ 답 ______

(9) $(6a+10b)(-6a+10b)$

답 ______

(10) $(2x+7y)(-2x+7y)$ 답 ______

5 다음 식을 전개하여라.

(1) $\left(a+\frac{1}{4}\right)\left(a-\frac{1}{4}\right)$ 답 ______

(2) $\left(\frac{1}{3}x-5\right)\left(\frac{1}{3}x+5\right)$ 답 ______

(3) $\left(a+\frac{1}{2}b\right)\left(a-\frac{1}{2}b\right)$ 답 ______

(4) $\left(2x+\frac{1}{7}y\right)\left(2x-\frac{1}{7}y\right)$ 답 ______

(5) $\left(-\frac{3}{4}x+\frac{2}{5}y\right)\left(\frac{3}{4}x+\frac{2}{5}y\right)$

답 ______

풍쌤의 point

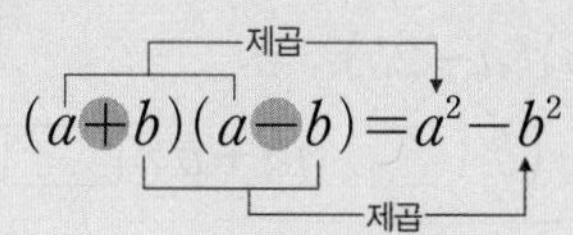

04 곱셈 공식 (3)

핵심개념 x의 계수가 1인 두 일차식의 곱

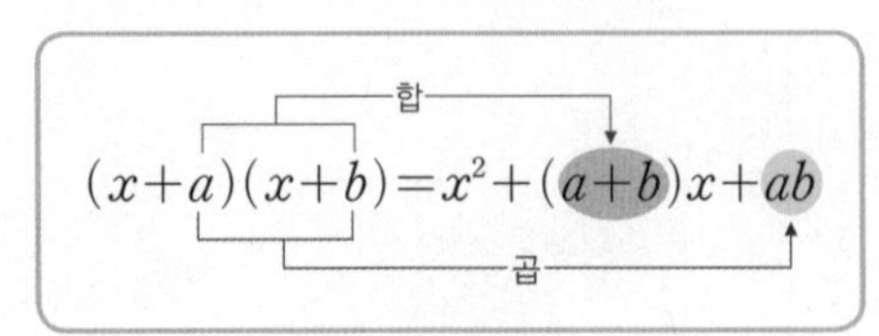

▶학습 날짜 월 일 ▶걸린 시간 분 / 목표 시간 15분

1 다음을 완성하여라.

$(x+a)(x+b)=x^2+\square x+ax+\square$
$=\square$

2 다음을 완성하여라.

(1) $(x+1)(x+3)$
$=x^2+(1+\square)x+1\times\square$
$=x^2+\square x+\square$

(2) $(x+6)(x-2)$
$=x^2+\{6+(\square)\}x+6\times(\square)$
$=\square$

(3) $(x-4)(x-5)$
$=x^2+\{(-4)+(\square)\}x$
$+(-4)\times(\square)$
$=\square$

(4) $(a+b)(a+2b)$
$=a^2+(b+\square)a+b\times\square$
$=\square$

3 다음 식을 전개하여라.

(1) $(x+1)(x+6)$ 답 ______

(2) $(x+2)(x+5)$ 답 ______

(3) $(x+8)(x+3)$ 답 ______

(4) $(a+7)(a+2)$ 답 ______

(5) $(a+4)(a+9)$ 답 ______

(6) $\left(x+\frac{1}{2}\right)\left(x+\frac{1}{3}\right)$ 답 ______

4 다음 식을 전개하여라.

(1) $(x+2)(x-6)$ 답

(2) $(a-5)(a+3)$ 답

(3) $(x-8)(x+9)$ 답

(4) $\left(a+\frac{3}{4}\right)\left(a-\frac{2}{3}\right)$ 답

5 다음 식을 전개하여라.

(1) $(x-2)(x-4)$ 답

(2) $(a-9)(a-5)$ 답

(3) $(x-8)(x-1)$ 답

(4) $\left(a-\frac{1}{5}\right)\left(a-\frac{1}{2}\right)$ 답

6 다음 식을 전개하여라.

(1) $(x+3y)(x+4y)$

답

(2) $(a+6b)(a+b)$

답

(3) $(x+2y)(x-5y)$

답

(4) $(a-7b)(a+9b)$

답

(5) $(x-4y)(x-8y)$

답

(6) $\left(x-\frac{1}{6}y\right)\left(x-\frac{1}{4}y\right)$

답

풍쌤의 point

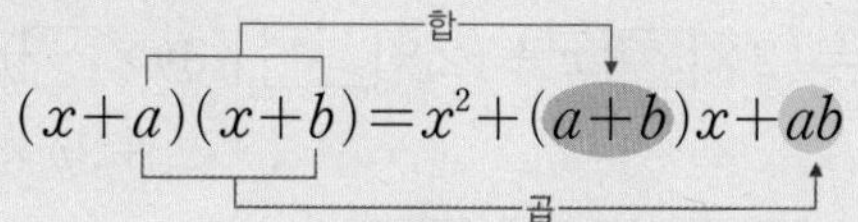

05 곱셈 공식 (4)

핵심개념 x의 계수가 1이 아닌 두 일차식의 곱

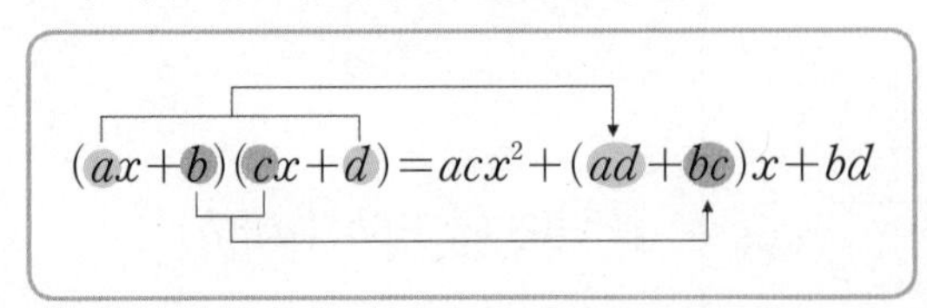

▶학습 날짜 월 일 ▶걸린 시간 분 / 목표 시간 15분

1 다음을 완성하여라.

$(ax+b)(cx+d)$
$=\square x^2+adx+\square x+bd$
$=\square$

2 다음을 완성하여라.

(1) $(3x+1)(5x+2)$
$=(3\times5)x^2+(3\times\square+1\times\square)x+1\times\square$
$=\square x^2+\square x+\square$

(2) $(4x+1)(2x-3)$
$=(4\times\square)x^2+\{4\times(\square)+1\times\square\}x+1\times(\square)$
$=\square$

(3) $(5x-3)(4x-7)$
$=(\square\times4)x^2+\{5\times(-7)+(-3)\times\square\}x+(\square)\times(\square)$
$=\square$

(4) $(2x+3y)(3x+2y)$
$=(2\times\square)x^2+(2\times\square+3y\times\square)x+3y\times\square$
$=\square$

3 다음 식을 전개하여라.

(1) $(5x+3)(2x+1)$

답 ____________

(2) $(4x+1)(3x+5)$

답 ____________

(3) $(3x+7)(2x+5)$

답 ____________

(4) $(6x+5)(9x+2)$

답 ____________

(5) $(2x+3)(8x+1)$

답 ____________

(6) $\left(4x+\frac{1}{3}\right)\left(6x+\frac{1}{4}\right)$

답 ____________

4 다음 식을 전개하여라.

(1) $(3x-2)(4x-1)$

답 ________

(2) $(2x-7)(8x-3)$

답 ________

(3) $(5x-3)(4x-9)$

답 ________

(4) $\left(9x-\frac{3}{4}\right)\left(2x-\frac{1}{6}\right)$

답 ________

5 다음 식을 전개하여라.

(1) $(2x+7)(3x-5)$

답 ________

(2) $(4x+3)(5x-1)$

답 ________

(3) $(7x-2)(4x+5)$

답 ________

(4) $(6x-5)(3x+8)$

답 ________

(5) $(-2x+5)(6x-3)$

답 ________

(6) $(9x-5)(-3x+4)$

답 ________

6 다음 식을 전개하여라.

(1) $(4x+7y)(2x+3y)$

답 ________

(2) $(3x-5y)(8x-2y)$

답 ________

(3) $(5x-2y)(4x+9y)$

답 ________

(4) $(-9x+4y)(6x-y)$

답 ________

(5) $(-4x-3y)(-5x+6y)$

답 ________

(6) $\left(\frac{1}{2}x+\frac{1}{3}y\right)\left(\frac{1}{3}x-\frac{1}{4}y\right)$

답 ________

풍쌤의 point

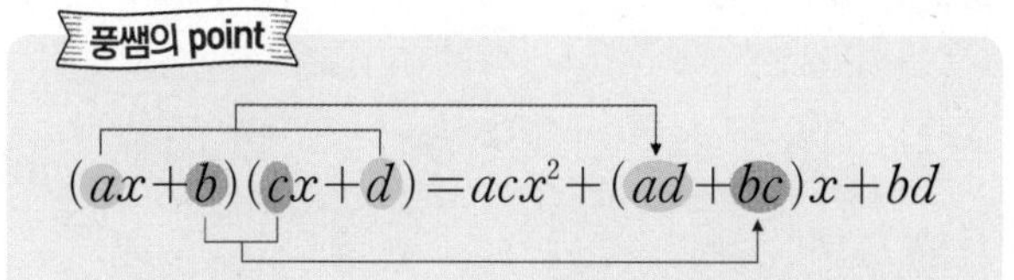

정답과 해설 18쪽

01-05 ◆ 스스로 점검 문제

맞힌 개수 개 / 8개

▶학습 날짜 월 일 ▶걸린 시간 분 / 목표 시간 20분

1 □□ 다항식의 곱셈 6

$(2x-7y)(3x+4y-1)$의 전개식에서 xy의 계수를 구하여라.

2 □□ 곱셈 공식 (1) 4, 곱셈 공식 (2) 3, 곱셈 공식 (3) 6, 곱셈 공식 (4) 5

다음 중 옳지 않은 것은?

① $(2x+7y)^2=4x^2+28xy+49y^2$
② $(5x-1)^2=25x^2-10x+1$
③ $(-4-3x)(4-3x)=16-9x^2$
④ $(x-2y)(x-6y)=x^2-8xy+12y^2$
⑤ $(3x+2)(9x-8)=27x^2-6x-16$

3 □□ 곱셈 공식 (1) 5

다음 중 $\left(-\frac{1}{3}x-1\right)^2$과 전개식이 같은 것은?

① $(x-3)^2$　② $-\frac{1}{3}(x-1)^2$
③ $\frac{1}{3}(x+1)^2$　④ $\frac{1}{9}(x-3)^2$
⑤ $\frac{1}{9}(x+3)^2$

4 □□ 곱셈 공식 (2) 3

다음 중 전개식이 나머지 넷과 다른 하나는?

① $(a+2)(a-2)$　② $(-2+a)(2+a)$
③ $-(2+a)(2-a)$　④ $(a-2)(-a+2)$
⑤ $(2-a)(-2-a)$

5 □□ 곱셈 공식 (2) 3

다음 중 $(1-x)(1+x)(1+x^2)$을 바르게 전개한 것은?

① $1-x^2$　② $1+x^2$　③ $x+x^2$
④ $1-x^4$　⑤ $1+x^4$

6 □□ 곱셈 공식 (3) 4

$\left(x-\frac{1}{2}\right)\left(x+\frac{1}{6}\right)=x^2+ax+b$일 때, 상수 a, b에 대하여 $b-a$의 값을 구하여라.

7 □□ 곱셈 공식 (4) 6

$(2x-y)(6x+7y)$의 전개식에서 xy의 계수와 y^2의 계수의 합을 구하여라.

8 □□ 곱셈 공식 (4) 3, 5

다음 식을 전개하였을 때, x의 계수가 가장 작은 것은?

① $(2x+1)(x+3)$　② $(9x-7)(3x+2)$
③ $(3x-1)(2x+5)$　④ $(4x+3)(5x-2)$
⑤ $(6x+4)(7x-3)$

06 곱셈 공식을 이용한 수의 계산

핵심개념

1. 수의 제곱의 계산

$(a+b)^2=a^2+2ab+b^2$ 또는 $(a-b)^2=a^2-2ab+b^2$을 이용한다.

2. 두 수의 곱의 계산

$(a+b)(a-b)=a^2-b^2$ 또는 $(x+a)(x+b)=x^2+(a+b)x+ab$를 이용한다.

▶학습 날짜 월 일 ▶걸린 시간 분 / 목표 시간 10분

▌정답과 해설 18~19쪽

1 곱셈 공식 $(a+b)^2=a^2+2ab+b^2$을 이용하여 102^2을 계산하는 과정을 완성하여라.

➜ 변형한 수: $(\square+2)^2$
➜ 계산하면
$102^2=(\square+2)^2$
$=\square^2+2\times\square\times2+2^2$
$=10000+\square+4$
$=\square$

2 다음 수를 곱셈 공식을 이용할 수 있도록 변형한 후 계산하여라.

(1) 105^2
➜ 변형한 수: $(100+5)^2$
➜ 계산 결과: ________________

(2) 53^2
➜ 변형한 수: ________________
➜ 계산 결과: ________________

(3) 3.2^2
➜ 변형한 수: ________________
➜ 계산 결과: ________________

3 곱셈 공식 $(a-b)^2=a^2-2ab+b^2$을 이용하여 49^2을 계산하는 과정을 완성하여라.

➜ 변형한 수: $(\square-1)^2$
➜ 계산하면
$49^2=(\square-1)^2$
$=\square^2-2\times\square\times1+1^2$
$=2500-\square+1$
$=\square$

4 다음 수를 곱셈 공식을 이용할 수 있도록 변형한 후 계산하여라.

(1) 99^2
➜ 변형한 수: $(100-1)^2$
➜ 계산 결과: ________________

(2) 68^2
➜ 변형한 수: ________________
➜ 계산 결과: ________________

(3) 2.7^2
➜ 변형한 수: ________________
➜ 계산 결과: ________________

5 곱셈 공식 $(a+b)(a-b)=a^2-b^2$을 이용하여 103×97을 계산하는 과정을 완성하여라.

→ 변형한 수: $(100+\square)(100-\square)$
→ 계산하면
$103\times97=(100+\square)(100-\square)$
$=100^2-\square^2$
$=10000-\square$
$=\square$

6 다음 수를 곱셈 공식을 이용할 수 있도록 변형한 후 계산하여라.

(1) 51×49
→ 변형한 수: $(50+1)(50-1)$
→ 계산 결과: ______

(2) 102×98
→ 변형한 수: ______
→ 계산 결과: ______

(3) 2.8×3.2
→ 변형한 수: ______
→ 계산 결과: ______

7 곱셈 공식 $(x+a)(x+b)=x^2+(a+b)x+ab$를 이용하여 53×51을 계산하는 과정을 완성하여라.

→ 변형한 수: $(50+\square)(50+\square)$
→ 계산하면
$53\times51=(50+\square)(50+\square)$
$=50^2+(\square+1)\times50+3\times\square$
$=2500+\square+3$
$=\square$

8 다음 수를 곱셈 공식을 이용할 수 있도록 변형한 후 계산하여라.

(1) 102×103
→ 변형한 수: $(100+2)(100+3)$
→ 계산 결과: ______

(2) 88×89
→ 변형한 수: ______
→ 계산 결과: ______

(3) 3.3×3.5
→ 변형한 수: ______
→ 계산 결과: ______

9 다음 수의 계산을 가장 편리하게 하기 위하여 이용되는 곱셈 공식을 바르게 연결하여라.

(1) 73×67 • • (가) $(a+b)^2=a^2+2ab+b^2$
(2) 6.9×7.2 • • (나) $(a-b)^2=a^2-2ab+b^2$
(3) 51^2 • • (다) $(a+b)(a-b)=a^2-b^2$
(4) 98^2 • • (라) $(x+a)(x+b)=x^2+(a+b)x+ab$

풍쌤의 point

1. 수의 제곱의 계산
$(a+b)^2=a^2+2ab+b^2$ 또는
$(a-b)^2=a^2-2ab+b^2$을 이용한다.

2. 두 수의 곱의 계산
$(a+b)(a-b)=a^2-b^2$ 또는
$(x+a)(x+b)=x^2+(a+b)x+ab$를 이용한다.

07 곱셈 공식을 이용한 분모의 유리화

핵심개념 **곱셈 공식을 이용한 분모의 유리화:** 분수에서 분모가 (유리수)+(무리수) 또는 (무리수)+(무리수)의 꼴인 경우에는 곱셈 공식 $(a+b)(a-b)=a^2-b^2$을 이용하여 분모를 유리화할 수 있다.

➔ $a>0$, $b>0$일 때,

$$\frac{c}{\sqrt{a}+\sqrt{b}}=\frac{c\times(\sqrt{a}-\sqrt{b})}{(\sqrt{a}+\sqrt{b})(\sqrt{a}-\sqrt{b})}=\frac{c\sqrt{a}-c\sqrt{b}}{a-b}$$

▶학습 날짜 월 일 ▶걸린 시간 분 / 목표 시간 10분

정답과 해설 19쪽

1 다음 분수의 분모를 유리화하여라.

(1) $\frac{4}{2+\sqrt{3}}=\frac{4(\square)}{(2+\sqrt{3})(\square)}$

$=\frac{\square}{4-\square}=\square$

(2) $\frac{2}{\sqrt{5}-2}$ 답 ______

(3) $\frac{3}{\sqrt{7}+\sqrt{5}}$ 답 ______

(4) $\frac{5}{\sqrt{3}-\sqrt{2}}$ 답 ______

(5) $\frac{6}{2\sqrt{2}+3}$ 답 ______

2 다음 분수의 분모를 유리화하여라.

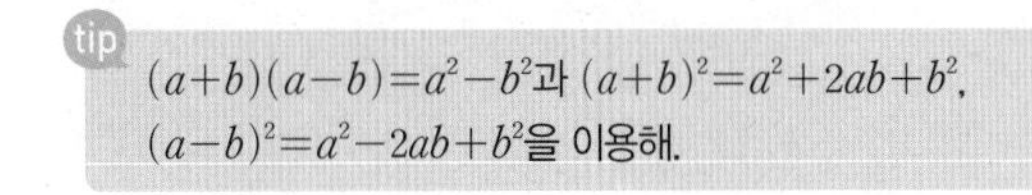

tip $(a+b)(a-b)=a^2-b^2$과 $(a+b)^2=a^2+2ab+b^2$, $(a-b)^2=a^2-2ab+b^2$을 이용해.

(1) $\frac{2-\sqrt{3}}{2+\sqrt{3}}=\frac{(2-\sqrt{3})^2}{(2+\sqrt{3})(\square)}$

$=\frac{\square}{4-\square}=\square$

(2) $\frac{\sqrt{2}+\sqrt{3}}{\sqrt{2}-\sqrt{3}}$ 답 ______

(3) $\frac{2\sqrt{5}+3}{2\sqrt{5}-3}$ 답 ______

(4) $\frac{4\sqrt{3}-\sqrt{2}}{4\sqrt{3}+\sqrt{2}}$ 답 ______

풍쌤의 point

곱셈 공식을 이용한 분모의 유리화

$a>0$, $b>0$일 때,

$$\frac{c}{\sqrt{a}+\sqrt{b}}=\frac{c\times(\sqrt{a}-\sqrt{b})}{(\sqrt{a}+\sqrt{b})(\sqrt{a}-\sqrt{b})}$$

$$=\frac{c\sqrt{a}-c\sqrt{b}}{a-b}$$

08 곱셈 공식의 변형

핵심개념
1. $a^2+b^2=(a+b)^2-2ab$, $a^2+b^2=(a-b)^2+2ab$
2. $(a+b)^2=(a-b)^2+4ab$, $(a-b)^2=(a+b)^2-4ab$

▶학습 날짜 월 일 ▶걸린 시간 분 / 목표 시간 15분

1 다음을 완성하여라.

(1) $(a+b)^2$을 전개하면

➜ $(a+b)^2=$☐

➜ $a^2+b^2=(a+b)^2-$☐

tip 이항을 이용!

(2) $(a-b)^2$을 전개하면

➜ $(a-b)^2=$☐

➜ $a^2+b^2=(a-b)^2+$☐

2 다음을 완성하여라.

(1)

$a^2+b^2=(a-b)^2+$☐이므로

➜ $(a+b)^2=a^2+2ab+b^2$

$=a^2+b^2+2ab$

$=(a-b)^2+$☐$+2ab$

$=(a-b)^2+$☐

(2)

$a^2+b^2=(a+b)^2-$☐이므로

➜ $(a-b)^2=a^2-2ab+b^2$

$=a^2+b^2-2ab$

$=(a+b)^2-$☐$-2ab$

$=(a+b)^2-$☐

3 $x+y=4$, $xy=3$일 때, 다음 식의 값을 구하여라.

(1) $x^2+y^2=(x+y)^2-$☐

$=4^2-$☐$\times 3=$☐

(2) $(x-y)^2=(x+y)^2-$☐

$=4^2-$☐$\times 3=$☐

4 $x-y=3$, $xy=2$일 때, 다음 식의 값을 구하여라.

(1) $x^2+y^2=(x-y)^2+$☐

$=3^2+$☐$\times 2=$☐

(2) $(x+y)^2=(x-y)^2+$☐

$=3^2+$☐$\times 2=$☐

5 $x+y=7$, $xy=5$일 때, 다음 식의 값을 구하여라.

(1) x^2+y^2 답 ________

(2) $(x-y)^2$ 답 ________

6 $x+y=5$, $xy=-2$일 때, 다음 식의 값을 구하여라.

(1) x^2+y^2 답 ______

(2) $(x-y)^2$ 답 ______

7 $x-y=6$, $xy=3$일 때, 다음 식의 값을 구하여라.

(1) x^2+y^2 답 ______

(2) $(x+y)^2$ 답 ______

8 $x-y=2$, $xy=-1$일 때, 다음 식의 값을 구하여라.

(1) x^2+y^2 답 ______

(2) $(x+y)^2$ 답 ______

9 $x+y-8$, $x^2+y^2=56$일 때, 다음 식의 값을 구하여라.

(1) xy

➔ $(x+y)^2=\square+2xy$이므로

$8^2=\square+2xy$

$2xy=\square \quad \therefore xy=\square$

tip 분수의 덧셈은 통분 먼저!

(2) $\dfrac{1}{x}+\dfrac{1}{y}=\dfrac{x+y}{\square}=\dfrac{8}{\square}=\square$

10 $x+y=6$, $x^2+y^2=32$일 때, 다음 식의 값을 구하여라. tip xy의 값을 구해 놓자!

(1) xy 답 ______

(2) $(x-y)^2$ 답 ______

(3) $\dfrac{1}{x}+\dfrac{1}{y}$ 답 ______

(4) $\dfrac{y}{x}+\dfrac{x}{y}$ 답 ______

11 $x-y=9$, $x^2+y^2=75$일 때, 다음 식의 값을 구하여라. tip xy의 값을 구해 놓자!

(1) xy 답 ______

(2) $(x+y)^2$ 답 ______

(3) $\dfrac{1}{x}-\dfrac{1}{y}$ 답 ______

(4) $\dfrac{y}{x}+\dfrac{x}{y}$ 답 ______

풍쌤의 point

1. $a^2+b^2=(a+b)^2-2ab$

$a^2+b^2=(a-b)^2+2ab$

2. $(a+b)^2=(a-b)^2+4ab$

$(a-b)^2=(a+b)^2-4ab$

09 곱셈 공식을 이용하여 식의 값 구하기

핵심개념

1. **두 수의 합과 곱을 이용하여 식의 값을 구하는 경우**
   $x+y$와 xy의 값을 구하고, 곱셈 공식의 변형을 이용하여 식의 값을 구한다.
2. **주어진 식을 간단히 하고 식의 값을 구하는 경우**
   곱셈 공식을 이용하여 식을 간단히 한 후, 주어진 수를 대입하여 식의 값을 구한다.
3. **$x=a+\sqrt{b}$ 꼴인 경우:** $x-a=\sqrt{b}$ 꼴로 변형한 후 양변을 제곱하여 식의 값을 구한다.
   $x=a+\sqrt{b}$ ➜ $x-a=\sqrt{b}$ ➜ $(x-a)^2=b$

▶학습 날짜 월 일 ▶걸린 시간 분 / 목표 시간 10분

정답과 해설 20쪽

1 $x=2+\sqrt{3}$, $y=2-\sqrt{3}$일 때, 다음 식의 값을 구하여라.

(1) $x+y=(2+\sqrt{3})+(2-\sqrt{3})=\square$

(2) $xy=(2+\sqrt{3})(2-\sqrt{3})=4-\square=\square$

(3) $\dfrac{1}{x}+\dfrac{1}{y}$ 답

(4) x^2+y^2 답

(5) $\dfrac{y}{x}+\dfrac{x}{y}$ 답

(6) $(x+1)(y+1)-xy$ 답

(7) $x(y+1)-y(x+1)$ 답

2 다음을 구하여라.

(1) $x=1+\sqrt{2}$일 때, x^2-2x+2의 값

답

(2) $x=2+\sqrt{3}$일 때, x^2-4x-1의 값

답

(3) $x=\sqrt{5}-3$일 때, x^2+6x+7의 값

답

(4) $x=2-2\sqrt{7}$일 때, x^2-4x+7의 값

답

풍쌤의 point

곱셈 공식을 이용하여 식의 값 구하기

주어진 식을 $a+b$, $a-b$, ab 등이 들어간 식으로 변형한다. $x=a+\sqrt{b}$ 꼴의 경우는 $x-a=\sqrt{b}$ 꼴로 변형한 후 양변을 제곱한다.

➜ 주어진 식을 식의 값을 구하기 쉬운 형태로 변형하거나 간단히 정리하는 것이 중요하다.

정답과 해설 20~21쪽

06-09 스스로 점검 문제

맞힌 개수 개 / 8개

▶학습 날짜 월 일 ▶걸린 시간 분 / 목표 시간 20분

1 □□ 곱셈 공식을 이용한 수의 계산 9

다음 중 주어진 수의 계산을 하는 데 가장 편리한 곱셈 공식을 잘못 짝지은 것은?

① $203^2 \to (a+b)^2=a^2+2ab+b^2$
② $98^2 \to (a-b)^2=a^2-2ab+b^2$
③ $95\times105 \to (a+b)(a-b)=a^2-b^2$
④ $47\times51 \to (x+a)(x+b)=x^2+(a+b)x+ab$
⑤ 1001×999
$\to (ax+b)(cx+d)=acx^2+(ad+bc)x+bd$

2 □□ 곱셈 공식을 이용한 수의 계산 2, 6

곱셈 공식을 이용하여 $51^2-52\times48$을 계산하여라.

3 □□ 곱셈 공식을 이용한 분모의 유리화 1

다음 중 옳지 않은 것은?

① $\dfrac{2}{\sqrt{3}-1}=\sqrt{3}+1$
② $\dfrac{4}{\sqrt{7}+\sqrt{3}}=\sqrt{7}-\sqrt{3}$
③ $\dfrac{2}{3+2\sqrt{2}}=6-4\sqrt{2}$
④ $\dfrac{2}{3+\sqrt{5}}=\dfrac{3-\sqrt{5}}{2}$
⑤ $\dfrac{1}{4-\sqrt{2}}=\dfrac{4+\sqrt{2}}{2}$

4 □□ 곱셈 공식을 이용한 분모의 유리화 1, 2

$x=\dfrac{\sqrt{7}+3}{\sqrt{7}-3}$, $y=\dfrac{6}{\sqrt{7}+2}$일 때, $x-y$의 값은?

① $-12-5\sqrt{7}$
② $-12+5\sqrt{7}$
③ $12+5\sqrt{7}$
④ $-4-5\sqrt{7}$
⑤ $-4+5\sqrt{7}$

5 □□ 곱셈 공식의 변형 3

$a+b=6$, $ab=9$일 때, a^2+b^2의 값은?

① 12 ② 14 ③ 16
④ 18 ⑤ 20

6 □□ 곱셈 공식의 변형 4

$x-y=5$, $xy=3$일 때, $(x+y)^2$의 값은?

① 30 ② 33 ③ 37
④ 40 ⑤ 45

7 □□ 곱셈 공식의 변형 10

$x+y=9$, $x^2+y^2=45$일 때, $\dfrac{y}{x}+\dfrac{x}{y}$의 값을 구하여라.

8 □□ 곱셈 공식을 이용하여 식의 값 구하기 2

$x=\dfrac{\sqrt{5}+2}{\sqrt{5}-2}$일 때, $x^2-18x+6$의 값은?

① -5 ② -1 ③ 0
④ 1 ⑤ 5

10 인수와 인수분해의 뜻

핵심개념

1. **인수**: 하나의 다항식을 두 개 이상의 다항식의 곱으로 나타낼 때, 이들 각각의 다항식을 처음 다항식의 인수라고 한다.
2. **인수분해**: 하나의 다항식을 두 개 이상의 인수의 곱으로 나타내는 식

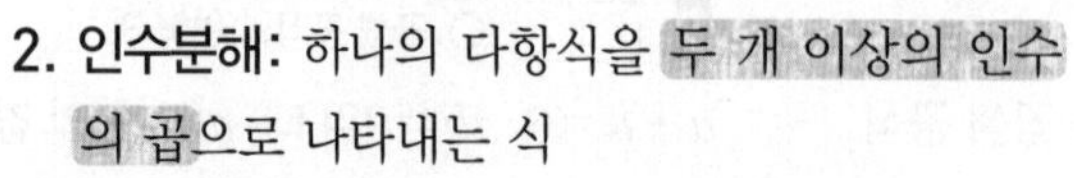

$x^2+3x+2 \underset{\text{전개}}{\overset{\text{인수분해}}{\rightleftarrows}} (x+1)(x+2)$ — 인수

참고 인수분해는 전개와 서로 반대되는 과정이다.

주의 인수분해를 할 때는 더 이상 인수분해되지 않을 때까지 해야 한다.

▶학습 날짜 월 일 ▶걸린 시간 분 / 목표 시간 5분

정답과 해설 21쪽

1 다음을 완성하여라.

(1) $(x+1)(x-1)$을 전개하면 x^2-1이므로 x^2-1을 인수분해하면 $(x+1)(\boxed{})$이다.

(2) $x^2-1=(x+1)(\boxed{})$이므로 다항식 x^2-1의 인수는 1, $\boxed{}$, $\boxed{}$, $(x+1)(x-1)$이다.

2 다음 중 $(x+2)(x+3)$의 인수인 것에는 ○표, 아닌 것에는 ×표를 하여라.

(1) $x+2$ ( )

(2) $x+3$ ( )

(3) $x(x+2)$ ( )

(4) $3(x+2)$ ( )

(5) $(x+2)(x+3)$ ( )

3 다음은 어떤 다항식을 인수분해한 것인지 구하여라.

(1) $(x+3)^2$ 답 ______

(2) $(4x-7)^2$ 답 ______

(3) $(2x+5)(2x-5)$ 답 ______

(4) $(x+3)(x-5)$ 답 ______

(5) $(5x+2)(2x-3)$ 답 ______

풍쌤의 point

$x^2+3x+2 \underset{\text{전개}}{\overset{\text{인수분해}}{\rightleftarrows}} (x+1)(x+2)$ — 인수

11 공통인수를 이용한 인수분해

핵심개념

1. **공통인수:** 다항식의 각 항에 공통으로 곱해져 있는 인수
2. **공통인수를 이용한 인수분해:** 다항식에 공통인수가 있을 때에는 공통인수로 묶어 내어 인수분해한다.

▶학습 날짜 월 일 ▶걸린 시간 분 / 목표 시간 10분

정답과 해설 21쪽

1 다음을 완성하여라.

다항식 $ma+mb$에서 m은 ma의 인수이면서 동시에 mb의 ______이다. 이때 인수 □을 ma와 mb의 __________라고 한다.

2 다음 다항식의 공통인수를 구하여라.

(1) $ax+ay$ 답 ______

(2) $3x^3-15x^2$ 답 ______

(3) $6xy^3-3x^2y^2$ 답 ______

(4) $4x^2+4xy-8x$ 답 ______

3 다항식을 공통인수로 묶어 내어 인수분해한 것이다. 다음을 완성하여라.

(1) $2xy^2+6y=\square(xy+3)$

(2) $a^3+2a^2=\square(a+2)$

(3) $15a^2b-5ab=5ab(\square-1)$

(4) $ax+ay+az=\square(x+y+z)$

(5) $2a^2b+8a^2b^3-4a^3b^2$
$=\square(1+4b^2-2ab)$

4 다음 식을 인수분해하여라.

(1) $6a^2b-3a$ 답

(2) $-2a^2-4a$ 답

(3) $ab-ax+2ay$ 답

(4) $3xy^2-6y^2$ 답

(5) a^2b-a^2+2ab 답

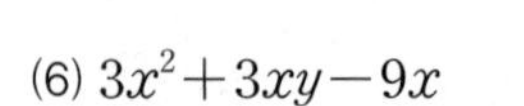

(6) $3x^2+3xy-9x$ 답

(7) $a^2b-3ab+2ab^2$ 답

5 다음 식을 인수분해하여라.

(1) $x(a-b)-y(a-b)$

답

(2) $a(x+y)-b(x+y)$

답

(3) $2x(a-2b)-y(a-2b)$

답

(4) $(x+y)+(2a+b)(x+y)$

답

(5) $x(a-2b)+2y(2b-a)$

답

tip 공통인수가 바로 보이지 않을 때는 공통인수가 생기도록 식을 변형해 봐.

풍쌤의 point

$$ma+mb=m(a+b)$$

공통인수

정답과 해설 21~22쪽

10-11 · 스스로 점검 문제

맞힌 개수 개 / 7개

▶학습 날짜 월 일 ▶걸린 시간 분 / 목표 시간 20분

1 ☐☐ 인수와 인수분해의 뜻 2

다음 〈보기〉 중 $xy(x+2y)$의 인수인 것만을 모두 고른 것은?

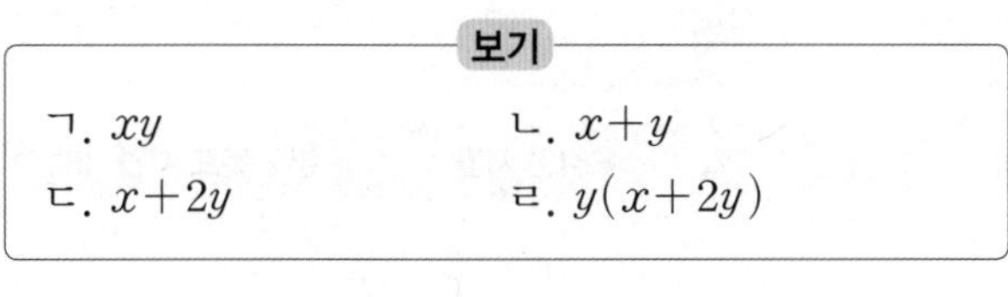

보기

ㄱ. xy ㄴ. $x+y$

ㄷ. $x+2y$ ㄹ. $y(x+2y)$

① ㄱ, ㄴ ② ㄱ, ㄷ ③ ㄴ, ㄹ
④ ㄱ, ㄴ, ㄷ ⑤ ㄱ, ㄷ, ㄹ

2 ☐☐ 인수와 인수분해의 뜻 3

$(x+1)(x-3)$은 어떤 다항식을 인수분해한 것인지 구하여라.

3 ☐☐ 공통인수를 이용한 인수분해 4

다음 중 $4x^2y-2xy$의 인수가 아닌 것은?

① 1 ② $2xy$ ③ $2x-1$
④ x^2y-xy ⑤ $xy(2x-1)$

4 ☐☐ 공통인수를 이용한 인수분해 5

$a(x-y)+b(y-x)$를 인수분해하면?

① $(a-b)(x-y)$ ② $(a-b)(y-x)$
③ $(a+b)(x-y)$ ④ $(a+b)(y-x)$
⑤ $(a-b)(x+y)$

5 ☐☐ 공통인수를 이용한 인수분해 4

다음 중 인수분해한 것이 옳은 것은?

① $2x^2y-4xy^2+8x^2y^2=2xy(x-y+4xy)$
② $ax+ay=a(x-y)$
③ $6x^2y-3xy=3xy(2x-1)$
④ $2ab^2+ab-a^2b=ab(2b+1+a)$
⑤ $6xy+3y^2=3y(2x-y)$

6 ☐☐ 공통인수를 이용한 인수분해 1, 4

다음 식에 대한 설명으로 옳지 않은 것은?

$$5a^3x-10a^2y \underset{㉡}{\overset{㉠}{\rightleftarrows}} 5a^2(ax-2y)$$

① ㉠의 과정을 인수분해한다고 한다.
② ㉡의 과정을 전개한다고 한다.
③ $ax-2y$는 $5a^3x-10a^2y$의 인수이다.
④ $5a^3x$와 $10a^2y$의 공통인수는 5이다.
⑤ ㉡의 과정에서 분배법칙이 사용된다.

7 ☐☐ 공통인수를 이용한 인수분해 5

$(x+2)(x-5)-3(x-5)$를 인수분해하여라.

12 인수분해 공식 (1)

핵심개념

1. 완전제곱식: 다항식의 제곱으로 된 식이나 이 식에 상수를 곱한 식

2. 완전제곱식을 이용한 인수분해

(1) $a^2+2ab+b^2=(a+b)^2$

(2) $a^2-2ab+b^2=(a-b)^2$

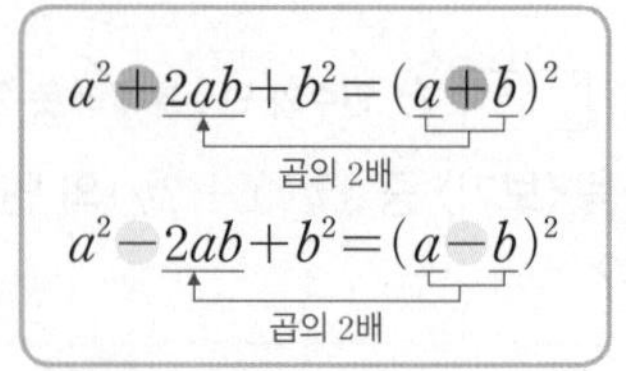

▶학습 날짜 월 일 ▶걸린 시간 분 / 목표 시간 15분

1 다음을 완성하여라.

(1) x^2+6x+9

$=x^2+2\times x\times\square+\square^2$

$=(x+\square)^2$

(2) $x^2-10x+25$

$=x^2-2\times x\times\square+\square^2$

$=(x-\square)^2$

(3) $4x^2+12x+9$

$=(\square x)^2+2\times\square x\times\square+\square^2$

$=(\square x+\square)^2$

(4) $ax^2-6ax+9a$

$=\square(x^2-6x+9)$

$=\square(x^2-2\times x\times\square+\square^2)$

$=\square(x-\square)^2$

2 다음 식을 인수분해하여라.

(1) x^2+4x+4 답 ____________

(2) $x^2-8x+16$ 답 ____________

(3) $x^2+12x+36$ 답 ____________

(4) $x^2-14x+49$ 답 ____________

(5) $x^2+\frac{1}{2}x+\frac{1}{16}$ 답 ____________

(6) $9x^2-6x+1$ 답 ____________

(7) $4x^2+4x+1$ 답 ____________

정답과 해설 22쪽

(8) $\frac{1}{4}x^2-x+1$ 답 __________

(9) $9x^2-24xy+16y^2$ 답 __________

(10) $25x^2+20xy+4y^2$ 답 __________

3 다음 식을 인수분해하여라.

tip 공통인수가 있으면 먼저 공통인수로 묶어 낸 후 인수분해해.

(1) $4x^2+8x+4$ 답 __________

(2) $ax^2-2ax+a$ 답 __________

(3) $3x^2-18xy+27y^2$ 답 __________

(4) $2x^2+20x+50$ 답 __________

(5) $4ax^2+4ax+a$ 답 __________

(6) $25ax^2-20axy+4ay^2$ 답 __________

4 다음 중 인수분해한 결과가 옳은 것에는 ○표, 옳지 않은 것에는 ×표를 하여라.

(1) $x^2+18x+81=(x+9)^2$ (　　)

(2) $4x^2-4x+1=(x-2)^2$ (　　)

(3) $x^2-x+\frac{1}{4}=\left(x-\frac{1}{2}\right)^2$ (　　)

(4) $x^2-20x+100=(x+10)^2$ (　　)

(5) $25x^2+20x+4=(5x+2)^2$ (　　)

(6) $2x^2+28x+98=2(x+14)^2$ (　　)

풍쌤의 point

$$a^2+2ab+b^2=(a+b)^2$$

곱에 +2가 곱해진 경우

$$a^2-2ab+b^2=(a-b)^2$$

곱에 −2가 곱해진 경우

13 완전제곱식이 될 조건

핵심개념 x^2+ax+b가 완전제곱식이 되기 위한 조건은 다음과 같다. (단, $b>0$)

1. 상수항이 x의 계수의 $\frac{1}{2}$의 제곱이어야 한다. ➔ $b=\left(\frac{a}{2}\right)^2$
   $\left(x\text{의 계수의 }\frac{1}{2}\right)^2$
2. x의 계수가 상수항의 제곱근의 2배이어야 한다. ➔ $a=\pm 2\sqrt{b}$
   $\pm 2\sqrt{(\text{상수항})}$

▶학습 날짜 월 일 ▶걸린 시간 분 / 목표 시간 10분

정답과 해설 22쪽

1 다음 식이 완전제곱식이 되도록 □ 안에 알맞은 수를 구하여라.

(1) $x^2+8x+\square$

➔ (주어진 식)$=x^2+2\times x\times\square+\square^2$
$\therefore \square=\square^2=\square$

(2) $x^2-6x+\square$ 답 ______

(3) $4x^2+4x+\square$ 답 ______

(4) $9x^2-12x+\square$ 답 ______

(5) $4x^2+4xy+\square$ 답 ______

(6) $9x^2-24xy+\square$ 답 ______

2 다음 식이 완전제곱식이 되도록 □ 안에 알맞은 수를 정하여라.

(1) $x^2+\square x+4$ 답 ______

(2) $x^2+\square xy+16y^2$ 답 ______

(3) $9x^2+\square x+1$ 답 ______

(4) $4x^2+\square xy+9y^2$ 답 ______

풍쌤의 point

x^2+ax+b가 완전제곱식이 될 조건

$x^2+ax+b=(x\pm k)^2$이라 하면

➔ $(x\pm k)^2=x^2\pm 2kx+k^2$

➔ $a=\pm 2k,\ b=k^2$

➔ $a^2=4k^2,\ k^2=\frac{a^2}{4}=b$

즉, $a=\pm 2\sqrt{b},\ b=\left(\frac{a}{2}\right)^2$

14 인수분해 공식(2)

핵심개념 두 식의 제곱의 차로 된 다항식의 인수분해는 두 식의 합과 차의 곱으로 인수분해된다.

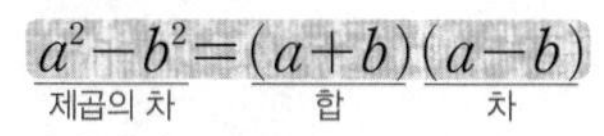

▶학습 날짜 월 일 ▶걸린 시간 분 / 목표 시간 15분

정답과 해설 23쪽

1 다음을 완성하여라.

(1) $x^2-16=x^2-\square^2$
$=(x+\square)(x-\square)$

(2) $4x^2-9y^2=(2x)^2-(\square)^2$
$=(2x+\square)(2x-\square)$

(3) $9x^2-\dfrac{1}{4}=(3x)^2-\left(\square\right)^2$
$=\left(3x+\square\right)\left(\square-\square\right)$

(4) $-x^2+9y^2=-\{x^2-(\square)^2\}$
$=-(x+\square)(x-\square)$

(5) $-16x^2+25=-\{(\square)^2-\square^2\}$
$=-(\square+\square)(\square-\square)$

2 다음 식을 인수분해하여라.

(1) x^2-9 답 ________

(2) x^2-25 답 ________

(3) $16-x^2$ 답 ________

(4) $x^2-\dfrac{9}{4}$ 답 ________

(5) x^2-64y^2 답 ________

정답과 해설 23쪽

(6) $25x^2-16y^2$ 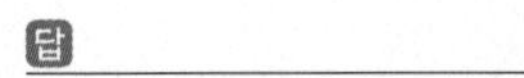 답 ______

(7) $9x^2-64y^2$ 답 ______

(8) $-4x^2+49y^2$ 답 ______

3 다음 식을 인수분해하여라.

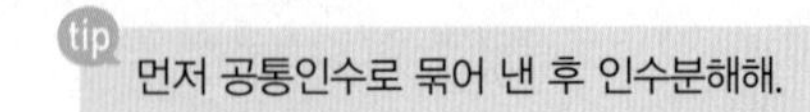

(1) $3x^2-48$ 답 ______

(2) $4x^2-36$ 답 ______

(3) $5x^2-125$ 답 ______

(4) $3x^2-12y^2$ 답 ______

(5) $-2x^2+72y^2$ 답 ______

4 다음 중 인수분해한 결과가 옳은 것에는 ○표, 옳지 않은 것에는 ×표를 하여라.

(1) $-x^2+\frac{1}{4}=-\left(x+\frac{1}{2}\right)\left(x-\frac{1}{2}\right)$ (　　)

(2) $-x^2-1=-(x+1)(x-1)$ (　　)

(3) $2x^2-2=2(x+1)(x-1)$ (　　)

(4) $9x^2-16y^2=(3x+4y)(3x-4y)$ (　　)

(5) $-49x^2+25y^2=(7x+5y)(7x-5y)$ (　　)

풍쌤의 point

$$\underbrace{a^2-b^2}_{\text{제곱의 차}}=\underbrace{(a+b)}_{\text{합}}\underbrace{(a-b)}_{\text{차}}$$

정답과 해설 23쪽

12-14 · 스스로 점검 문제

맞힌 개수 개 / 8개

▶학습 날짜 월 일 ▶걸린 시간 분 / 목표 시간 20분

1 ☐☐ 인수분해 공식 (1) 1

다음 중 완전제곱식으로 나타낼 수 없는 것은?

① x^2-4x+4 ② $x^2-\frac{3}{2}x+\frac{9}{16}$
③ $4x^2-4x+1$ ④ $9x^2-3x+1$
⑤ x^2-2x+1

2 ☐☐ 인수분해 공식 (1) 2

다음 식을 인수분해하여라.

$$36x^2+60xy+25y^2$$

3 ☐☐ 완전제곱식이 될 조건 1

$x^2-14x+\square$를 완전제곱식으로 나타낼 때, □ 안에 알맞은 수는?

① 25 ② 36 ③ 49
④ 64 ⑤ 81

4 ☐☐ 완전제곱식이 될 조건 2

$x^2+\square x+\frac{1}{16}$을 완전제곱식으로 나타낼 때, □ 안에 알맞은 수는?

① ±1 ② $\pm\frac{1}{2}$ ③ $\pm\frac{1}{4}$
④ $\pm\frac{1}{8}$ ⑤ $\pm\frac{1}{16}$

5 ☐☐ 인수분해 공식 (2) 2

$4x^2-\frac{1}{9}$을 인수분해하여라.

6 ☐☐ 인수분해 공식 (2) 2

$25a^2-64b^2$을 인수분해하면?

① $(5a+8b)^2$ ② $(5a-8b)^2$
③ $5(a-b)^2$ ④ $5(a+b)(a-b)$
⑤ $(5a+8b)(5a-8b)$

7 ☐☐ 인수분해 공식 (2) 1, 2

자연수 A, B에 대하여
$-49x^2+9y^2=-(Ax+By)(Ax-By)$일 때, AB의 값을 구하여라.

8 ☐☐ 인수분해 공식 (2) 3

$A<0$, $B>0$, $C>0$에 대하여
$-75x^2+27y^2=A(Bx+Cy)(Bx-Cy)$일 때, $A+B+C$의 값을 구하여라.

15 인수분해 공식 (3)

핵심개념

1. $x^2+(a+b)x+ab$의 인수분해: 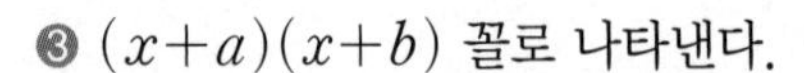 $x^2+(a+b)x+ab=(x+a)(x+b)$
2. $x^2+(a+b)x+ab$의 인수분해 방법
   ❶ 곱해서 상수항 ab가 되는 두 정수를 찾는다.
   ❷ ❶에서 찾은 두 정수 중 더해서 일차항의 계수 $a+b$가 되는 두 정수 a, b를 찾는다.
   ❸ $(x+a)(x+b)$ 꼴로 나타낸다.

▶학습 날짜 월 일 ▶걸린 시간 분 / 목표 시간 15분

1 다항식 x^2+6x+8을 인수분해하는 다음 과정을 완성하여라.

(1) x^2+6x+8은 인수분해 공식
$x^2+(a+b)x+ab=(x+\square)(x+\square)$에서
$a+b=6$, $ab=\square$인 경우이다.

(2) 곱이 8인 두 정수는 1과 8, -1과 $\square$, 2와 $\square$, $\square$와 -4이고 이 중 합이 6인 두 정수는 $\square$와 $\square$이다.

(3) x^2+6x+8을 인수분해하면
$x^2+6x+8=x^2+(2+\square)x+2\times\square$
$=(x+2)(x+\square)$

2 합과 곱이 다음과 같은 두 정수를 구하여라.

(1) 합: 3, 곱: 2 답 ____

(2) 합: 5, 곱: 4 답 ____

(3) 합: 1, 곱: -12 답 ____

(4) 합: -6, 곱: 8 답 ____

(5) 합: 2, 곱: -8 답 ____

(6) 합: -2, 곱: -24 답 ____

(7) 합: -8, 곱: 15 답 ____

3 x^2-5x+6을 인수분해하려고 한다. 다음 물음에 답하여라.

(1) 곱이 6이 되는 두 정수 a, b를 모두 구하여라.

답 ____

(2) (1)에서 구한 두 정수 중 합이 -5인 두 정수를 구하여라.

답 ____

(3) x^2-5x+6을 인수분해하여라.

답 ____

4 다음 식을 인수분해하여라.

(1) x^2+5x+4 답 ____________

(2) x^2-6x+8 답 ____________

(3) x^2-x-6 답 ____________

(4) $x^2+7x+10$ 답 ____________

(5) $x^2+10xy+24y^2$ 답 ____________

(6) $x^2-14xy+40y^2$ 답 ____________

(7) $x^2-8xy+15y^2$ 답 ____________

(8) $x^2-3xy-28y^2$ 답 ____________

5 다음 식을 인수분해하여라.

공통인수가 있으면 먼저 공통인수로 묶어 낸 후 인수분해해.

(1) $5x^2+5x-60$ 답 ____________

(2) $2x^2-22x+56$ 답 ____________

(3) $3x^2+18x+15$ 답 ____________

(4) $2x^2-14xy+24y^2$ 답 ____________

(5) $4x^2+8xy-12y^2$ 답 ____________

(6) $3x^2+27xy+54y^2$ 답 ____________

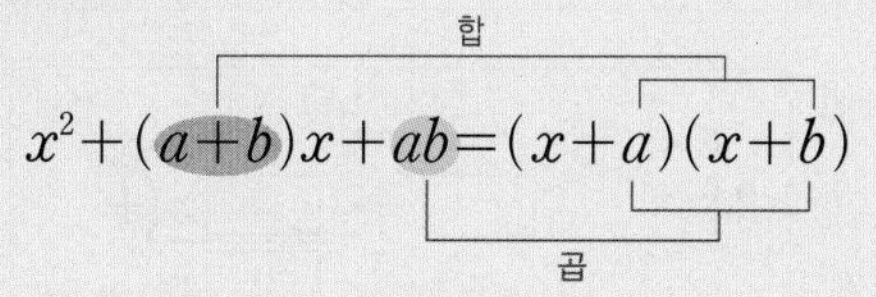

16 인수분해 공식 (4)

핵심개념

1. $acx^2+(ad+bc)x+bd$의 인수분해: $acx^2+(ad+bc)x+bd=(ax+b)(cx+d)$
2. $acx^2+(ad+bc)x+bd$의 인수분해 방법
   ❶ 곱해서 이차항의 계수 ac가 되는 두 수 a, c를 세로로 놓는다.
   ❷ 곱해서 상수항 bd가 되는 두 수 b, d를 세로로 놓는다.
   ❸ ❶, ❷의 수를 대각선으로 곱한 후 합한 것이 일차항의 계수가 되는 것을 찾는다.
   ❹ $(ax+b)(cx+d)$ 꼴로 나타낸다.

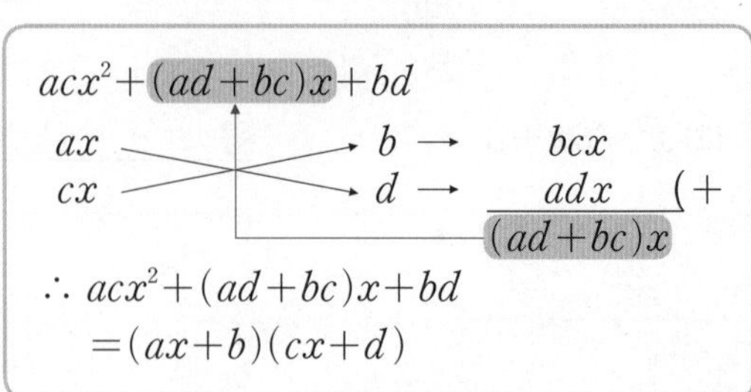

▶학습 날짜 월 일 ▶걸린 시간 분 / 목표 시간 20분

1 다항식 $2x^2+7x+3$을 인수분해하는 다음 과정을 완성하여라.

(1) $2x^2+7x+3$은 인수분해 공식
$acx^2+(ad+bc)x+bd$
$=(ax+b)(cx+d)$에서
$ac=2$, $ad+bc=\square$, $bd=\square$인 경우이다.

(2) $ac=2$인 두 정수 a, c와 $bd=\square$인 두 정수 b, d를 구하여 다음과 같이 나타내어 보자.

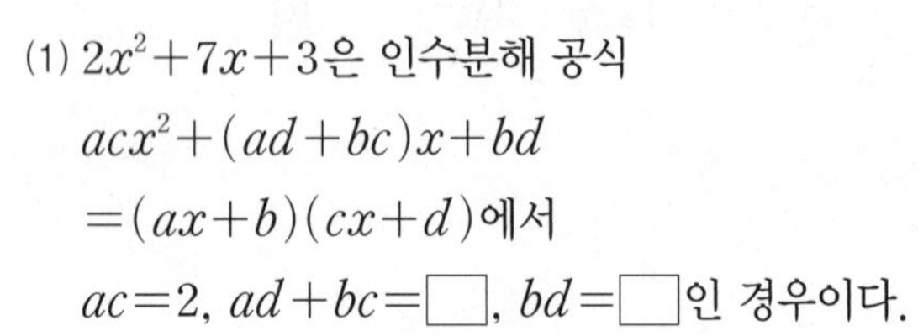

①
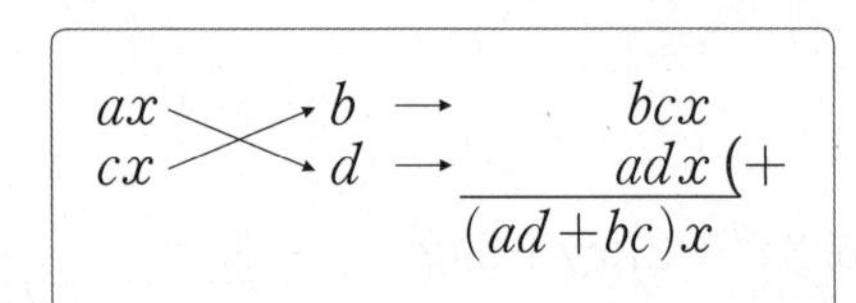

②
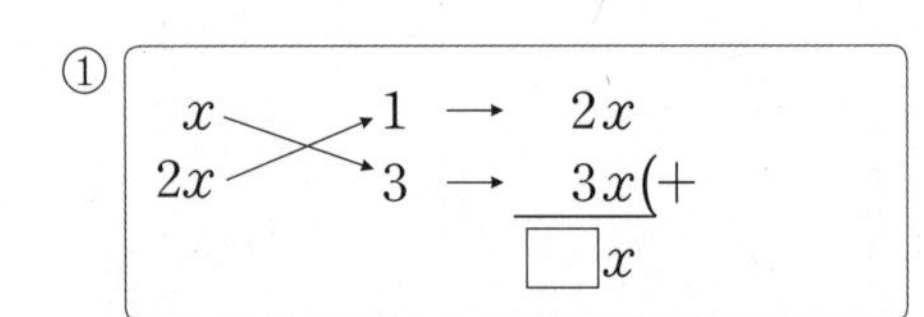

③
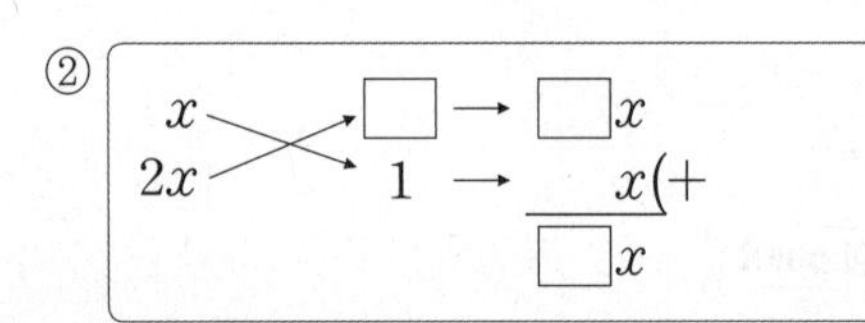

④
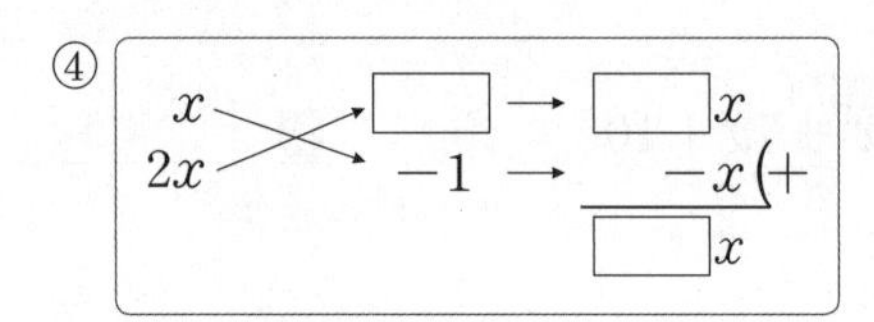

(3) (2)의 네 가지 경우에서 $ad+bc=7$을 만족시키는 네 정수는 $a=\square$, $b=\square$, $c=\square$, $d=\square$이다.

(4) $2x^2+7x+3$을 인수분해하면
$2x^2+7x+3=(x+\square)(\square x+\square)$

2 다항식을 인수분해하는 다음 과정을 완성하여라.

(1) $3x^2-x-10=(x-\square)(\square x+5)$

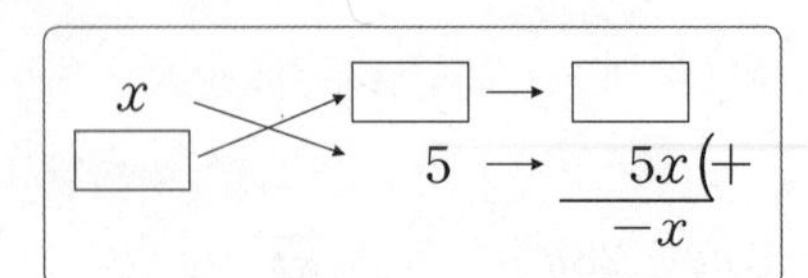

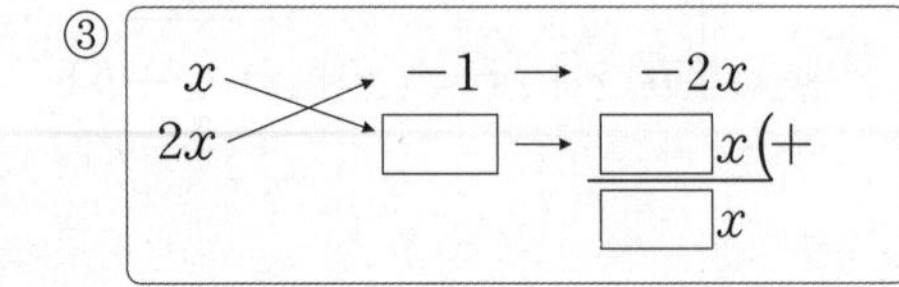

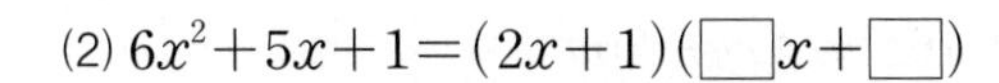

(2) $6x^2+5x+1=(2x+1)(\square x+\square)$

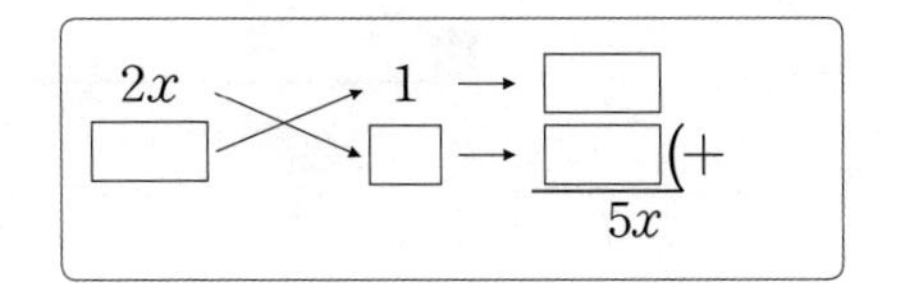

(3) $8x^2-6xy+y^2=(2x-y)(\square x-\square)$

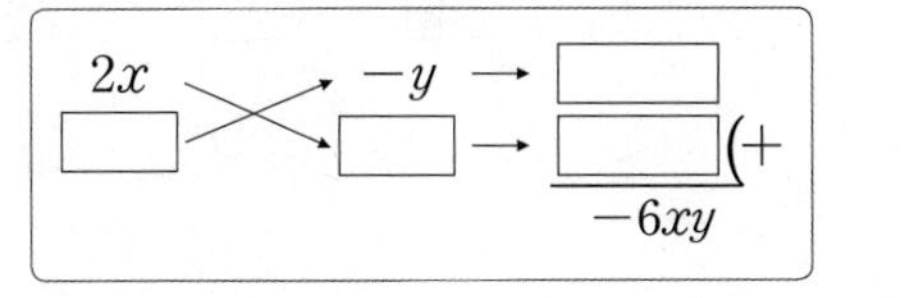

3 다음 식을 인수분해하여라.

(1) $2x^2+3x+1$ 답

(2) $2x^2-3x-2$ 답

(3) $3x^2-5x+2$ 답

(4) $5x^2+2x-3$ 답

(5) $6x^2+13x+6$ 답

(6) $4x^2-4x-3$ 답

(7) $6x^2-7x+2$ 답

(8) $2x^2-3xy+y^2$ 답

(9) $2x^2+5xy+2y^2$ 답

(10) $2x^2-7xy+3y^2$ 답

(11) $3x^2-4xy-4y^2$ 답

(12) $5x^2+8xy-4y^2$ 답

(13) $6x^2+7xy+2y^2$ 답

(14) $12x^2-11xy-5y^2$ 답

정답과 해설 24~26쪽

4 다음 식을 인수분해하여라.

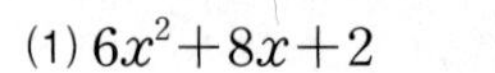

(1) $6x^2+8x+2$ 답 ______

(2) $4x^2+22x+24$ 답 ______

(3) $12x^2-26x+12$ 답 ______

(4) $12x^2+12x-9$ 답 ______

(5) $8x^2+20x-12$ 답 ______

(6) $10x^2+5x-30$ 답 ______

(7) $12x^2-10x-8$ 답 ______

(8) $16x^2-4xy-30y^2$ 답 ______

(9) $8x^2-44xy+48y^2$ 답 ______

(10) $9x^2+33xy+18y^2$ 답 ______

(11) $14x^2-35xy-21y^2$ 답 ______

(12) $16x^2-16xy-12y^2$ 답 ______

풍쌤의 point

$acx^2+(ad+bc)x+bd$

$ax \to b \to bcx$

$cx \to d \to adx$ (+

$(ad+bc)x$

$\therefore acx^2+(ad+bc)x+bd$

$=(ax+b)(cx+d)$

▌정답과 해설 26쪽

15-16 · 스스로 점검 문제

맞힌 개수 개 / 8개

▶학습 날짜 월 일 ▶걸린 시간 분 / 목표 시간 20분

1 ☐☐ 인수분해 공식 (3) 4

$x^2+ax-8=(x+b)(x-1)$일 때, 상수 a, b에 대하여 $a-b$의 값은?

① -5 ② -3 ③ -1
④ 1 ⑤ 3

2 ☐☐ 인수분해 공식 (3) 4

x의 계수가 1인 두 일차식의 곱이 $x^2+3x-18$일 때, 두 일차식의 합은?

① $2x-3$ ② $2x-1$ ③ $2x+1$
④ $2x+3$ ⑤ $2x+5$

3 ☐☐ 인수분해 공식 (3) 4

다음 중 두 다항식 $x^2-6x-16$, $x^2-3x-10$의 공통인 수인 것은?

① $x-8$ ② $x-5$ ③ $x-2$
④ $x+2$ ⑤ $x+5$

4 ☐☐ 인수분해 공식 (3) 5

다음 식을 인수분해하여라.

$$3x^2-30xy+72y^2$$

5 ☐☐ 인수분해 공식 (4) 3

$8x^2+2x-15=(ax+3)(bx-5)$일 때, 상수 a, b의 합 $a+b$의 값은?

① 2 ② 4 ③ 6
④ 8 ⑤ 10

6 ☐☐ 인수분해 공식 (4) 3

다음 중 다항식 $4x^2-11x-3$의 인수를 모두 고르면? (정답 2개)

① $x-3$ ② $x+6$ ③ $2x-3$
④ $2x+1$ ⑤ $4x+1$

7 ☐☐ 인수분해 공식 (4) 4

다음 식을 인수분해하여라.

$$12ax^2-29ax+15a$$

8 ☐☐ 인수분해 공식 (3) 4, 인수분해 공식 (4) 3

다음 중 인수분해한 것이 옳지 않은 것은?

① $x^2+2x-15=(x-3)(x+5)$
② $x^2-3xy-10y^2=(x+2y)(x-5y)$
③ $3x^2-10x-8=(x-4)(3x+2)$
④ $3x^2+xy-10y^2=(x+2y)(3x-5y)$
⑤ $12x^2-7x-12=(4x-3)(3x+4)$

17 복잡한 식의 인수분해 (1)

핵심개념 공통 부분이 있는 경우에는 공통 부분을 한 문자로 치환하여 인수분해한 후, 원래의 식에 대입하여 정리한다.

▶학습 날짜 월 일 ▶걸린 시간 분 / 목표 시간 10분

정답과 해설 26쪽

1 공통 부분을 A로 놓고 인수분해하는 다음 과정을 완성하여라.

(1) $(x+2)^2+4(x+2)+4$

➔ $x+2=A$로 놓으면
(주어진 식)$=A^2+4A+4$
$=(A+\square)^2$
$=(x+2+\square)^2$ ← $A=x+2$를 대입
$=(x+\square)^2$

(2) $(x+y)(x+y-3)+2$

➔ $x+y=A$로 놓으면
(주어진 식)
$=A(A-3)+2$
$=A^2-3A+2$
$=(A-1)(A-\square)$
$=(x+y-1)(\square)$ ← $A=x+y$를 대입

2 다음 식을 인수분해하여라.

(1) $(x+2)^2+10(x+2)+25$

답 ____________

(2) $3(x-1)^2+7(x-1)-10$

답 ____________

(3) $(x+3)^2-9$ 답 ____________

(4) $(x+2y)^2-4(x+2y)+3$

답 ____________

(5) $(a+b)(a+b-1)-12$

답 ____________

(6) $(x-2y)(x-2y+2)+1$

답 ____________

(7) $(3a+b)(3a+b-3)-10$

답 ____________

풍쌤의 point

$\underbrace{(x+y)}_{A}{}^2+2\underbrace{(x+y)}_{A}+1$ ➔ A^2+2A+1

$\underbrace{(x+y)}_{A}(\underbrace{x+y}_{A}+1)-2$ ➔ $A(A+1)-2$
➔ A^2+A-2

인수분해한 후 $A=x+y$를 대입하여 정리해야 한다.

18 복잡한 식의 인수분해 (2)

핵심개념 항이 여러 개인 경우에는 적당한 항끼리 묶어 인수분해한다. 특히, 항이 4개인 경우는 다음과 같이 인수분해한다.

1. 공통 부분이 생기도록 (2개의 항)+(2개의 항)으로 묶어 인수분해한다.
2. (3개의 항)+(1개의 항)으로 묶어서 A^2-B^2 꼴로 만들 수 있으면 $A^2-B^2=(A+B)(A-B)$를 이용하여 인수분해한다.

▶학습 날짜　　월　　일　▶걸린 시간　　분 / 목표 시간 15분

정답과 해설 27쪽

1 다음을 완성하여라.

(1) $xy+y+x+1=(xy+y)+(x+1)$

$=y(\square)+(\square)$

$=(\square)(y+1)$

(2) a^2-2b-b^2+2a

$=(a^2-b^2)+(2a-2b)$

$=(a+b)(\square)+2(\square)$

$=(\square)(a+b+2)$

(3) $x^2+6x+9-y^2=(x^2+6x+9)-y^2$

$=(\square)^2-y^2$

$=(\square+y)(\square-y)$

(4) a^2-b^2-4b-4

$=a^2-(b^2+4b+4)$

$=a^2-(\square)^2$

$=(a+\square)\{a-(\square)\}$

$=\square$

2 다음 식을 인수분해하여라.

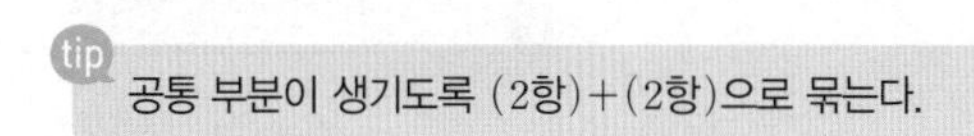

(1) $xy-x-y+1$

답 ________

(2) $ax+ay-bx-by$

답 ________

(3) $xy+2y+x+2$

답 ________

(4) $xy-3x-3y+9$

답 ________

(5) $ab+bc-a^2-ac$

답 ________

다음 식을 인수분해하여라.

tip A^2-B^2 꼴을 먼저 인수분해한 후, 공통인수로 묶는다.

(1) x^2-y^2+x+y

답

(2) x^2-9y^2-x-3y

답

(3) a^2+ac-b^2-bc

답

다음 식을 인수분해하여라.

tip A^2-B^2 꼴이 되도록 (3항)+(1항)으로 묶는다.

(1) $x^2+y^2+2xy-9$

답

(2) $x^2-8x+16-y^2$

답

(3) a^2-b^2-6b-9

답

(4) x^2-4y^2-4y-1

답

(5) $z^2-x^2-y^2-2xy$

답

5 다음 다항식을 (2항)+(2항) 또는 (3항)+(1항)으로 묶어 인수분해하려고 한다. 바르게 묶은 것에는 ○표, 옳지 않은 것에는 ×표를 하여라.

(1) $ab+b+a+1=(ab+a)+(b+1)$ ( )

(2) $xy-xz-y+z=(xy+z)-(xz+y)$ ( )

(3) $x^2-y^2-4x+4=(x^2-4x+4)-y^2$ ( )

(4) $x^2y-2x^2-3y+6=(x^2y-2x^2)-(3y-6)$ ( )

(5) $x^2-6xy+9y^2-9=(x^2-9)-(6xy-9y^2)$ ( )

(6) $4-x^2-y^2-2xy=4-(x^2+y^2+2xy)$ ( )

풍쌤의 point

항이 4개일 경우의 인수분해

(2개의 항)+(2개의 항)의 꼴로 만들어 공통 부분을 확인한다.

(3개의 항)+(1개의 항)의 꼴로 만들어 A^2-B^2 꼴이 되는지 확인한다.

19 인수분해 공식의 활용 (1)

핵심개념 수를 계산할 때, 인수분해 공식을 활용하면 쉽게 계산할 수 있다.

1. 공통인수로 묶어 내기

예 $12\times65+12\times35=12(65+35)=12\times100=1200$

2. 완전제곱식 이용하기

예 $99^2+198+1=99^2+2\times99\times1+1^2=(99+1)^2=100^2=10000$

3. 제곱의 차 이용하기

예 $55^2-45^2=(55+45)(55-45)=100\times10=1000$

▶학습 날짜 월 일 ▶걸린 시간 분 / 목표 시간 15분

정답과 해설 27~28쪽

1 다음을 완성하여라.

(1) $13\times63+13\times37$

$=13(\square+\square)$

$=13\times\square$

$=\square$

(2) 42^2-58^2

$=(42+\square)(42-\square)$

$=100\times(\square)$

$=\square$

(3) $3\times65^2-3\times35^2$

$=\square(65^2-35^2)$

$=\square(65+\square)(65-\square)$

$=\square\times100\times\square$

$=\square$

(4) $98^2+2\times98\times2+2^2$

$=(98+\square)^2$

$=\square^2$

$=\square$

2 다음을 계산하여라.

(1) $23\times45-23\times35$ 답 ______

(2) $10\times75+10\times25$ 답 ______

(3) $21\times98+21\times2$ 답 ______

(4) $98\times25-97\times25$ 답 ______

3 다음을 계산하여라.

(1) $85^2+30\times85+15^2$ 답

(2) $12^2-4\times12+2^2$ 답

(3) $25^2-10\times25+5^2$ 답

(4) $26^2+48\times26+24^2$ 답

4 다음을 계산하여라.

(1) 100^2-99^2 답

(2) 98^2-2^2 답

(3) 47^2-53^2 답

(4) $3\times26^2-3\times24^2$ 답

5 다음 수의 계산을 할 때, 사용하는 인수분해 공식을 <보기>에서 모두 골라 기호를 써라. (단, a, b는 자연수)

보기

ㄱ. $ma-mb=m(a-b)$
ㄴ. $a^2+2ab+b^2=(a+b)^2$
ㄷ. $a^2-2ab+b^2=(a-b)^2$
ㄹ. $a^2-b^2=(a+b)(a-b)$

(1) $97^2+6\times97+9$ (　　　)

(2) $45\times37-45\times35$ (　　　)

(3) 70^2-30^2 (　　　)

(4) $24\times51^2-24\times49^2$ (　　　)

풍쌤의 point

1. $m(a+b)$의 꼴로 계산한다.
→ $5\times27+5\times13=5(27+13)$
2. $(a+b)^2$, $(a-b)^2$의 꼴로 계산한다.
→ $5^2\pm2\times5\times15+15^2=(5\pm15)^2$
3. a^2-b^2의 꼴로 계산한다.
→ $97^2-3^2=(97+3)(97-3)$

20 인수분해 공식의 활용 (2)

핵심개념 식의 값을 구할 때, 주어진 식을 먼저 인수분해한 후에 수를 대입하면 쉽게 계산할 수 있다.

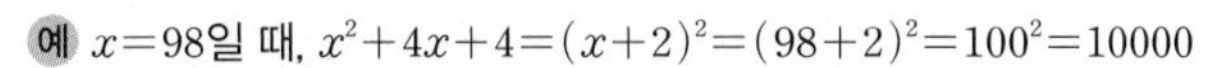
예 $x=98$일 때, $x^2+4x+4=(x+2)^2=(98+2)^2=100^2=10000$

▶학습 날짜 월 일 ▶걸린 시간 분 / 목표 시간 15분

정답과 해설 28쪽

1 인수분해 공식을 이용하여 주어진 식의 값을 구하는 다음 과정을 완성하여라.

(1) $x=25$일 때, $x^2-10x+25$의 값

➜ $x^2-10x+25=(x-\square)^2$
$=(25-\square)^2$
$=\square^2$
$=\square$

(2) $x=\sqrt{2}-1$일 때, x^2+3x+2의 값

➜ $x^2+3x+2=(x+1)(x+\square)$
$=\{(\sqrt{2}-1)+1\}\{(\square)+2\}$
$=\square\times(\square)$
$=\square$

(3) $x=3+\sqrt{5}$, $y=3-\sqrt{5}$일 때, $x^2+2xy+y^2$의 값

➜ $x^2+2xy+y^2=(x+y)^2$
$=\{(3+\sqrt{5})+(\square)\}^2$
$=\square^2=\square$

(4) $x=3+\sqrt{2}$, $y=3-\sqrt{2}$일 때, x^2-y^2의 값

➜ x^2-y^2
$=(x+y)(x-\square)$
$=(\square+3-\sqrt{2})\times\{3+\sqrt{2}-(\square)\}$
$=6\times\square=\square$

2 $x=\dfrac{1}{\sqrt{2}+1}$, $y=\dfrac{1}{\sqrt{2}-1}$일 때, $x^2-2xy+y^2$의 값을 구하려고 한다. 다음 물음에 답하여라.

(1) x와 y의 분모를 각각 유리화하여라.

답

(2) $x^2-2xy+y^2$을 인수분해하여라.

답

(3) $x^2-2xy+y^2$의 값을 구하여라.

답

3 다음 식의 값을 구하여라.

(1) $x=96$일 때, $x^2+8x+16$의 값

답

(2) $x=105$일 때, $x^2-10x+25$의 값

답

(3) $x=17$일 때, $x^2-5x-14$의 값

답

(4) $x=\sqrt{2}-1$일 때, $\sqrt{x^2+2x+1}$의 값

답

(5) $x=\sqrt{3}+3$일 때, $\sqrt{x^2-6x+9}$의 값

답

(6) $x=\sqrt{2}+2$일 때, $(x-4)^2+4(x-4)+4$의 값

답

(7) $x=\sqrt{5}-3$일 때, $(x+9)^2-12(x+9)+36$의 값

답

4 다음 식의 값을 구하여라.

(1) $x=\sqrt{2}+1$, $y=\sqrt{2}-1$일 때, $x^2+2xy+y^2$의 값

답

(2) $x=5+\sqrt{3}$, $y=5-\sqrt{3}$일 때, $x^2-2xy+y^2$의 값

답

(3) $x=2+\sqrt{3}$, $y=2-\sqrt{3}$일 때, x^2-y^2의 값

답

(4) $x=\frac{1}{\sqrt{3}+1}$, $y=\frac{1}{\sqrt{3}-1}$일 때, $x^2+2xy+y^2$의 값

답

(5) $x=\frac{1}{\sqrt{5}-2}$, $y=\frac{1}{\sqrt{5}+2}$일 때, x^2-y^2의 값

답

풍쌤의 point

식의 값을 구할 때 주어진 식이 복잡한 경우 $(a\pm b)^2$, $(a\pm b)^2+k$(k는 상수) 등의 꼴로 변형하면 식의 값을 구할 때 편리하다.

정답과 해설 28~29쪽

17-20 스스로 점검 문제

맞힌 개수 개 / 8개

▶학습 날짜 월 일 ▶걸린 시간 분 / 목표 시간 20분

1 ☐☐ 복잡한 식의 인수분해 (1) 2

다음 중 $(x+3)^2+(x+3)-12$의 인수인 것은?

① $x+3$ ② $x+4$ ③ $x+6$
④ $x+7$ ⑤ $x+9$

2 ☐☐ 복잡한 식의 인수분해 (1) 2

$(x-y)(x-y-3)-28$이 x의 계수가 1인 두 일차식의 곱으로 인수분해될 때, 두 일차식의 합을 구하여라.

3 ☐☐ 복잡한 식의 인수분해 (2) 2

$3xy+6x+y+2$를 인수분해하면 $(ax+b)(y+c)$일 때, 상수 a, b, c의 합 $a+b+c$의 값은?

① 2 ② 3 ③ 4
④ 5 ⑤ 6

4 ☐☐ 복잡한 식의 인수분해 (2) 4

다음 중 $x^2+2xy+y^2-16$의 인수인 것을 모두 고르면? (정답 2개)

① $x-y+4$ ② $x+y+4$
③ $-x+y+4$ ④ $x-y-4$
⑤ $x+y-4$

5 ☐☐ 인수분해 공식의 활용 (1) 3

인수분해 공식을 이용하여 $101^2-202+1$의 값을 구하여라.

6 ☐☐ 인수분해 공식의 활용 (1) 4

인수분해 공식을 이용하여 $\frac{2998\times2999+2998}{2999^2-1}$의 값을 구하여라.

7 ☐☐ 인수분해 공식의 활용 (2) 3

$x=197$일 때, x^2+6x+9의 값을 구하여라.

8 ☐☐ 인수분해 공식의 활용 (2) 4

$a=\frac{1}{\sqrt{6}-2}$, $b=\frac{1}{\sqrt{6}+2}$일 때, a^2-b^2의 값을 구하여라.

21 이차방정식의 뜻과 일반형

핵심개념

1. **x에 대한 이차방정식:** 미지수가 x인 방정식에서 등식의 모든 항을 좌변으로 이항하여 정리한 식이 (x에 대한 이차식)$=0$ 꼴로 나타내어지는 방정식
2. **x에 대한 이차방정식의 일반형:** $ax^2+bx+c=0$ (단, $a\neq0$이고 a, b, c는 상수)

▶학습 날짜 월 일 ▶걸린 시간 분 / 목표 시간 15분

1 다음 중 옳은 것에 ○표를 하여라.

(1) x^2+2x+1은 이차방정식(이다, 이 아니다).

(2) $3x+4=0$은 이차방정식(이다, 이 아니다).

(3) $-x^2+8=0$은 이차방정식(이다, 이 아니다).

(4) $0=-2x^2+x-5$는 이차방정식 (이다, 이 아니다).

(5) $x^2+2x+2=-2x^2-3$은 모든 항을 좌변으로 이항하여 정리하면 $\square=0$이므로 이차방정식(이다, 이 아니다).

(6) $x^2+x+1=x^2-2x$는 모든 항을 좌변으로 이항하여 정리하면 $\square=0$이므로 이차방정식(이다, 이 아니다).

2 다음 중 이차방정식인 것에는 ○표, 이차방정식이 아닌 것에는 ×표를 하여라.

(1) $3x^2+2x+1$ ( )

(2) $\frac{1}{2}x^2=0$ ( )

(3) $2x+4=x-3$ ( )

(4) $4x+3=-x^2$ ( )

(5) $x^2=x(x+7)$ ( )

(6) $2x^2-2x+1=x^2+x$ ( )

(7) $x(x-1)=x^2+x$ ( )

(8) $(x+1)(x-1)=-2x^2$ ( )

3 다음 이차방정식을 $ax^2+bx+c=0$ 꼴로 나타내어라. (단, $a>0$이고 a, b, c는 상수이다.)

(1) $(x-3)(x+4)=0$

답 ______

(2) $2(x+1)(x-2)=0$

답 ______

(3) $x(x+2)=x-3$

답 ______

(4) $3x^2-x-5=(x+3)(x-1)$

답 ______

(5) $-x^2+6x+1=x^2+2x$

답 ______

(6) $x(x+3)=2x^2+4x+8$

답 ______

4 이차방정식 $ax^2+(x+2)(2x+3)=0$에 대하여 상수 a의 값이 될 수 없는 수를 구하는 다음 과정을 완성하여라.

> $ax^2+(x+2)(2x+3)=0$을
> $ax^2+bx+c=0$ 꼴로 고치면
> $ax^2+2x^2+\square x+\square=0$
> $\therefore (\square)x^2+\square x+\square=0$ ⋯⋯ ㉠
> 위의 식이 x에 관한 이차방정식이면 x^2의 계수가 $\square$이 아니므로
> $a+2\neq\square$ $\therefore a\neq\square$
> 따라서 a의 값이 될 수 없는 수는 $\square$이다.

5 다음 식이 x에 대한 이차방정식일 때, 상수 a의 값이 될 수 없는 수를 구하여라.

(1) $ax^2=4$ 답 ______

tip 이차방정식이 되려면 x^2의 계수가 0이 아니어야 해.

(2) $ax^2-x+2=0$ 답 ______

(3) $(a-4)x^2+3x+1=0$ 답 ______

(4) $(a+1)x^2-2x+3=0$ 답 ______

(5) $ax^2+2x+3=3x^2$ 답 ______

(6) $2x^2+x=ax^2-x+6$ 답 ______

풍쌤의 point

x에 대한 이차방정식
(x에 대한 이차식)$=0$
이때 $ax^2+bx+c=0$ 꼴에서 반드시 $a\neq0$이어야 한다.

22 이차방정식의 해

핵심개념

1. 이차방정식의 해(근): x에 대한 이차방정식 $ax^2+bx+c=0$이 참이 되게 하는 미지수 x의 값

➜ 이차방정식 $ax^2+bx+c=0$의 해가 $x=p$ $\xrightarrow{x=p\text{를 식에 대입}}$ $ap^2+bp+c=0$

2. 이차방정식을 푼다: 이차방정식의 해를 모두 구하는 것

▶학습 날짜 월 일 ▶걸린 시간 분 / 목표 시간 15분

1 x의 값이 -1, 0, 1, 2일 때, 이차방정식 $x^2-x-2=0$의 해를 구하는 다음 과정을 완성하여라.

(1) 표를 완성하여라.

x	-1	0	1	2
x^2-x-2	0			

(2) 위의 표에서 이차방정식 $x^2-x-2=0$은 $x=$☐ 또는 $x=$☐일 때에만 참임을 알 수 있다. 따라서 $x=$☐ 또는 $x=$☐는 이차방정식 $x^2-x-2=0$의 해이다.

2 다음 [ ] 안의 수가 주어진 이차방정식의 해이면 ○표, 해가 아니면 ×표를 하여라.

(1) $x^2=0$ [0] ( )

➜ $x=$☐을 $x^2=0$에 대입하면
☐$=0$ (참)

(2) $2x^2=0$ [1] ( )

(3) $(x+1)(x-1)=0$ [1] ( )

(4) $(x-3)(x-7)=0$ [-3] ( )

(5) $x(x-1)=0$ [0] ( )

(6) $(3x+1)(x-6)=0$ [-6] ( )

(7) $x^2+x-2=0$ [-1] ( )

(8) $x^2=x+6$ [-2] ( )

(9) $x^2-9=0$ [3] ( )

(10) $2x^2-3x+1=0$ [-1] ( )

3 x**의 값이** -2, -1, 0, 1, 2**일 때, 다음 이차방정식의 해를 모두 구하여라.**

tip 주어진 이차방정식에 -2, -1, 0, 1, 2를 차례로 대입해 봐~

(1) $x^2-2x=0$

➔ $x=-2$일 때, $(-2)^2-2\times(-2)=\square$
$x=-1$일 때, $(-1)^2-2\times(-1)=\square$
$x=0$일 때, $0^2-2\times0=\square$
$x=1$일 때, $1^2-2\times\square=\square$
$x=2$일 때, $\square^2-2\times\square=\square$
따라서 주어진 등식을 만족시키는 x의 값은 $\square$, $\square$이므로 이차방정식의 해는 $x=\square$ 또는 $x=\square$이다.

(2) $x^2-3x-4=0$ 답

(3) $x^2+2x+1=0$ 답

(4) $x^2+x=0$ 답

(5) $2x^2-x-1=0$ 답

(6) $2x^2-3x-2=0$ 답

(7) $2x^2+x-6=0$ 답

(8) $3x^2-2x-1=0$ 답

(9) $3x^2-x-2=0$ 답

(10) $3x^2-5x-2=0$ 답

(11) $4x^2-8x=0$ 답

(12) $5x^2-x-4=0$ 답

(13) $-x^2+3x+4=0$ 답

(14) $-2x^2+7x-5=0$ 답

풍쌤의 point

이차방정식의 해

이차방정식 $ax^2+bx+c=0$의 해
➔ $ax^2+bx+c=0$을 만족시키는 x의 값
➔ $x=p$를 대입하여 $ap^2+bp+c=0$을 만족하면 p는 이차방정식의 해이다.

23 이차방정식의 해가 주어질 때의 미지수 구하기

핵심개념 x에 대한 이차방정식의 해가 주어질 때 해를 x에 대입하면 등식이 성립
$ax^2+bx+c=0$ ($a\neq0$이고 a, b, c는 상수)의 해가 $x=p$
➔ $ap^2+bp+c=0$

▶학습 날짜 월 일 ▶걸린 시간 분 / 목표 시간 10분

정답과 해설 30쪽

1 이차방정식 $x^2-5x+a=0$의 한 해가 $x=4$일 때, 상수 a의 값을 구하는 다음 과정을 완성하여라.

> $x^2-5x+a=0$에 $x=4$를 대입하면
> $\square^2-5\times\square+a=0$
> $\therefore a=\square$

2 다음 [ ] 안의 수가 주어진 이차방정식의 해일 때, 상수 a의 값을 구하여라.

(1) $x^2-2x+a=0$ [3] 답 ______

(2) $x^2+ax+2=0$ [-1] 답 ______

(3) $x^2=ax+15$ [-3] 답 ______

(4) $ax^2+x+6=0$ [2] 답 ______

3 다음을 구하여라.

(1) 이차방정식 $x^2+6x+8=0$의 한 해가 $x=m$일 때, m^2+6m의 값

> ➔ $x^2+6x+8=0$에 $x=m$을 대입하면
> $\square^2+6\times\square+8=0$
> $\square^2+6\times\square=-8$
> $\therefore m^2+6m=\square$

(2) 이차방정식 $x^2-4x+12=0$의 한 해가 $x=m$일 때, m^2-4m의 값

답 ______

(3) 이차방정식 $2x^2+8x-5=0$의 한 해가 $x=m$일 때, m^2+4m의 값

답 ______

풍쌤의 point

이차방정식의 해가 주어질 때의 미지수
이차방정식 $ax^2+bx+c=0$의 해 $x=p$가 주어지면
➔ x에 p를 대입하여 미지수의 값을 구한다.

정답과 해설 30쪽

21-23 · 스스로 점검 문제

맞힌 개수 개 / 7개

▶학습 날짜 월 일 ▶걸린 시간 분 / 목표 시간 20분

1 ○ 이차방정식의 뜻과 일반형 2

다음 중 x에 대한 이차방정식인 것을 모두 고르면? (정답 2개)

① $x^2+x=x^2-2$
② $5x+2=0$
③ $x^2=16$
④ $x(x+4)=x^2+4x$
⑤ $2x^2+x=x^2$

2 ○ 이차방정식의 뜻과 일반형 4, 5

$ax^2+4=x^2-x+3$이 x에 대한 이차방정식이 되기 위한 상수 a의 조건은?

① $a\neq-3$ ② $a\neq-1$ ③ $a\neq0$
④ $a\neq1$ ⑤ $a\neq3$

3 ○ 이차방정식의 해 2

다음 〈보기〉 중 [ ] 안의 수가 주어진 이차방정식의 해인 것을 모두 고른 것은?

보기

ㄱ. $x^2-x=0$ [0]
ㄴ. $x^2-2x+3=0$ [−1]
ㄷ. $x^2-4x+4=0$ [2]
ㄹ. $x(x-5)=0$ [5]
ㅁ. $2x^2-3x+1=0$ [3]

① ㄱ, ㄴ, ㄷ ② ㄱ, ㄷ, ㄹ
③ ㄴ, ㄷ, ㅁ ④ ㄴ, ㄹ, ㅁ
⑤ ㄷ, ㄹ, ㅁ

4 ○ 이차방정식의 해 2

다음 이차방정식 중 $x=3$이 해가 되는 것은?

① $x^2=3$
② $x^2+5x+6=0$
③ $x^2-6x+3=0$
④ $x^2-3x+9=0$
⑤ $(x-2)(x+2)=5$

5 ○ 이차방정식의 해 3

x의 값이 1, 2, 3, 4일 때, 다음 이차방정식 중 해가 없는 것은?

① $x(x-4)=0$
② $x^2+x-6=0$
③ $x^2-9=0$
④ $2x^2+x-3=0$
⑤ $x^2-4x-5=0$

6 ○ 이차방정식의 해가 주어질 때의 미지수 구하기 1, 2

$x=-2$가 이차방정식 $x^2+2ax+3a=0$의 해일 때, 상수 a의 값은?

① 1 ② 2 ③ 3
④ 4 ⑤ 5

7 ○ 이차방정식의 해가 주어질 때의 미지수 구하기 3

이차방정식 $3x^2-6x-4=0$의 한 해가 $x=m$일 때, m^2-2m의 값을 구하여라.

24 $AB=0$의 성질

핵심개념 $AB=0$의 성질: 두 수 또는 두 식 A, B에 대하여 $AB=0$이면 → $A=0$ 또는 $B=0$

참고 '$A=0$ 또는 $B=0$'의 의미는

(i) $A=0$ 그리고 $B\neq0$ (ii) $A\neq0$ 그리고 $B=0$ (iii) $A=0$ 그리고 $B=0$

의 세 가지 중 하나가 성립한다는 의미이다.

▶학습 날짜 월 일 ▶걸린 시간 분 / 목표 시간 5분

정답과 해설 30쪽

1 다음을 완성하여라.

> 두 식 A, B에 대하여 $AB=0$이면
> ☐ 또는 ☐임을 이용하여
> $(x+4)(x-2)=0$이 성립하게 하는 x의 값은
> $x+4=0$ 또는 $x-$☐$=0$
> $\therefore x=-4$ 또는 $x=$☐

2 다음 등식이 성립하게 하는 x의 값을 구하여라.

(1) $(x-2)(x-4)=0$

답

(2) $x(x+3)=0$

답

(3) $(x+2)(x-5)=0$

답

(4) $(x-3)(x+7)=0$

답

(5) $(x+3)(x+1)=0$

답

(6) $(x-1)(2x-3)=0$

답

(7) $(3x+6)\left(x-\frac{1}{2}\right)=0$

답

(8) $(2x-4)(3x-2)=0$

답

풍쌤의 point

$AB=0$ → $A=0$ 또는 $B=0$

$A=0$, $B\neq0$와 $A\neq0$, $B=0$와 $A=0$, $B=0$의 세 가지 중 한 가지는 성립한다.

25 인수분해를 이용한 이차방정식의 풀이

핵심개념 주어진 이차방정식을 (x에 대한 이차식)$=0$ 꼴로 나타낸 후 좌변을 인수분해한다.

1. $(x-a)(x-b)=0$과 같이 인수분해되면 이 이차방정식의 해는
   ➜ $x=a$ 또는 $x=b$
2. $(ax-b)(cx-d)=0$과 같이 인수분해되면 이 이차방정식의 해는
   ➜ $x=\frac{b}{a}$ 또는 $x=\frac{d}{c}$

▶학습 날짜 월 일 ▶걸린 시간 분 / 목표 시간 20분

▌정답과 해설 31~32쪽

1 **이차방정식 $x^2-4x+3=0$에 대하여 다음을 완성하여라.**

(1) 이차방정식 $x^2-4x+3=0$의 좌변을 인수분해하면
➜ $(x-\square)(x-\square)=0$

(2) 두 식 A, B에 대하여 $AB=0$이면 $A=0$ 또는 $B=0$임을 이용하여 이차방정식의 해를 구하면
➜ $x-\square=0$ 또는 $\square=0$
➜ $x=\square$ 또는 $x=\square$

2 **이차방정식 $2x^2-3x-2=0$에 대하여 다음을 완성하여라.**

(1) 이차방정식 $2x^2-3x-2=0$의 좌변을 인수분해하면
➜ $(x-2)(\square)=0$

(2) 두 식 A, B에 대하여 $AB=0$이면 $A=0$ 또는 $B=0$임을 이용하여 이차방정식의 해를 구하면
➜ $x-2=0$ 또는 $\square=0$
➜ $x=\square$ 또는 $x=\square$

3 **다음 이차방정식의 해를 구하여라.**

(1) $x^2+x-6=0$ 답 ______

(2) $x^2-5x+6=0$ 답 ______

(3) $x^2+2x-3=0$ 답 ______

(4) $x^2-2x-24=0$ 답 ______

(5) $x^2-3x=0$ 답 ______

4 다음 이차방정식의 해를 구하여라.

(1) $2x^2+5x+3=0$ 답 ______

(2) $2x^2-6x+4=0$ 답 ______

(3) $3x^2+5x-2=0$ 답 ______

(4) $3x^2+10x+8=0$ 답 ______

(5) $4x^2-9=0$ 답 ______

(6) $4x^2-12x=0$ 답 ______

(7) $6x^2-7x-3=0$ 답 ______

5 다음 이차방정식의 해를 구하여라.

(1) $x^2+x-3=3x$

➜ 주어진 이차방정식을 $ax^2+bx+c=0$ 꼴로 나타내면

$x^2+x-3-\square x=0$

$x^2-\square x-\square=0$

좌변을 인수분해하면

$(x+\square)(x-\square)=0$

$\therefore x=\square$ 또는 $x=\square$

(2) $(x+3)(x-5)=9$

답 ______

(3) $(x+3)(x-3)=2x-6$

답 ______

(4) $2x^2=x(x+1)$

답 ______

(5) $(2x+1)(x-5)=x(x-5)$

답 ______

(6) $(x+1)(x-5)=-2(x+3)$

답 ______

6 다음 두 이차방정식의 공통인 근을 구하여라.

(1) $x^2-x-20=0,\ 2x^2+7x-4=0$

➜ $x^2-x-20=0$의 근: ____________

➜ $2x^2+7x-4=0$의 근: ____________

➜ 두 이차방정식의 공통인 근은 $x=\square$이다.

(2) $x^2+2x-8=0,\ 2x^2-3x-2=0$

➜ $x^2+2x-8=0$의 근: ____________

➜ $2x^2-3x-2=0$의 근: ____________

➜ 두 이차방정식의 공통인 근은 $x=\square$이다.

7 다음 이차방정식의 한 근이 [ ] 안의 수일 때, 다른 한 근을 구하여라. (단, a는 상수이다.)

tip $x=a$가 이차방정식의 근이면 x에 a를 대입한 등식이 성립해야지~

(1) $x^2+ax-3=0\quad[-1]$

➜ 이차방정식 $x^2+ax-3=0$에 $x=\square$을 대입하면 $1-a-3=0\qquad\therefore a=\square$
$a=\square$를 주어진 이차방정식에 대입하여 좌변을 인수분해하면
$(x+1)(x-\square)=0$
$\therefore x=-1$ 또는 $x=\square$
따라서 다른 한 근은 $x=\square$이다.

(2) $x^2+3x+a=0\quad[-4]$

답 ____________

(3) $3x^2-5x+a=0\quad[3]$

답 ____________

(4) $2x^2+ax+a-6=0\quad[-3]$

답 ____________

8 이차방정식 A의 두 근 중 작은 근이 이차방정식 B의 한 근일 때, 상수 a의 값을 구하여라.

(1) A: $x^2+x-2=0$, B: $x^2+3x+a=0$

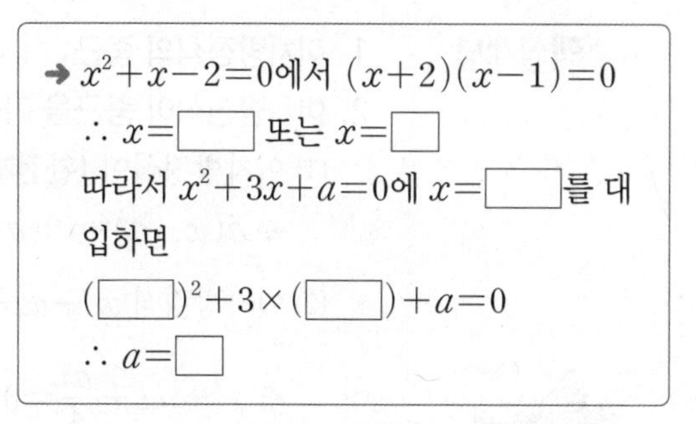

➜ $x^2+x-2=0$에서 $(x+2)(x-1)=0$
$\therefore x=\square$ 또는 $x=\square$
따라서 $x^2+3x+a=0$에 $x=\square$를 대입하면
$(\square)^2+3\times(\square)+a=0$
$\therefore a=\square$

(2) A: $x^2-3x-4=0$, B: $x^2-ax-3=0$

답 ____________

9 다음 두 이차방정식의 공통인 근이 [ ] 안의 수일 때, 상수 a, b의 값을 각각 구하여라.

(1) $x^2+ax-4=0,\ x^2-6x+b=0\quad[4]$

➜ 두 이차방정식 $x^2+ax-4=0$, $x^2-6x+b=0$에 $x=4$를 각각 대입하면
$4^2+a\times4-4=0\qquad\therefore a=\square$
$\square^2-6\times\square+b=0\qquad\therefore b=\square$

(2) $x^2+ax=0,\ x^2+9x+b=0\quad[-2]$

➜ $a=\square$, $b=\square$

풍쌤의 point

$(x-a)(x-b)=0$
➜ $x=a$ 또는 $x=b$
$(ax-b)(cx-d)=0$
➜ $x=\dfrac{b}{a}$ 또는 $x=\dfrac{d}{c}$

26 이차방정식의 중근

핵심개념

1. **이차방정식의 중근:** 이차방정식의 두 근이 중복될 때, 이 근을 중근이라고 한다.
2. **이차방정식이 중근을 가질 조건**
   (1) 이차방정식이 (완전제곱식)$=0$ 꼴로 나타내어지면 중근을 갖는다.
   ➜ $a(x-p)^2=0(a\neq0)$ 꼴이면 $x=p$ (중근)
   (2) 이차방정식 $x^2+ax+b=0$에서 $b=\left(\frac{a}{2}\right)^2$이면 중근을 갖는다.
   ➜ $x^2+ax+\frac{a^2}{4}=0$에서 $\left(x+\frac{a}{2}\right)^2=0$

▶학습 날짜 월 일 ▶걸린 시간 분 / 목표 시간 15분

1 다음을 완성하여라.

> 이차방정식 $x^2-2x+1=0$에서 좌변을 인수분해하면
> $(x-1)^2=0$, 즉 $(x-1)(x-\square)=0$
> $(x-1)=0$ 또는 $(x-\square)=0$
> $\therefore x=1$ 또는 $x=\square$
> 이와 같이 이차방정식의 두 근이 중복되어 서로 같을 때, 이 근을 주어진 이차방정식의 $\square$이라고 한다.

2 다음 이차방정식의 해를 구하여라.

(1) $x^2+2x+1=0$

> ➜ $(x+\square)^2=0$ $\quad\therefore x=\square$ (중근)

(2) $x^2+6x+9=0$ 답 ________

(3) $x^2-10x+25=0$ 답 ________

(4) $x^2+16x+64=0$ 답 ________

(5) $x^2-x+\frac{1}{4}=0$ 답 ________

(6) $4x^2-4x+1=0$ 답 ________

(7) $4x^2+20x+25=0$ 답 ________

(8) $25x^2-30x+9=0$ 답 ________

3 다음 〈보기〉의 이차방정식 중 중근을 갖는 것을 모두 골라라.

보기

ㄱ. $x^2+4x+4=0$
ㄴ. $x^2-12x+36=0$
ㄷ. $25x^2+10x+1=0$
ㄹ. $9x^2-6x+4=0$

답

4 다음 이차방정식이 중근을 가질 때, 상수 a의 값을 구하여라.

(1) $x^2+8x+a=0$

→ 주어진 이차방정식이 중근을 가지려면
$a=\left(\frac{\square}{2}\right)^2=\square$

tip (상수)$=\left\{\frac{(x\text{의 계수})}{2}\right\}^2$임을 이용하자!

(2) $x^2-6x+a=0$ 답

(3) $x^2+10x+a=0$ 답

(4) $x^2+8x+2a=0$ 답

(5) $x^2+4x+a-7=0$ 답

5 다음 이차방정식이 중근을 가질 때, 상수 a의 값을 구하여라. (단, $a>0$)

tip $m^2x^2\pm ax+n^2=0$에서 $a=2mn$이면 중근을 갖겠지~

(1) $x^2-ax+49=0$

→ 주어진 이차방정식이 중근을 가지려면
$a=2\times\sqrt{\square}=\square$

(2) $x^2+ax+16=0$ 답

(3) $x^2+ax+81=0$ 답

(4) $9x^2+ax+16=0$

→ 주어진 이차방정식이 중근을 가지려면
$a=2\times\sqrt{\square}\times\sqrt{16}=\square$

(5) $4x^2-ax+25=0$ 답

풍쌤의 point

이차방정식이

$a(x-p)^2=0$ 또는 $x^2+ax+\frac{a^2}{4}=0$

또는 $k\left(x^2+ax+\frac{a^2}{4}\right)=0$

꼴이면 중근을 갖는다.

▌정답과 해설 32~33쪽

24-26 · 스스로 점검 문제

맞힌 개수 개 / 8개

▶학습 날짜 월 일 ▶걸린 시간 분 / 목표 시간 20분

1 □□ ○ $AB=0$의 성질 1

다음 〈보기〉 중 $xy=0$인 경우를 모두 골라라.

보기

ㄱ. $x=0$, $y=0$　　ㄴ. $x=0$, $y\neq0$

ㄷ. $x\neq0$, $y=0$　　ㄹ. $x\neq0$, $y\neq0$

2 □□ ○ $AB=0$의 성질 2

이차방정식 $(x+5)(3x-2)=0$을 풀면?

① $x=-5$ 또는 $x=-\frac{3}{2}$

② $x=-5$ 또는 $x=\frac{2}{3}$

③ $x=-5$ 또는 $x=\frac{3}{2}$

④ $x=5$ 또는 $x=\frac{2}{3}$

⑤ $x=5$ 또는 $x=\frac{3}{2}$

3 □□ ○ 인수분해를 이용한 이차방정식의 풀이 5

이차방정식 $6x^2+2x-1=-3x+5$의 두 근이 $x=p$ 또는 $x=q$일 때, 상수 p, q의 곱 pq의 값은?

① -2　② $-\frac{3}{2}$　③ -1

④ 1　⑤ 2

4 □□ ○ 인수분해를 이용한 이차방정식의 풀이 6

다음 두 이차방정식의 공통인 근을 구하여라.

$$x^2-x-12=0,\ 3x^2+10x+3=0$$

5 □□ ○ 인수분해를 이용한 이차방정식의 풀이 7

이차방정식 $2x^2-ax+3=0$의 한 근이 $x=1$일 때, 다른 한 근을 구하여라.

6 □□ ○ 이차방정식의 중근 3

다음 〈보기〉의 이차방정식 중 중근을 갖는 것은 모두 몇 개인지 구하여라.

보기

ㄱ. $x^2+10x+25=0$

ㄴ. $x^2-8x=16$

ㄷ. $4x^2-12x+9=0$

ㄹ. $9x^2+3x+1=0$

7 □□ ○ 이차방정식의 중근 4

이차방정식 $2x^2-24x+8a=0$이 중근을 가질 때, 상수 a의 값은?

① 6　② 7　③ 8

④ 9　⑤ 10

8 □□ ○ 이차방정식의 중근 5

이차방정식 $4x^2+4ax+9=0$이 중근을 가질 때, 상수 a의 값은? (단, $a>0$)

① 1　② 2　③ 3

④ 4　⑤ 5

27 제곱근을 이용한 이차방정식의 풀이

핵심개념 인수분해가 되지 않을 때에는 제곱근을 이용하여 해를 구할 수 있다.

1. 이차방정식 $x^2=q\ (q\geq 0)$의 해: $x=\pm\sqrt{q}$

➜ $ax^2=q$는 $x^2=\frac{q}{a}$ 꼴로 고쳐 해를 구한다. $\left(\text{단, } \frac{q}{a}\geq 0\right)$

2. 이차방정식 $(x+p)^2=q\ (q\geq 0)$의 해: $x=-p\pm\sqrt{q}$

➜ $a(x+p)^2=q$는 $(x+p)^2=\frac{q}{a}$ 꼴로 고쳐 해를 구한다. $\left(\text{단, } \frac{q}{a}\geq 0\right)$

▶학습 날짜 월 일 ▶걸린 시간 분 / 목표 시간 15분

정답과 해설 33쪽

1 이차방정식의 해를 구하는 다음 과정을 완성하여라.

(1) $x^2=5$

> $x^2=5$에서 x는 제곱해서 □가 되는 수, 즉 □의 제곱근이므로 이 이차방정식의 해는
> $x=\sqrt{\square}$ 또는 $x=-\sqrt{\square}$

(2) $9x^2=4$

> $9x^2=4$의 양변을 9로 나누면
> $x^2=\square$ $\quad\therefore x=\pm\sqrt{\square}=\pm\square$

(3) $(x-2)^2=3$

> $(x-2)^2=3$에서 $x-2$를 하나의 문자라고 생각하고 제곱근을 구하면
> $x-2=\pm\sqrt{\square}$ $\quad\therefore x=\square\pm\sqrt{\square}$

(4) $2(x-3)^2=6$

> $2(x-3)^2=6$의 양변을 2로 나누면
> $(x-3)^2=\square$
> $x-3$을 하나의 문자라고 생각하고 제곱근을 구하면
> $x-3=\pm\sqrt{\square}$ $\quad\therefore x=\square\pm\sqrt{\square}$

2 다음 이차방정식의 해를 구하여라.

(1) $x^2=3$

(2) $x^2=4$

(3) $x^2=11$

답 ______

(4) $x^2-8=0$

답 ______

3 다음 이차방정식의 해를 구하여라.

(1) $2x^2=14$ 답 ______

(2) $3x^2=27$ 답 ______

(3) $25x^2=16$ 답 ______

(4) $4x^2-5=0$ 답 ______

4 다음 이차방정식의 해를 구하여라.

(1) $(x-1)^2=2$ 답 ______

(2) $(x+2)^2=3$ 답 ______

(3) $(x-2)^2=5$ 답 ______

(4) $(x+3)^2=7$ 답 ______

(5) $(x+7)^2=5$ 답 ______

(6) $(x-4)^2=9$ 답 ______

(7) $(x-5)^2=4$ 답 ______

(8) $(x+3)^2=25$ 답 ______

5 다음 이차방정식의 해를 구하여라.

(1) $3(x-2)^2=18$ 답 ______

(2) $4(x-1)^2=20$ 답 ______

(3) $\frac{1}{2}(x-5)^2=3$ 답 ______

(4) $2(x+1)^2=8$ 답 ______

(5) $4(x+3)^2=16$ 답 ______

풍쌤의 point

$ax^2=p$의 꼴

➔ $x^2=\frac{p}{a}$

➔ $x=\pm\sqrt{\frac{p}{a}}$ $\left(단, \frac{p}{a}\geq 0\right)$

$a(x-p)^2=q$의 꼴

➔ $(x-p)^2=\frac{q}{a}$

➔ $x=p\pm\sqrt{\frac{q}{a}}$ $\left(단, \frac{q}{a}\geq 0\right)$

28 완전제곱식을 이용한 이차방정식의 풀이

핵심개념 인수분해되지 않는 이차방정식 $ax^2+bx+c=0\,(a\neq0)$은 $(x+p)^2=q$ 꼴로 고쳐서 제곱근을 이용하여 푼다.

❶ x^2의 계수 a로 양변을 나누어 이차항의 계수를 1로 만든다.

❷ 상수항을 우변으로 이항한다.

❸ 양변에 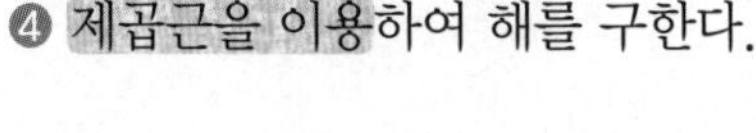 $\left\{\frac{(x\text{의 계수})}{2}\right\}^2$을 더하여 $(x+p)^2=q$ 꼴로 고친다.

❹ 제곱근을 이용하여 해를 구한다.

▶학습 날짜 월 일 ▶걸린 시간 분 / 목표 시간 15분

정답과 해설 33~34쪽

1 완전제곱식을 이용하여 이차방정식 $x^2+6x-2=0$의 해를 구하려고 한다. 다음 물음에 답하여라.

(1) $x^2+6x-2=0$을 $(x+p)^2=q$ 꼴로 나타내어라. (단, p, q는 상수이다.)

➜ $x^2+6x-2=0$에서 상수항을 우변으로 이항하면
$x^2+6x=2$
양변에 $\left\{\frac{(x\text{의 계수})}{2}\right\}^2=\square$를 더하면
$x^2+6x+\square=2+\square$
좌변을 완전제곱식으로 고쳐 정리하면
$(x+\square)^2=\square$ ...... ㉠

(2) 이 이차방정식의 해를 구하여라.

➜ ㉠에서 $x+3$의 제곱근은
$x+3=\pm\sqrt{\square}$
이차방정식의 해를 구하면
$x=\square\pm\sqrt{\square}$

2 다음 이차방정식을 완전제곱식으로 나타내기 위해 양변에 더해야 하는 수를 구하여라.

(1) $x^2-4x=2$ 답

(2) $x^2+6x=-4$ 답

(3) $x^2+10x=3$ 답

3 다음 이차방정식을 $(x+p)^2=q$ 꼴로 나타낼 때, 상수 p, q의 값을 각각 구하여라.

(1) $x^2+2x-4=0$ 답

(2) $x^2-6x-5=0$ 답

(3) $x^2-8x+13=0$ 답

(4) $x^2+10x+10=0$ 답

4 다음 이차방정식의 해를 완전제곱식을 이용하여 구하여라.

(1) $x^2-6x-1=0$ 답 ______

(2) $x^2+4x+1=0$ 답 ______

(3) $x^2-10x+20=0$ 답 ______

(4) $x^2+3x+1=0$ 답 ______

(5) $(x+3)(x-1)=8$ 답 ______

(6) $(x-2)(x-3)=3x$ 답 ______

(7) $x(x-8)=3$ 답 ______

(8) $x^2-\frac{8}{3}x+\frac{5}{3}=0$ 답 ______

5 다음 이차방정식의 해를 완전제곱식을 이용하여 구하여라.

(1) $3x^2+6x-18=0$

➜ $x^2+2x-6=0$, $x^2+2x=\square$
$x^2+2x+1=\square+1$
$(x+\square)^2=\square$
$\therefore x=\square\pm\sqrt{\square}$

(2) $2x^2-8x-2=0$ 답 ______

(3) $3x^2-12x-9=0$ 답 ______

(4) $4x^2-4x-4=0$ 답 ______

(5) $5x^2-30x+15=0$ 답 ______

풍쌤의 point

주어진 방정식을 $(x+p)^2=q$ 꼴로 나타내고 제곱근을 이용한 이차방정식의 풀이를 이용한다.

29 근의 공식을 이용한 이차방정식의 풀이

핵심개념

1 **근의 공식:** x에 대한 이차방정식 $ax^2+bx+c=0$의 근은

$$x=\frac{-b\pm\sqrt{b^2-4ac}}{2a}\ (\text{단, } b^2-4ac\geq 0)$$

2 **x의 계수가 짝수인 이차방정식의 근의 공식(짝수 공식):** x에 대한 이차방정식 $ax^2+2b'x+c=0$의 근은

$$x=\frac{-b'\pm\sqrt{b'^2-ac}}{a}\ (\text{단, } b'^2-ac\geq 0)$$

▶학습 날짜 월 일 ▶걸린 시간 분 / 목표 시간 15분

▌정답과 해설 34쪽

1 이차방정식 $ax^2+bx+c=0$의 근의 공식을 유도하는 다음 과정을 완성하여라. (단, a, b, c는 상수이다.)

❶ $ax^2+bx+c=0$의 양변을 x^2의 계수 $\square$로 나누기

➜ $x^2+\frac{b}{a}x+\frac{c}{a}=0$

❷ 상수항을 우변으로 이항하기

➜ $x^2+\frac{b}{a}x=\square$

❸ 양변에 $\left\{\frac{(x\text{의 계수})}{2}\right\}^2$인 $\square$ 더하기

➜ $x^2+\frac{b}{a}x+\square=\square+\square$

❹ 좌변을 완전제곱식으로 고치기

➜ $\left(x+\square\right)^2=\frac{\square}{4a^2}$

❺ 제곱근의 성질을 이용하여 해 구하기

➜ $x=\frac{-b\pm\square}{2a}$

2 이차방정식 $2x^2+5x+1=0$을 근의 공식을 유도하는 순서에 맞춰 푸는 다음 과정을 완성하여라.

❶ $2x^2+5x+1=0$의 양변을 x^2의 계수 $\square$로 나누기

➜ $x^2+\frac{5}{2}x+\frac{1}{2}=0$

❷ 상수항을 우변으로 이항하기

➜ $x^2+\frac{5}{2}x=\square$

❸ 양변에 $\square$ 더하기

➜ $x^2+\frac{5}{2}x+\square=\square+\square$

❹ 좌변을 완전제곱식으로 고치기

➜ $\left(x+\square\right)^2=\square$

❺ 제곱근의 성질을 이용하여 해 구하기

➜ $x+\square=\square$

$\therefore x=\square$

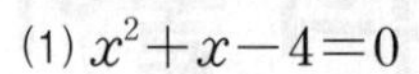

3 다음 이차방정식을 근의 공식을 이용하여 풀어라.

(1) $x^2+x-4=0$

➔ $a=1,\ b=1,\ c=-4$를 근의 공식에 대입하면

$$x=\frac{-\square\pm\sqrt{\square^2-4\times\square\times(\square)}}{2\times1}$$

$$=\frac{-\square\pm\sqrt{\square}}{2}$$

(2) $x^2-x-3=0$ 답 ________

(3) $x^2-3x+1=0$ 답 ________

(4) $x^2+3x-5=0$ 답 ________

4 다음 이차방정식을 근의 공식을 이용하여 풀어라.

(1) $2x^2-3x-1=0$

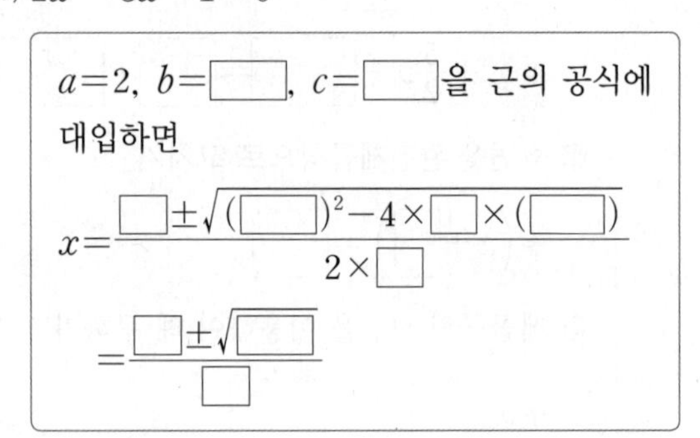

(2) $3x^2+5x-1=0$ 답 ________

(3) $4x^2+x-2=0$ 답 ________

(4) $5x^2-5x+1=0$ 답 ________

5 다음 이차방정식을 근의 공식(짝수 공식)을 이용하여 풀어라.

(1) $x^2+8x+6=0$

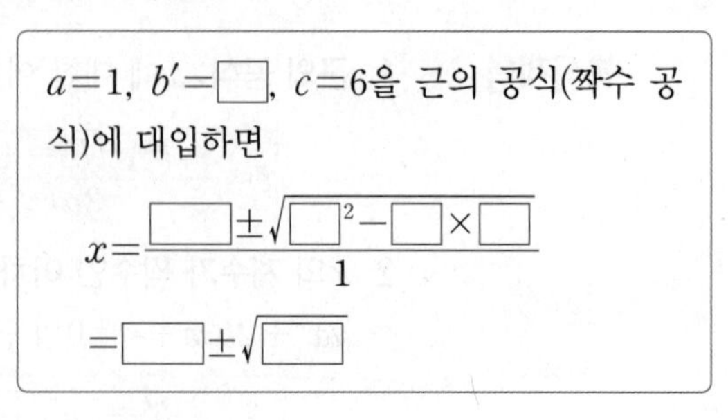

(2) $2x^2-6x-1=0$ 답 ________

(3) $3x^2-4x-3=0$ 답 ________

(4) $4x^2+6x-3=0$ 답 ________

풍쌤의 point

$ax^2+bx+c=0(a\neq0)$

➔ $x=\frac{-b\pm\sqrt{b^2-4ac}}{2a}$

이때 $b=2b'$, 즉 $ax^2+b'x+c=0$인 경우는

$x=\frac{-b'\pm\sqrt{b'^2-ac}}{a}$이다.

정답과 해설 35쪽

27-29 스스로 점검 문제

맞힌 개수 개 / 8개

▶학습 날짜 월 일 ▶걸린 시간 분 / 목표 시간 20분

1 □□ 제곱근을 이용한 이차방정식의 풀이 5

이차방정식 $3(x+1)^2-24=0$의 두 근을 각각 p, q라 할 때, $p+q$의 값은?

① $-4\sqrt{2}$ ② -2 ③ 0
④ 2 ⑤ $4\sqrt{2}$

2 □□ 제곱근을 이용한 이차방정식의 풀이 4

이차방정식 $(x-a)^2=b$의 두 근이 $x=2\pm\sqrt{7}$일 때, 유리수 a, b의 합 $a+b$의 값을 구하여라. (단, $b>0$)

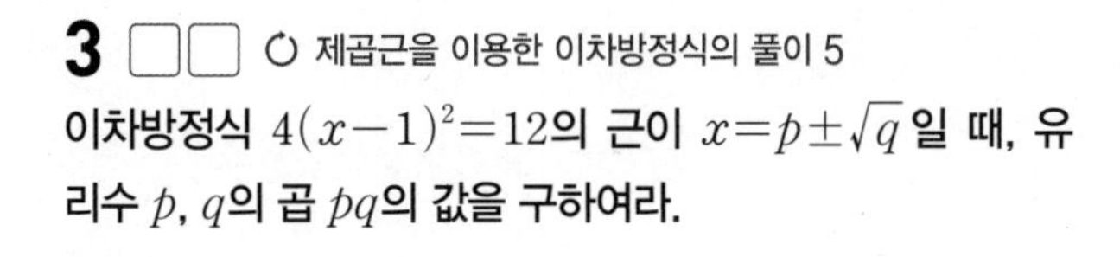

3 □□ 제곱근을 이용한 이차방정식의 풀이 5

이차방정식 $4(x-1)^2=12$의 근이 $x=p\pm\sqrt{q}$일 때, 유리수 p, q의 곱 pq의 값을 구하여라.

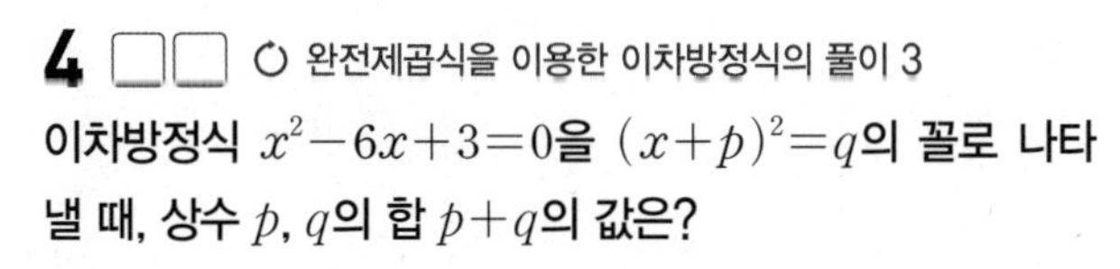

4 □□ 완전제곱식을 이용한 이차방정식의 풀이 3

이차방정식 $x^2-6x+3=0$을 $(x+p)^2=q$의 꼴로 나타낼 때, 상수 p, q의 합 $p+q$의 값은?

① -6 ② -3 ③ 3
④ 6 ⑤ 9

5 □□ 완전제곱식을 이용한 이차방정식의 풀이 4, 5

이차방정식 $2(x+1)(x-5)=8x$를 완전제곱식을 이용하여 풀었더니 해가 $x=p\pm\sqrt{q}$이었다. 유리수 p, q의 합 $p+q$의 값을 구하여라.

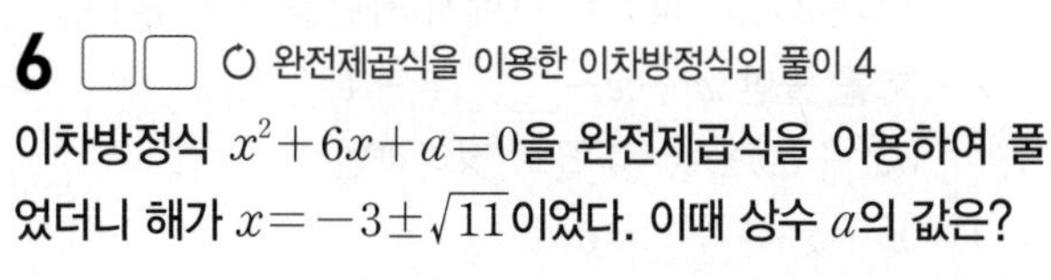

6 □□ 완전제곱식을 이용한 이차방정식의 풀이 4

이차방정식 $x^2+6x+a=0$을 완전제곱식을 이용하여 풀었더니 해가 $x=-3\pm\sqrt{11}$이었다. 이때 상수 a의 값은?

① 2 ② 1 ③ 0
④ -1 ⑤ -2

7 □□ 근의 공식을 이용한 이차방정식의 풀이 3

이차방정식 $x^2-x+a=0$의 근이 $x=\frac{1\pm\sqrt{13}}{2}$일 때, 상수 a의 값을 구하여라.

8 □□ 근의 공식을 이용한 이차방정식의 풀이 5

이차방정식 $4x^2+6x-1=0$의 근이 $x=\frac{a\pm\sqrt{b}}{4}$일 때, 유리수 a, b의 합 $a+b$의 값은?

① 7 ② 10 ③ 13
④ 14 ⑤ 17

30 복잡한 이차방정식의 풀이 (1)

핵심개념 괄호가 있는 이차방정식의 풀이

❶ 괄호를 풀고 $ax^2+bx+c=0$ 꼴로 정리한다.
❷ 인수분해 또는 근의 공식을 이용하여 해를 구한다.

▶학습 날짜 월 일 ▶걸린 시간 분 / 목표 시간 10분

정답과 해설 35쪽

1 이차방정식 $(x+3)(x-4)=-1$을 푸는 다음 과정을 완성하여라.

$(x+3)(x-4)=-1$에서 좌변을 전개하여 괄호를 풀면 $x^2-x-\square=-1$
$ax^2+bx+c=0$ 꼴로 정리하면
$x^2-x-\square=0$
따라서 근의 공식을 이용하여 해를 구하면

$$x=\frac{\square\pm\sqrt{(\square)^2-4\times1\times(\square)}}{2\times1}$$

$$=\frac{\square\pm\square\sqrt{\square}}{2}$$

2 다음 이차방정식을 풀어라.

(1) $(x+1)(x+2)=6$ 답

(2) $(x-1)(x+1)=-x$ 답

(3) $x(x+1)=3x^2-5$ 답 

3 다음 이차방정식을 풀어라.

(1) $2x(x-1)=(x+1)(x+2)$

답

(2) $(x-2)(2x+1)=(x+3)^2$

답

(3) $3(2x+1)-2x=4(1-x^2)$

 답

풍쌤의 point
괄호가 있는 이차방정식은 $ax^2+bx+c=0$ 꼴로 정리한 다음 인수분해 또는 근의 공식을 이용한다.

31 복잡한 이차방정식의 풀이 (2)

핵심개념 **계수가 분수 또는 소수인 이차방정식의 풀이**

양변에 적당한 수를 곱하여 계수를 정수로 고친 후 인수분해 또는 근의 공식을 이용하여 해를 구한다.

(1) 계수가 분수일 때: 양변에 분모의 최소공배수를 곱한다.

(2) 계수가 소수일 때: 양변에 10의 거듭제곱을 곱한다.

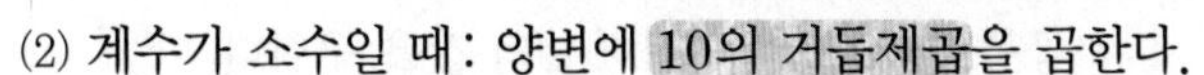

▶학습 날짜 월 일 ▶걸린 시간 분 / 목표 시간 10분

정답과 해설 35~36쪽

1 다음 이차방정식을 풀어라.

(1) $\frac{1}{3}x^2-\frac{1}{6}x-\frac{1}{2}=0$

➔ 등식의 양변에 □을 곱하면
$2x^2-x-\square=0$
좌변을 인수분해하여 해를 구하면
$(x+\square)(\square x-\square)=0$
$\therefore x=\square$ 또는 $x=\square$

(2) $\frac{1}{4}x^2-\frac{1}{2}x-2=0$ 답 ____

(3) $\frac{1}{6}x^2+\frac{1}{3}x-\frac{1}{2}=0$ 답 ____

(4) $x^2-\frac{3}{2}x+\frac{3}{10}=0$ 답 ____

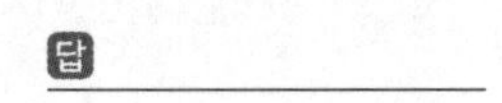

2 다음 이차방정식을 풀어라.

(1) $0.3x^2-1.2x+0.2=0$

➔ 등식의 양변에 □을 곱하면
$3x^2-\square x+2=0$
근의 공식을 이용하여 해를 구하면
$\therefore x=\frac{\square\pm\sqrt{\square}}{3}$

(2) $0.1x^2-x+2.5=0$ 답 ____

(3) $1.2x^2+0.6x-2.4=0$ 답 ____

풍쌤의 point

계수가 분수 ➔ 분모의 최소공배수
계수가 소수 ➔ 10의 거듭제곱
을 양변에 곱하여 계수가 정수인 이차방정식으로 만든 다음 푼다.

32 복잡한 이차방정식의 풀이 (3)

핵심개념

공통인 식이 있는 이차방정식의 풀이

공통인 식을 한 문자로 치환하여 이차방정식을 푼다.

❶ (공통인 식)$=A$로 치환하여 $pA^2+qA+r=0$ 꼴로 정리한다.

❷ 인수분해 또는 근의 공식을 이용하여 A의 값을 구한다.

❸ 구한 A의 값에 $A=$(공통인 식)을 대입하여 x의 값을 구한다.

▶학습 날짜 월 일 ▶걸린 시간 분 / 목표 시간 10분

정답과 해설 36쪽

1 이차방정식 $(x+1)^2-4(x+1)-5=0$을 치환을 이용하여 푸는 다음 과정을 완성하여라.

> $(x+1)^2-4(x+1)-5=0$에서 $x+1=A$로 놓고 A의 값을 구하면
> $A^2-\square A-5=0$, $(A+\square)(A-\square)=0$
> $\therefore A=\square$ 또는 $A=\square$
> $A=x+1$을 대입하면
> $x+1=\square$ 또는 $x+1=\square$
> $\therefore x=\square$ 또는 $x=\square$

치환한 식을 인수분해하여 구한 값은 답이 아니야. 다시 x에 대한 식으로 바꿔서 x의 값을 구해야 해. 착각하지 않도록 해!

2 다음 이차방정식을 풀어라.

(1) $(x+2)^2+3(x+2)-4=0$

답 ______

(2) $(x+1)^2+6(x+1)+9=0$

답 ______

(3) $(x-1)^2-3(x-1)+1=0$

답 ______

(4) $2(x-3)^2-5(x-3)-3=0$

답 ______

(5) $6(2-x)^2-(2-x)-1=0$

답 ______

(6) $3\left(x-\frac{1}{2}\right)^2=8-2\left(x-\frac{1}{2}\right)$

답 ______

풍쌤의 point

공통부분인 일차식을 문자 A로 치환하여 새로운 식을 만든다.

A에 대한 식을 풀어 해를 구한다.

x에 대한 이차방정식의 해를 구한다.

정답과 해설 36~37쪽

30-32 스스로 점검 문제

맞힌 개수 개 / 8개

▶학습 날짜 월 일 ▶걸린 시간 분 / 목표 시간 20분

1 ☐☐ 복잡한 이차방정식의 풀이 (1) 2

이차방정식 $\left(x+\frac{3}{2}\right)\left(x-\frac{1}{2}\right)=6x-\frac{7}{4}$을 풀면?

① $x=-5\pm\sqrt{21}$ ② $x=5\pm\sqrt{21}$
③ $x=\frac{-5\pm\sqrt{21}}{2}$ ④ $x=\frac{5\pm\sqrt{21}}{2}$
⑤ $x=\frac{5\pm\sqrt{21}}{4}$

2 ☐☐ 복잡한 이차방정식의 풀이 (1) 3

이차방정식 $(2x+3)(x-1)=(x+1)^2+2$의 해가 $x=a$ 또는 $x=b$일 때, $a+b$의 값은?

① 0 ② 1 ③ 2
④ 3 ⑤ 4

3 ☐☐ 복잡한 이차방정식의 풀이 (2) 1

이차방정식 $\frac{1}{6}x^2-\frac{4}{3}x-1=0$의 근이 $x=p\pm\sqrt{q}$일 때, 유리수 p, q에 대하여 $q-p$의 값은?

① -26 ② -18 ③ 14
④ 18 ⑤ 26

4 ☐☐ 복잡한 이차방정식의 풀이 (2) 2

이차방정식 $0.3x^2-x+0.5=0$의 근이 $x=\frac{A\pm\sqrt{B}}{3}$일 때, 유리수 A, B에 대하여 $A+B$의 값을 구하여라.

5 ☐☐ 복잡한 이차방정식의 풀이 (2) 1, 2

이차방정식 $\frac{1}{5}x^2-0.7x+0.3=0$을 풀어라.

6 ☐☐ 복잡한 이차방정식의 풀이 (3) 2

이차방정식 $(x+1)^2+7(x+1)-18=0$을 풀면?

① $x=-9$ 또는 $x=-2$
② $x=-9$ 또는 $x=2$
③ $x=-10$ 또는 $x=-2$
④ $x=-10$ 또는 $x=1$
⑤ $x=-10$ 또는 $x=2$

7 ☐☐ 복잡한 이차방정식의 풀이 (3) 2

이차방정식 $(2x-3)^2-3(2x-3)=10$의 두 근의 합은?

① $\frac{7}{2}$ ② 4 ③ $\frac{9}{2}$
④ 5 ⑤ $\frac{11}{2}$

8 ☐☐ 복잡한 이차방정식의 풀이 (3) 2

이차방정식 $(x-2)^2-4(x-2)=5$의 해가 $x=a$ 또는 $x=b$일 때, ab의 값을 구하여라.

33 이차방정식의 근의 개수

핵심개념

이차방정식 $ax^2+bx+c=0$의 근의 개수는 근의 공식 $x=\frac{-b\pm\sqrt{b^2-4ac}}{2a}$에서 b^2-4ac의 부호에 따라 결정된다.

1. $b^2-4ac>0$이면 서로 다른 두 근을 갖는다. ➔ 근이 2개
2. $b^2-4ac=0$이면 한 근(중근)을 갖는다. ➔ 근이 1개
3. $b^2-4ac<0$이면 근이 없다. ➔ 근이 0개

▶학습 날짜 월 일 ▶걸린 시간 분 / 목표 시간 15분

1 이차방정식 $ax^2+bx+c=0$의 근 $x=\frac{-b\pm\sqrt{b^2-4ac}}{2a}$에 대하여 다음을 완성하여라.

(1) $b^2-4ac>0$이면 이차방정식의 근은
$x=\frac{-b+\sqrt{b^2-4ac}}{2a}$와
$x=$ ☐ 로 ☐개이다.

(2) $b^2-4ac=0$이면 두 근이
$x=\frac{-b+\sqrt{0}}{2a}=$ ☐,
$x=\frac{-b-\sqrt{0}}{2a}=$ ☐가 되어 중복이므로
이 이차방정식의 근은 중근으로 ☐개이다.

(3) $b^2-4ac<0$이면 근호 ($\sqrt{\ }$) 안의 수가 (양수, 음수)가 되어 근이 없다.

2 이차방정식 $x^2-x-3=0$의 근의 개수를 구하는 다음 과정을 완성하여라.

$a=1$, $b=$ ☐, $c=$ ☐에서
$b^2-4ac=($☐$)^2-4\times1\times($☐$)=$ ☐
따라서 b^2-4ac ◯ 0이므로 근의 개수는
☐개이다.

3 다음 이차방정식의 근의 개수를 구하여라.

(1) $x^2+2x-4=0$ 답 ______ 개

tip x의 계수가 짝수일 때에는 $b'^2-ac(2b'=b)$의 부호를 이용해~

(2) $x^2-x+\frac{1}{4}=0$ 답 ______ 개

(3) $\frac{1}{2}x^2-\frac{1}{3}x+4=0$ 답 ______ 개

(4) $2x^2-3x-3=0$ 답 ______ 개

(5) $3x^2-2x+1=0$ 답 ______ 개

4 다음 이차방정식이 서로 다른 두 근을 가질 때, 상수 k의 값의 범위를 구하여라.

(1) $x^2+2x+k=0$

➔ $\square^2-1\times k>0$이어야 하므로 $k<\square$

(2) $x^2-6x+k=0$ 답

(3) $3x^2-4x+k=0$ 답

(4) $2x^2+5x+3-k=0$ 답

5 다음 이차방정식이 근을 갖도록 하는 상수 k의 값의 범위를 구하여라.

(1) $x^2-3x+k=0$

➔ $(\square)^2-4\times1\times k\geq0$, $4k\leq\square$

$\therefore k\leq\square$

(2) $x^2+8x-2k=0$ 답

(3) $2x^2+7x+k=0$ 답

(4) $2x^2-4x+k+7=0$ 답

6 다음 이차방정식이 근을 갖지 않도록 하는 상수 k의 값의 범위를 구하여라.

(1) $x^2+3x+k=0$

➔ $\square^2-4\times1\times k<0$에서 $4k>\square$

$\therefore k>\square$

(2) $x^2+5x+2k=0$ 답

(3) $2x^2-3x+\frac{k}{2}=0$ 답

(4) $4x^2-7x+k+4=0$ 답

(5) $\frac{1}{3}x^2-\frac{1}{6}x+k=0$ 답

(6) $(x+3)^2=4x+k$ 답

풍쌤의 point

이차방정식의 근의 개수

이차방정식 $ax^2+bx+c=0(a\neq0)$의 근의 공식

$x=\frac{-b\pm\sqrt{b^2-4ac}}{2a}$에서

➔ $b^2-4ac>0$이면 서로 다른 두 근(2개)

➔ $b^2-4ac=0$이면 한 근(1개)

➔ $b^2-4ac<0$이면 근이 없다. (0개)

34 이차방정식이 중근을 가질 조건

핵심개념

이차방정식 $ax^2+bx+c=0(a\neq0)$이 중근을 가질 조건
➜ $b^2-4ac=0$

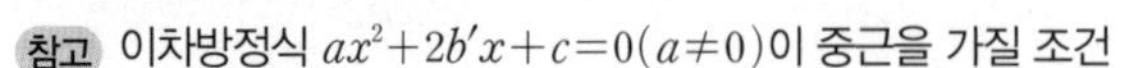

참고 이차방정식 $ax^2+2b'x+c=0(a\neq0)$이 중근을 가질 조건
➜ $b'^2-ac=0$

▶학습 날짜 월 일 ▶걸린 시간 분 / 목표 시간 10분

정답과 해설 38쪽

1 다음 이차방정식이 중근을 갖도록 하는 상수 m의 값을 구하여라.

(1) $x^2+2x+m=0$

> 이차방정식 $ax^2+bx+c=0$에서
> 중근을 가지려면 □$-4ac=0$이어야 하므로
> $x^2+2x+m=0$에서
> □$-4\times1\times m=0$, □$-4m=0$
> $\therefore m=$□

(2) $x^2-8x+m=0$ 답 ______

(3) $x^2+5x+m=0$ 답 ______

(4) $x^2-12x-2m=0$ 답 ______

(5) $4x^2+16x+m=0$ 답 ______

(6) $2x^2-6x+3m=0$ 답 ______

2 다음 이차방정식이 중근을 갖도록 하는 상수 m의 값을 구하여라.

(1) $x^2+mx+1=0$

> $x^2+mx+1=0$에서
> $m^2-4\times$□$\times$□$=0$, m^2-□$=0$
> $(m+$□$)(m-$□$)=0$
> $\therefore m=\pm$□

(2) $x^2+mx+16=0$ 답 ______

(3) $x^2+mx+49=0$ 답 ______

(4) $4x^2+mx+9=0$ 답 ______

(5) $\frac{1}{9}x^2+mx+4=0$ 답 ______

풍쌤의 point

이차방정식 $ax^2+bx+c=0(a\neq0)$이 중근을 가질 조건
➜ $b^2-4ac=0$

정답과 해설 38쪽

33-34 · 스스로 점검 문제

맞힌 개수 개 / 8개

▶학습 날짜 월 일 ▶걸린 시간 분 / 목표 시간 20분

1 □□ 이차방정식의 근의 개수 3

다음 이차방정식 중 서로 다른 두 근을 갖는 것은?

① $x^2-3x+5=0$ ② $x^2-8x+5=0$
③ $2x^2-4x+2=0$ ④ $4x^2+6x+7=0$
⑤ $9x^2+30x+25=0$

2 □□ 이차방정식의 근의 개수 3

다음 〈보기〉의 이차방정식 중 근이 없는 것을 모두 골라라.

보기

ㄱ. $2x^2-3x+1=0$
ㄴ. $x^2+2x+3=0$
ㄷ. $x^2-8x+16=0$
ㄹ. $4x^2-12x+11=0$

3 □□ 이차방정식의 근의 개수 3

이차방정식 $3x^2+4x+3=0$의 근의 개수를 a개, $5x^2-6x+1=0$의 근의 개수를 b개라 할 때, $a+b$의 값을 구하여라.

4 □□ 이차방정식의 근의 개수 4

이차방정식 $x^2-6x+k+6=0$이 서로 다른 두 근을 갖도록 하는 상수 k의 값의 범위는?

① $k<3$ ② $k>3$ ③ $k\geq3$
④ $k<9$ ⑤ $k>9$

5 □□ 이차방정식의 근의 개수 6

이차방정식 $3x^2-x+k+1=0$이 근을 갖지 않도록 하는 상수 k의 값의 범위는?

① $k<-\frac{11}{12}$ ② $k>-\frac{11}{12}$ ③ $k<-\frac{7}{12}$
④ $k<\frac{11}{12}$ ⑤ $k>\frac{11}{12}$

6 □□ 이차방정식이 중근을 가질 조건 2

이차방정식 $x^2-2(k-1)x+25=0$이 중근을 가질 때, 양수 k의 값을 구하여라.

7 □□ 이차방정식이 중근을 가질 조건 1, 2

이차방정식 $x^2-4mx+2m+6=0$이 중근을 갖도록 하는 모든 상수 m의 값의 합은?

① -1 ② $-\frac{1}{2}$ ③ 0
④ $\frac{1}{2}$ ⑤ 1

8 □□ 이차방정식이 중근을 가질 조건 1, 2

이차방정식 $(a-1)x^2+(a-1)x+1=0$이 중근 b를 가질 때, $4ab$의 값을 구하여라.

35 두 근이 주어진 이차방정식 구하기

핵심개념

1. 두 근이 α, β이고 x^2의 계수가 $a(a\neq0)$인 이차방정식
   ➜ $a(x-\alpha)(x-\beta)=0$
2. 중근이 α이고 x^2의 계수가 $a(a\neq0)$인 이차방정식 ➜ $a(x-\alpha)^2=0$
3. 두 근의 차가 k인 이차방정식
   ➜ 두 근을 α, $\alpha+k$로 놓는다.

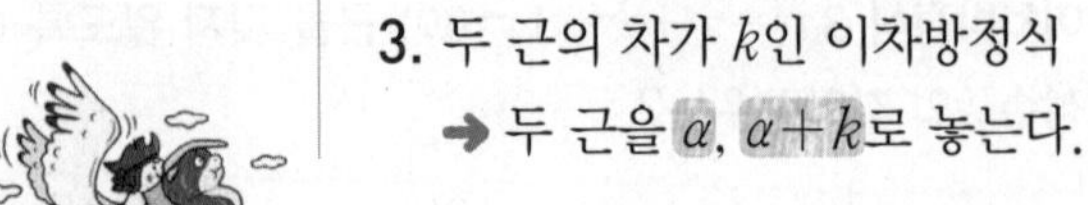

▶학습 날짜 월 일 ▶걸린 시간 분 / 목표 시간 15분

1 두 근이 1, 2이고 x^2의 계수가 2인 이차방정식을 구하는 다음 과정을 완성하여라.

> 두 근이 1, 2라는 것은
> $k(x-1)(x-\square)=0(k\neq0)$
> 으로 인수분해된다는 뜻이다.
> 이때 x^2의 계수가 2이므로 양변에 $\square$를 곱하면
> $\square(x-1)(x-\square)=0$
> 따라서 구하는 이차방정식은
> $\square(x^2-\square x+\square)=0$
> $\therefore \square x^2-\square x+\square=0$

2 다음 이차방정식을 구하여라.

(1) 두 근이 -1, 3이고, x^2의 계수가 1인 이차방정식

답 ____________

(2) 두 근이 4, 5이고, x^2의 계수가 1인 이차방정식

답 ____________

(3) 두 근이 -6, -4이고, x^2의 계수가 1인 이차방정식

답 ____________

(4) 두 근이 -5, 1이고, x^2의 계수가 -1인 이차방정식

답 ____________

(5) 두 근이 -3, 6이고, x^2의 계수가 2인 이차방정식

답 ____________

(6) 두 근이 -6, -2이고, x^2의 계수가 -2인 이차방정식

답 ____________

(7) 두 근이 -1, 4이고, x^2의 계수가 3인 이차방정식

답 ____________

(8) 두 근이 -8, -6이고, x^2의 계수가 $\frac{1}{2}$인 이차방정식

답 ____________

3 다음 이차방정식을 구하여라.

(1) 중근이 1이고, x^2의 계수가 1인 이차방정식

답

(2) 중근이 -2이고, x^2의 계수가 1인 이차방정식

답

(3) 중근이 2이고, x^2의 계수가 2인 이차방정식

답

(4) 중근이 -3이고, x^2의 계수가 -2인 이차방정식

답

(5) 중근이 4이고, x^2의 계수가 3인 이차방정식

답

(6) 중근이 -1이고, x^2의 계수가 $\frac{1}{2}$인 이차방정식

답

(7) 중근이 $\frac{1}{2}$이고, x^2의 계수가 4인 이차방정식

답

4 다음에 주어진 이차방정식의 조건을 보고 상수 m의 값을 구하여라.

(1) 두 근의 차가 1인 이차방정식
$x^2-3x+m=0$

두 근을 각각 α, $\square$이라 하면
주어진 이차방정식은
$(x-\alpha)\{x-(\square)\}=0$
$x^2-(\square)x+\alpha^2+\square=0$
$\square=3$이므로 $\alpha=\square$
$\therefore\ m=\alpha^2+\square=\square$

(2) 두 근의 차가 2인 이차방정식
$x^2+6x+m=0$

답

(3) 두 근의 차가 3인 이차방정식
$x^2-x+m=0$

답

(4) 두 근의 차가 2인 이차방정식
$4x^2+4x+m=0$

답

풍쌤의 point

1. 두 근이 α, β이고 x^2의 계수가 $a(a\neq0)$인 이차방정식
➜ $a(x-\alpha)(x-\beta)=0$

2. 중근이 α이고 x^2의 계수가 $a(a\neq0)$인 이차방정식
➜ $a(x-\alpha)^2=0$

36 한 근이 무리수인 이차방정식 구하기

핵심개념 계수가 모두 유리수인 이차방정식의 한 근이 $p+q\sqrt{m}$이면 다른 한 근은 $p-q\sqrt{m}$이다.
(단, p, q는 유리수, $\sqrt{m}$은 무리수이다.)

➜ 두 근이 각각 $p+q\sqrt{m}$, $p-q\sqrt{m}$이므로 이차항의 계수가 a인 이차방정식은
$a\{x-(p+q\sqrt{m})\}\{x-(p-q\sqrt{m})\}=0$

▶학습 날짜 월 일 ▶걸린 시간 분 / 목표 시간 15분

1 이차방정식 $x^2+mx+n=0$의 한 근이 $1+\sqrt{2}$일 때, 다른 한 근을 구하는 다음 과정을 완성하여라.

> 이차방정식 $x^2+mx+n=0$에 $x=1+\sqrt{2}$를 대입하면 $(1+\sqrt{2})^2+m(1+\sqrt{2})+n=0$
> $3+m+n+(\square)\sqrt{2}=0$
> $\square=0$, $\square=0$이므로
> $m=\square$, $n=\square$
> 이때 주어진 이차방정식은 $x^2-\square x-\square=0$
> 이므로 이 이차방정식의 해는 $x=\square$이다.
> 따라서 구하는 다른 한 근은 $\square$이다.

2 계수가 모두 유리수인 이차방정식에서 다음에 주어진 값이 이차방정식의 한 근일 때, 다른 한 근을 구하여라.

> tip 계수가 모두 유리수인 이차방정식에서 한 근이 무리수 $p+q\sqrt{m}$이면 다른 한 근은 $p-q\sqrt{m}$이지. 기억해 둬.

(1) $1+\sqrt{3}$ 답 ______

(2) $-\sqrt{5}$ 답 ______

(3) $2\sqrt{3}$ 답 ______

(4) $5-\sqrt{7}$ 답 ______

(5) $-3+\sqrt{10}$ 답 ______

(6) $-2-\sqrt{11}$ 답 ______

(7) $-1+3\sqrt{5}$ 답 ______

(8) $4-3\sqrt{2}$ 답 ______

(9) $\dfrac{2-\sqrt{6}}{3}$ 답 ______

3 한 근이 $2+\sqrt{3}$이고 x^2의 계수가 1인 이차방정식을 구하는 다음 과정을 완성하여라.

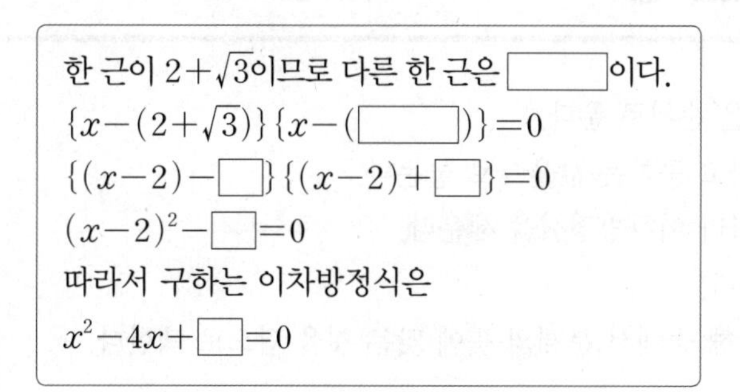
한 근이 $2+\sqrt{3}$이므로 다른 한 근은 □이다.
$\{x-(2+\sqrt{3})\}\{x-(\square)\}=0$
$\{(x-2)-\square\}\{(x-2)+\square\}=0$
$(x-2)^2-\square=0$
따라서 구하는 이차방정식은
$x^2-4x+\square=0$

4 다음에 주어진 값이 이차방정식의 한 근일 때, x^2의 계수가 1인 이차방정식을 구하여라.
(단, 이차방정식의 계수는 모두 유리수이다.)

(1) $1-\sqrt{3}$ 답 ________

(2) $2+\sqrt{5}$ 답 ________

(3) $-3+\sqrt{3}$ 답 ________

(4) $-5-\sqrt{6}$ 답 ________

(5) $-2+3\sqrt{2}$ 답 ________

5 다음과 같이 무리수인 한 근과 x^2의 계수가 주어질 때, 계수가 모두 유리수인 이차방정식을 구하여라.

(1) 한 근: $2-\sqrt{3}$, x^2의 계수: 2

다른 한 근은 □이므로
$\{x-(2-\sqrt{3})\}\{x-(\square)\}=0$
$\{(x-2)+\square\}\{(x-2)-\square\}=0$
$(x-2)^2-\square=0$, $x^2-4x+\square=0$
따라서 x^2의 계수는 2이므로
$2(\square)=0$
$\therefore \square=0$

(2) 한 근: $2+\sqrt{6}$, x^2의 계수: -1

 답 ________

(3) 한 근: $3-\sqrt{7}$, x^2의 계수: 3

답 ________

(4) 한 근: $-1+2\sqrt{2}$, x^2의 계수: -2

답 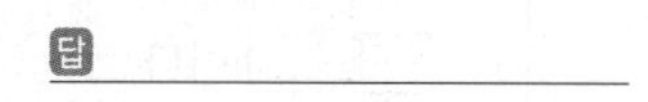

풍쌤의 point

계수가 모두 유리수인 이차방정식
$ax^2+bx+c=0(a\neq0)$의 한 근이 $p+q\sqrt{m}$이면
(단, p, q는 유리수, $\sqrt{m}$은 무리수이다.)
➔ 다른 한 근은 $p-q\sqrt{m}$
➔ $a\{x-(p+q\sqrt{m})\}\{x-(p-q\sqrt{m})\}=0$

37 이차방정식의 활용

핵심개념 이차방정식의 활용 문제는 다음과 같은 순서로 푼다.

❶ **미지수 정하기:** 문제의 뜻을 파악하고 구하는 값을 x로 놓는다.
❷ **이차방정식 세우기:** 문제의 뜻에 따라 이차방정식을 세운다.
❸ **이차방정식 풀기:** 이차방정식을 푼다.
❹ **문제의 뜻에 맞는 해 구하기:** 구한 해 중에서 문제의 뜻에 맞는 것을 답으로 택한다.

▶학습 날짜 월 일 ▶걸린 시간 분 / 목표 시간 20분

1 연속하는 두 자연수의 곱이 20일 때, 두 수를 구하는 다음 과정을 완성하여라.

❶ **미지수 정하기**
연속하는 두 자연수 중 작은 수를 x라 하면
큰 수는 $\square$이다.

❷ **이차방정식 세우기**
두 자연수의 곱이 20이므로
$x(\square)=20$ ······ ㉠

❸ **이차방정식 풀기**
㉠을 정리하여 풀면
$x^2+\square-20=0$
$(x+\square)(x-\square)=0$
$\therefore x=\square$ 또는 $x=\square$

❹ **문제의 뜻에 맞는 해 구하기**
그런데 x는 자연수이므로 $x=\square$
따라서 곱이 20인 연속하는 두 자연수는
$\square$, $\square$ 이다.

2 제곱의 합이 25인 연속하는 두 자연수를 구하려고 한다. 다음 물음에 답하여라.

(1) 연속하는 두 자연수 중 작은 수를 x라 할 때, 큰 수를 x에 관한 식으로 나타내어라.

답

(2) 연속하는 두 자연수의 제곱의 합이 25임을 이용하여 이차방정식을 세워라.

답

(3) (2)에서 구한 이차방정식을 풀어라.

답

(4) 두 자연수를 구하여라.

답

3 승훈이가 공부를 하기 위해 책을 펼쳤는데 펼친 두 면의 쪽수의 곱이 420이었다. 펼친 두 면의 쪽수를 구하는 다음 과정을 완성하여라.

❶ 미지수 정하기
펼친 두 면 중 왼쪽 면의 쪽수를 x라 하면 오른쪽 면의 쪽수는 $\square$이다.

❷ 이차방정식 세우기
두 면의 쪽수의 곱이 420이므로
$x(\square)=420$ ······ ㉠

❸ 이차방정식 풀기
㉠을 정리하여 풀면
$x^2+\square-\square=0$
$(x+\square)(x-\square)=0$
$\therefore x=\square$ 또는 $x=\square$

❹ 문제의 뜻에 맞는 해 구하기
그런데 x는 자연수이므로 $x=\square$
따라서 펼친 두 면의 쪽수는 $\square$, $\square$이다.

4 민규와 동생의 나이 차는 2살이다. 민규와 동생의 나이의 제곱의 합이 452일 때, 민규의 나이를 구하려고 한다. 다음 물음에 답하여라.

(1) 민규의 나이를 x라 할 때, 동생의 나이를 x에 대한 식으로 나타내어라.

답

(2) 민규와 동생의 나이의 제곱의 합이 452임을 이용하여 이차방정식을 세워라.

답

(3) (2)에서 구한 이차방정식을 풀어라.

답

(4) 민규의 나이를 구하여라.

답

5 가로의 길이가 20 cm, 세로의 길이가 10 cm인 직사각형의 가로와 세로를 각각 같은 길이만큼 늘였더니 넓이가 처음의 3배가 되었다. 가로와 세로를 각각 몇 cm 늘였는지 구하는 다음 과정을 완성하여라.

❶ 미지수 정하기
처음 직사각형의 넓이는
$20\times10=\square$$(cm^2)$이고, 가로와 세로를 각각 x cm 늘였다면 길이를 늘인 직사각형의 가로의 길이는 $(20+x)$ cm, 세로의 길이는 $(\square)$ cm이다.

❷ 이차방정식 세우기
$(20+x)(\square)=3\times\square$ ······ ㉠

❸ 이차방정식 풀기
㉠을 정리하여 풀면 $x^2+30x-\square=0$
$(x+\square)(x-\square)=0$
$\therefore x=\square$ 또는 $x=\square$

❹ 문제의 뜻에 맞는 해 구하기
그런데 $x>0$이므로 $x=\square$
따라서 가로와 세로는 각각 $\square$ cm 늘였다.

6 한 변의 길이가 10 cm인 정사각형의 가로의 길이를 x cm 늘이고, 세로의 길이를 x cm 줄여서 직사각형을 만들었다. 직사각형의 넓이가 정사각형의 넓이의 $\frac{1}{2}$일 때, 처음 정사각형의 가로를 몇 cm 늘였는지 구하려고 한다. 다음 물음에 답하여라.

(1) 직사각형의 가로의 길이와 세로의 길이를 각각 x에 대한 식으로 나타내어라.

답 가로: , 세로:

(2) 직사각형의 넓이가 정사각형의 넓이의 $\frac{1}{2}$임을 이용하여 이차방정식을 세워라.

답

(3) (2)에서 구한 이차방정식을 풀어라.

답

(4) 가로를 몇 cm 늘였는지 구하여라.

답

7 지면에서 초속 40 m로 똑바로 위로 쏘아 올린 물체의 x초 후의 높이가 $40x-5x^2$일 때, 이 물체를 쏘아 올린 지 몇 초 후에 지면에 떨어지는지 구하는 다음 과정을 완성하여라.

> 쏘아 올린 물체가 지면에 떨어지면 높이는 0이므로 $40x-5x^2=\square$
> 위 식을 정리하여 풀면
> $x^2-\square x=0$, $x(x-\square)=0$
> $\therefore x=\square$ 또는 $x=\square$
> 따라서 쏘아 올린 물체는 $\square$초 후에 지면에 떨어진다.

8 지면에서 초속 20 m로 똑바로 위로 쏘아 올린 공의 x초 후의 높이가 $-5x^2+20x$일 때, 몇 초 후에 공의 높이가 15 m가 되는지 구하려고 한다. 다음 물음에 답하여라.

(1) 공의 높이가 15 m임을 이용하여 이차방정식을 세워라.

답 ____________

(2) (1)에서 구한 이차방정식을 풀어라.

답 ____________

(3) 공을 쏘아 올린 지 몇 초 후에 공의 높이가 15 m가 되는지 구하여라.

답 ____________

9 높이가 50 m인 건물에서 초속 45 m로 똑바로 위로 쏘아 올린 물체의 x초 후의 높이가 $50+45x-5x^2$일 때, 쏘아 올린 지 몇 초 후에 지면에 떨어지는지 구하려고 한다. 다음 물음에 답하여라.

(1) 지면에 떨어지는 것을 이용하여 이차방정식을 세워라.

답 ____________

(2) (1)에서 구한 이차방정식을 풀어라.

답 ____________

(3) 물체를 쏘아 올린 지 몇 초 후에 지면에 떨어지는지 구하여라.

답 ____________

풍쌤의 point

이차방정식의 활용 문제

미지수 정하기
↓
이차방정식 세우기
↓
이차방정식 풀기
↓
문제 뜻에 맞는 해 구하기

정답과 해설 41~42쪽

35-37 스스로 점검 문제

맞힌 개수 개 / 16개

▶학습 날짜 월 일 ▶걸린 시간 분 / 목표 시간 40분

1 ○ 두 근이 주어진 이차방정식 구하기 2

이차방정식 $2x^2+mx-n=0$의 두 근이 3, 4일 때, 상수 m, n에 대하여 $m-n$의 값은?

① -30 ② -20 ③ -10
④ 10 ⑤ 20

2 ○ 두 근이 주어진 이차방정식 구하기 2

이차방정식 $6x^2+ax+b=0$의 두 근이 $\frac{1}{2}$, $-\frac{1}{3}$일 때, 이차방정식 $bx^2+ax+2=0$의 두 근의 차를 구하여라.

3 ○ 두 근이 주어진 이차방정식 구하기 3

중근이 $x=-3$이고 x^2의 계수가 $\frac{1}{2}$인 이차방정식을 구하여라.

4 ○ 두 근이 주어진 이차방정식 구하기 4

이차방정식 $x^2-6x+3k+2=0$의 두 근의 차가 2일 때, 상수 k의 값은?

① -2 ② -1 ③ -0
④ 1 ⑤ 2

5 ○ 두 근이 주어진 이차방정식 구하기 4

이차방정식 $x^2-9x+k=0$의 한 근이 다른 근의 2배일 때, 상수 k의 값은?

① 0 ② 6 ③ 12
④ 18 ⑤ 24

6 ○ 두 근이 주어진 이차방정식 구하기 4

이차방정식 $2x^2-14x+k=0$의 두 근의 비가 $3:4$일 때, 상수 k의 값을 구하여라.

7 ○ 한 근이 무리수인 이차방정식 구하기 5

이차방정식 $ax^2+4x+b=0$의 한 근이 $-1+\sqrt{5}$일 때, 유리수 a, b에 대하여 $a-b$의 값을 구하여라.

8 ○ 한 근이 무리수인 이차방정식 구하기 5

이차방정식 $ax^2-8x+b=0$의 한 근이 $\frac{1}{2-\sqrt{3}}$일 때, 유리수 a, b에 대하여 ab의 값을 구하여라.

9 □□ 이차방정식의 활용 1, 2

연속하는 두 홀수의 곱이 63일 때, 두 홀수 중 작은 수를 구하여라.

10 □□ 이차방정식의 활용 1, 2

연속하는 세 자연수가 있다. 가장 큰 수의 제곱은 나머지 두 수의 제곱의 합보다 32만큼 작을 때, 가장 큰 수는?

① 7　② 8　③ 9
④ 10　⑤ 11

11 □□ 이차방정식의 활용 3, 4

사탕 60개를 친구들에게 똑같이 나누어 주려고 한다. 한 친구에게 돌아가는 사탕의 개수가 전체 친구의 수보다 4만큼 많다고 할 때, 친구는 모두 몇 명인지 구하여라.

12 □□ 이차방정식의 활용 3, 4

언니와 동생의 나이 차는 5살이고, 언니의 나이의 제곱은 동생의 나이의 제곱에 5배를 한 것보다 1살이 많다고 할 때, 동생의 나이는?

① 3살　② 4살　③ 5살
④ 8살　⑤ 9살

13 □□ 이차방정식의 활용 8

정n각형의 모든 대각선의 개수는 $\frac{n(n-3)}{2}$이다. 대각선이 모두 54개인 정다각형은?

① 정육각형　② 정팔각형　③ 정십각형
④ 정십이각형　⑤ 정십사각형

14 □□ 이차방정식의 활용 8

높이가 15 m인 건물에서 초속 60 m로 똑바로 위로 쏘아 올린 물체의 x초 후의 높이가 $-5x^2+60x+15$일 때, 물체의 높이가 다시 15 m가 되는 것은 몇 초 후인가?

① 10초 후　② 11초 후　③ 12초 후
④ 13초 후　⑤ 14초 후

15 □□ 이차방정식의 활용 6

어떤 정사각형의 가로의 길이를 4 cm 짧게 하고 세로의 길이를 7 cm 길게 하여 만들어진 직사각형의 넓이가 60 cm^2이었다. 처음 정사각형의 한 변의 길이는?

① 7 cm　② 8 cm　③ 9 cm
④ 10 cm　⑤ 11 cm

16 □□ 이차방정식의 활용 6

오른쪽 그림에서 중심이 O인 작은 원의 반지름의 길이를 3 cm 만큼 늘여서 만든 큰 원의 넓이는 작은 원의 넓이의 2배가 되었다. 이때 작은 원의 반지름의 길이를 구하여라.

O
3 cm

이차함수

학습주제	쪽수
01 이차함수의 뜻과 함숫값	136
02 이차함수 $y=x^2$의 그래프	138
03 이차함수 $y=-x^2$의 그래프	139
04 이차함수 $y=ax^2$의 그래프	140
05 이차함수 $y=ax^2$의 그래프의 성질	142
01-05 스스로 점검 문제	144
06 이차함수 $y=ax^2+q$의 그래프	145
07 이차함수 $y=a(x-p)^2$의 그래프	149
08 이차함수 $y=a(x-p)^2+q$의 그래프	153
06-08 스스로 점검 문제	157

학습주제	쪽수
09 이차함수 $y=ax^2+bx+c$의 그래프	158
10 이차함수의 그래프와 x축과의 교점의 좌표	160
11 이차함수 $y=ax^2+bx+c$의 그래프의 성질	161
12 이차함수 $y=ax^2+bx+c$의 그래프의 평행이동	163
13 이차함수의 $y=ax^2+bx+c$의 그래프에서 a, b, c의 부호 정하기	164
09-13 스스로 점검 문제	166
14 이차함수의 식 구하기 (1)	167
15 이차함수의 식 구하기 (2)	169
16 이차함수의 식 구하기 (3)	170
14-16 스스로 점검 문제	172

01 이차함수의 뜻과 함숫값

핵심개념

1. **이차함수:** 함수 $y=f(x)$에서 y가 x에 관한 이차식
   $y=ax^2+bx+c$ (a, b, c는 상수, $a\neq0$)
   로 나타내어질 때, 이 함수를 x에 대한 이차함수라고 한다.
2. **함숫값:** 이차함수 $f(x)=ax^2+bx+c$ (a, b, c는 상수, $a\neq0$)에서 $x=k$일 때의 함숫값은 ➜ $f(k)=ak^2+bk+c$

▶학습 날짜 월 일 ▶걸린 시간 분 / 목표 시간 15분

정답과 해설 43쪽

1 오른쪽 그림은 가로, 세로의 길이가 각각 2 cm, 3 cm인 직사각형을 각각 x cm씩 늘인 직사각형이다. 이 직사각형의 넓이를 y cm²라 할 때, 다음을 완성하여라.

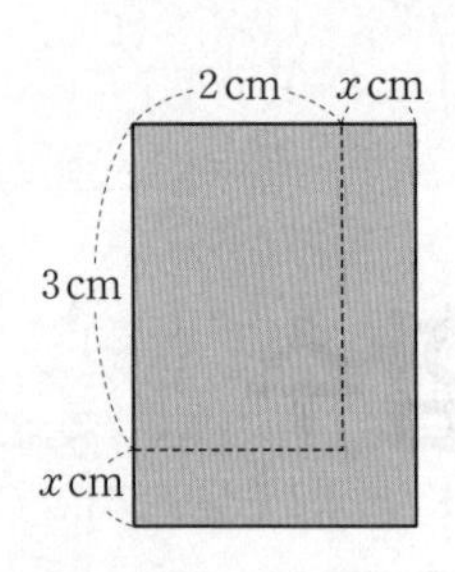

(1) y를 x에 관한 식으로 나타내면

$y=(x+2)(x+\square)$

$=x^2+\square x+\square$ …… ㉠

이므로 y를 x에 관한 (일차식, 이차식)으로 나타낼 수 있다.

(2) ㉠에서 x의 값이 하나 정해지면 그에 따라 $\square$의 값이 오직 하나씩 대응하므로 y는 x의 ________이다.

(3) ㉠과 같이 함수 $y=f(x)$에서 y가 x에 관한 이차식 $y=ax^2+bx+c$ (a, b, c는 상수, $a\neq0$)로 나타내어질 때, 이 함수를 ____________라고 한다.

2 이차함수 $y=x^2-x+2$에 대하여 $x=-1$일 때의 y의 값을 구하는 다음 과정을 완성하여라.

> $y=x^2-x+2$에 $x=-1$을 대입하면
> $y=(-1)^2-(\square)+2=\square$
> 따라서 $x=-1$일 때의 y의 값은 $\square$이다.

3 다음 중 이차함수인 것에는 ○표, 이차함수가 아닌 것에는 ×표를 하여라.

(1) x^2+2x+1 ( )

(2) $-x^2+8=0$ ( )

(3) $y=\frac{1}{2}x^2$ ( )

(4) $y=\frac{1}{x^2}$ ( )

(5) $y=-2x^2+x-5$ ( )

(6) $y=2(x-5)-2x^2$ ( )

4 다음에서 y를 x에 관한 식으로 나타내고, 이차함수인지 아닌지 말하여라.

(1) 한 변의 길이가 x cm인 정사각형의 넓이 y cm^2

답

(2) 반지름의 길이가 x cm인 원의 넓이 y cm^2

답

(3) 한 모서리의 길이가 x cm인 정육면체의 부피 y cm^3

답

(4) 반지름의 길이가 x cm인 원의 둘레의 길이 y cm

답

(5) 밑변의 길이가 x cm, 높이가 $4x$ cm인 삼각형의 넓이 y cm^2

답

(6) 가로의 길이가 x cm, 세로의 길이가 $(x+1)$ cm인 직사각형의 둘레의 길이 y cm

답

(7) 시속 60 km로 x시간 동안 달린 거리 y km

답

(8) 넓이가 10 m^2인 직사각형의 가로의 길이 x m, 세로의 길이 y m

답

5 이차함수 $y=x^2-2x+3$에 대하여 다음을 구하여라.

(1) $x=-1$일 때의 y의 값 답

(2) $x=0$일 때의 y의 값 답

(3) $x=1$일 때의 y의 값 답

(4) $x=2$일 때의 y의 값 답

6 다음 이차함수 $f(x)$에 대하여 $f(2)$의 값을 구하여라.

(1) $f(x)=x^2$ 답

(2) $f(x)=x^2-1$ 답

(3) $f(x)=x^2+2x+1$ 답

(4) $f(x)=2x^2+x-4$ 답

(5) $f(x)=-x^2+x+2$ 답

(6) $f(x)=-2x^2-x+3$ 답

풍쌤의 point

1. 이차함수

$y=(x$에 대한 이차식$)$

→ $y=ax^2+bx+c$ (단, a, b, c는 상수, $a\neq0$)

2. $x=k$일 때의 함숫값

이차함수 $y=f(x)$에서 $x=k$일 때의 값 $f(k)$를 $x=k$일 때의 함숫값이라고 한다.

02 이차함수 $y=x^2$의 그래프

핵심개념

1. 원점 $(0, 0)$을 꼭짓점으로 하고, 그래프의 모양은 아래로 볼록한 곡선이다.
2. y축에 대하여 대칭이다. ➜ 축의 방정식: $x=0$
   축을 나타내는 직선의 방정식
3. $x<0$일 때 x의 값이 증가하면 y의 값은 감소하고, $x>0$일 때 x의 값이 증가하면 y의 값도 증가한다.

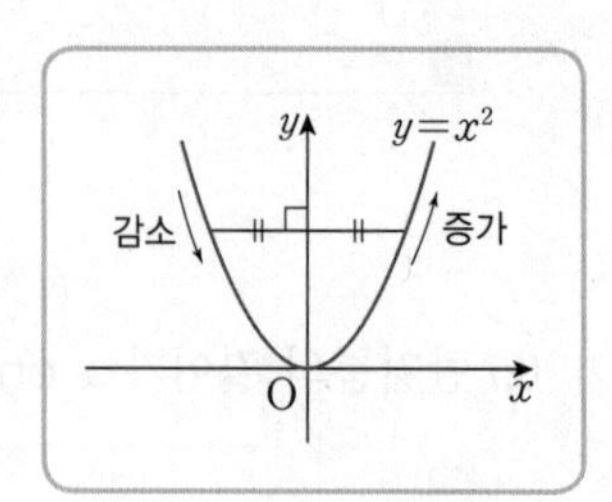

▶학습 날짜 월 일 ▶걸린 시간 분 / 목표 시간 5분

정답과 해설 43쪽

[1~2] 다음 물음에 답하여라.

1 이차함수 $y=x^2$에 대하여 다음 물음에 답하여라.

(1) 아래 표를 완성하여라.

x	⋯	-3	-2	-1	0	1	2	3	⋯
y	⋯	9							⋯

(2) (1)의 표를 이용하여 x의 값의 범위가 실수 전체일 때, 이차함수 $y=x^2$의 그래프를 아래 좌표평면 위에 그려라.

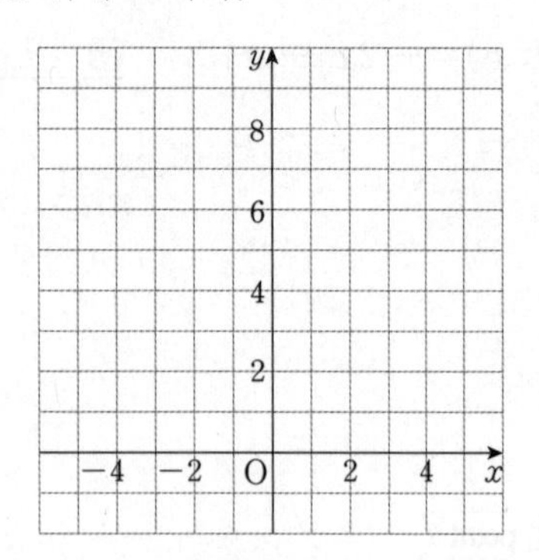

(3) 이차함수 $y=x^2$의 그래프는 (아래, 위)로 볼록하고, ☐축에 대하여 대칭이다.

2 1에서 그린 이차함수 $y=x^2$의 그래프를 보고 다음을 구하여라.

(1) 꼭짓점의 좌표 답 ________

(2) 축의 방정식 답 ________

(3) x의 값이 증가할 때 y의 값이 감소하는 x의 값의 범위 답 ________

(4) x의 값이 증가할 때 y의 값도 증가하는 x의 값의 범위 답 ________

(5) 그래프가 지나는 사분면 답 ________

풍쌤의 point

이차함수 $y=x^2$의 그래프

1. 원점을 꼭짓점으로 한다.
2. 아래로 볼록하다.
3. y축$(x=0)$에 대하여 대칭이다.

03 이차함수 $y=-x^2$의 그래프

핵심개념

1. 원점 $(0, 0)$을 꼭짓점으로 하고, 그래프의 모양은 위로 볼록한 곡선이다.
2. y축에 대하여 대칭이다. ➜ 축의 방정식: $x=0$
3. $x<0$일 때 x의 값이 증가하면 y의 값도 증가하고, $x>0$일 때 x의 값이 증가하면 y의 값은 감소한다.
4. $y=x^2$의 그래프와 x축에 대하여 서로 대칭이다.

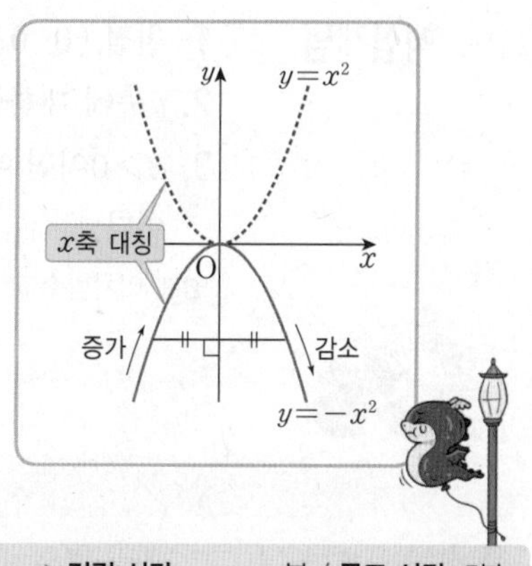

▶학습 날짜 월 일 ▶걸린 시간 분 / 목표 시간 5분

정답과 해설 43쪽

[1~2] 다음 물음에 답하여라.

1 이차함수 $y=-x^2$에 대하여 다음 물음에 답하여라.

(1) 아래 표를 완성하여라.

x	⋯	-3	-2	-1	0	1	2	3	⋯
y	⋯	-9							⋯

(2) (1)의 표를 이용하여 x의 값의 범위가 실수 전체일 때, 이차함수 $y=-x^2$의 그래프를 아래 좌표평면 위에 그려라.

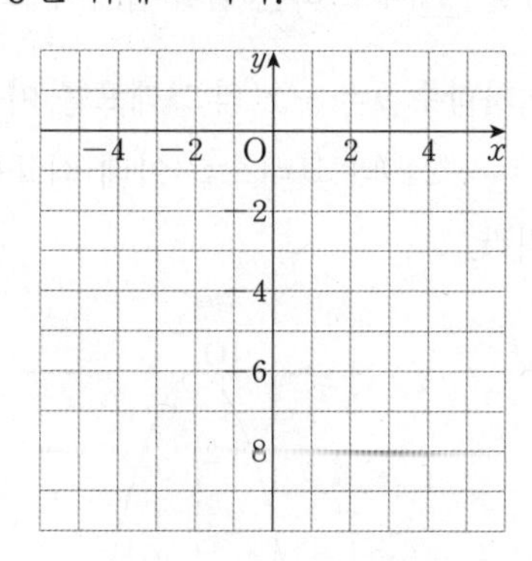

(3) 이차함수 $y=-x^2$의 그래프는 (아래, 위)로 볼록하고, ☐축에 대하여 대칭이다.

(4) 이차함수 $y=x^2$의 그래프와 ☐축에 대하여 대칭이다.

2 **1**에서 그린 이차함수 $y=-x^2$의 그래프를 보고 다음을 구하여라.

(1) 꼭짓점의 좌표 답 ______

(2) 축의 방정식 답 ______

(3) x의 값이 증가할 때 y의 값도 증가하는 x의 값의 범위 답 ______

(4) 그래프가 x축에 대하여 서로 대칭인 이차함수의 식 답 ______

(5) 그래프가 지나는 사분면 답 ______

풍쌤의 point

이차함수 $y=-x^2$의 그래프

1. 원점을 꼭짓점으로 한다.
2. 위로 볼록하다.
3. y축$(x=0)$에 대하여 대칭이다.

04 이차함수 $y=ax^2$의 그래프

핵심개념

1. 원점 (0, 0)을 꼭짓점으로 한다.
2. y축에 대하여 대칭이다. ➜ 축의 방정식: $x=0$
3. $a>0$이면 아래로 볼록하고, $a<0$이면 위로 볼록한 포물선이다.

참고 이차함수 $y=ax^2$의 그래프와 같은 모양의 곡선을 포물선이라고 한다.

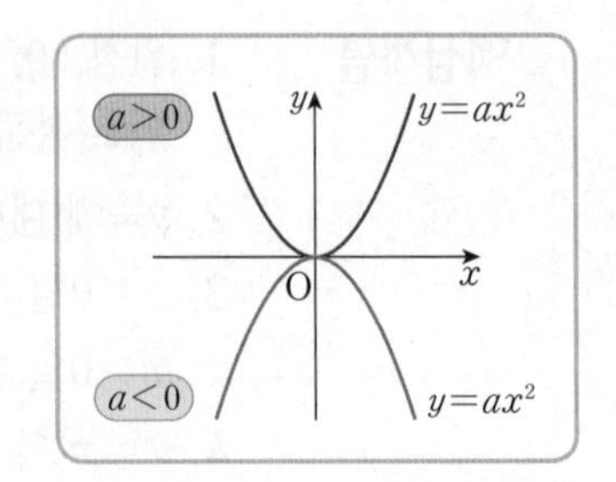

▶학습 날짜 월 일 ▶걸린 시간 분 / 목표 시간 15분

1 두 이차함수 $y=x^2$, $y=2x^2$에 대하여 다음을 완성하여라.

(1) 아래 표를 완성하여라.

x	$\cdots$	-2	-1	0	1	2	$\cdots$
$y=x^2$	$\cdots$	4	1	0	1	4	$\cdots$
$y=2x^2$	$\cdots$						$\cdots$

(2) (1)의 표에서 x의 각 값에 대하여 이차함수 $y=2x^2$의 함숫값은 $y=x^2$의 함숫값의 2배이다. 따라서 이차함수 $y=2x^2$의 그래프는 $y=x^2$의 그래프의 각 점에 대하여 y좌표를 □배로 하는 점을 잡아서 그릴 수 있다.

(3) 이차함수 $y=x^2$의 그래프를 이용하여 $y=2x^2$의 그래프를 아래 좌표평면 위에 그려라.

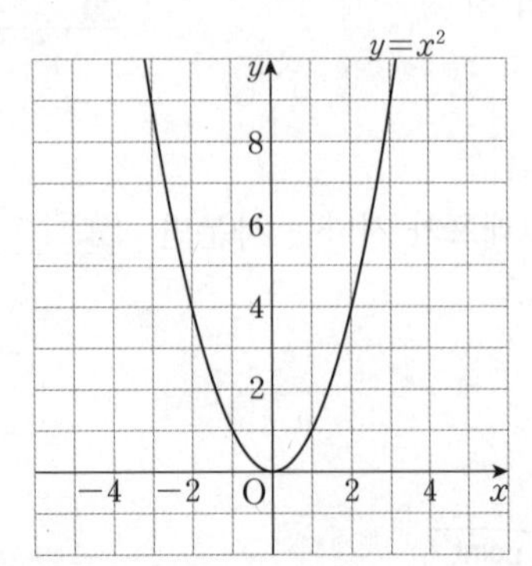

(4) 이차함수 $y=2x^2$의 그래프는 꼭짓점의 좌표가 (□, □)이고 □축을 축으로 하는 포물선이다. 또한, 그래프의 모양은 (아래, 위)로 볼록하고 제□, □사분면을 지난다.

2 두 이차함수 $y=-x^2$, $y=-2x^2$에 대하여 다음을 완성하여라.

(1) 아래 표를 완성하여라.

x	$\cdots$	-2	-1	0	1	2	$\cdots$
$y=-x^2$	$\cdots$	-4	-1	0	-1	-4	$\cdots$
$y=-2x^2$	$\cdots$						$\cdots$

(2) (1)의 표에서 x의 각 값에 대하여 이차함수 $y=-2x^2$의 함숫값은 $y=-x^2$의 함숫값의 □배이다. 따라서 이차함수 $y=-2x^2$의 그래프는 $y=-x^2$의 그래프의 각 점에 대하여 y좌표를 □배로 하는 점을 잡아서 그릴 수 있다.

(3) 이차함수 $y=-x^2$의 그래프를 이용하여 $y=-2x^2$의 그래프를 아래 좌표평면 위에 그려라.

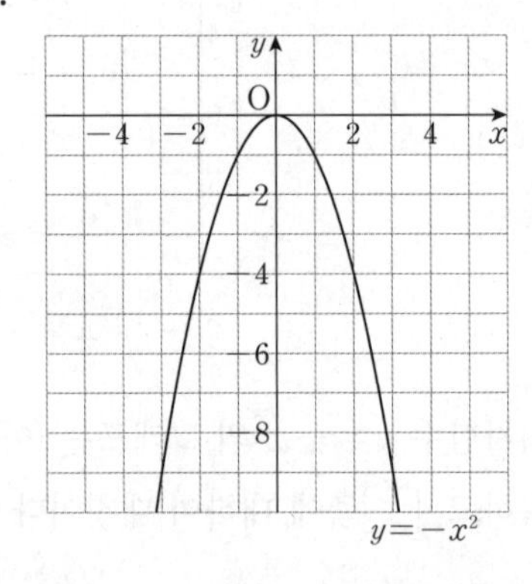

(4) 이차함수 $y=-2x^2$의 그래프는 꼭짓점의 좌표가 (□, □)이고 □축을 축으로 하는 포물선이다. 또한, 그래프의 모양은 (아래, 위)로 볼록하고 제□, □사분면을 지난다.

정답과 해설 43~44쪽

3 다음 물음에 답하여라.

(1) 이차함수 $y=x^2$의 그래프를 이용하여 $y=\frac{1}{2}x^2$의 그래프를 아래 좌표평면 위에 그려라.

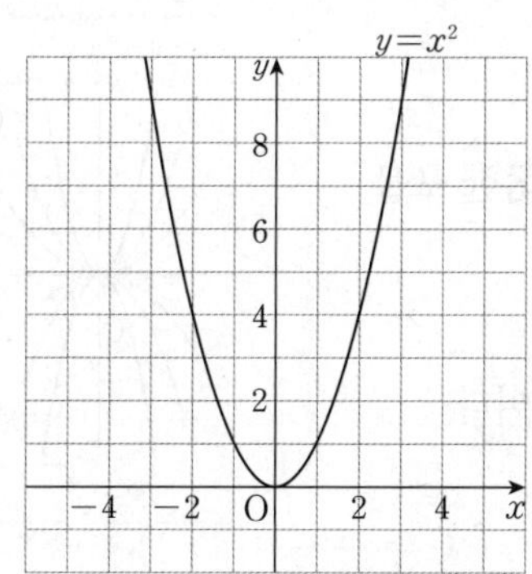

(2) 이차함수 $y=-x^2$의 그래프를 이용하여 $y=-\frac{1}{2}x^2$의 그래프를 아래 좌표평면 위에 그려라.

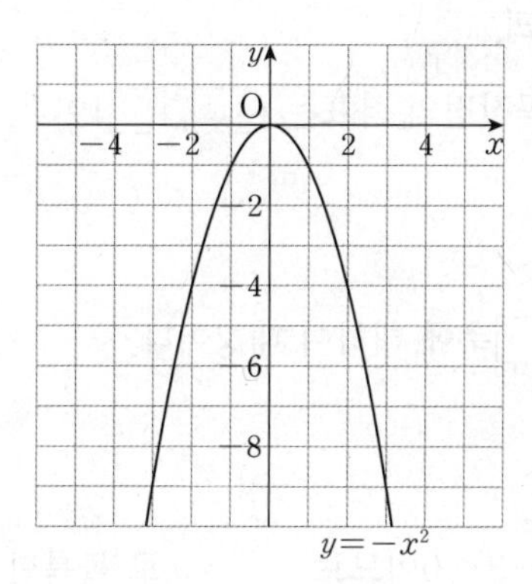

4 다음 이차함수의 그래프가 지나는 사분면을 모두 구하여라.

tip a의 부호는 그래프의 모양을 결정해!

(1) $y=3x^2$

➜ 이차함수 $y=3x^2$의 그래프는 $y=ax^2$에서 $a>0$이므로 제1, □ 사분면을 지난다.

(2) $y=4x^2$ 답 ______

(3) $y=-5x^2$ 답 ______

(4) $y=\frac{1}{3}x^2$ 답 ______

(5) $y=-\frac{4}{3}x^2$ 답 ______

5 이차함수 $y=ax^2$의 그래프가 다음 점을 지날 때, 상수 a의 값을 구하여라.

(1) $(1, 3)$

$y=ax^2$의 그래프가 점 $(1, 3)$을 지나므로
$x=$□, $y=$□을 $y=ax^2$에 대입하면
□$=a\times$□^{2}
$\therefore a=$□

(2) $(-1, 4)$ 답 ______

(3) $(-2, 1)$ 답 ______

(4) $(-3, -6)$ 답 ______

풍쌤의 point

이차함수 $y=ax^2$의 그래프

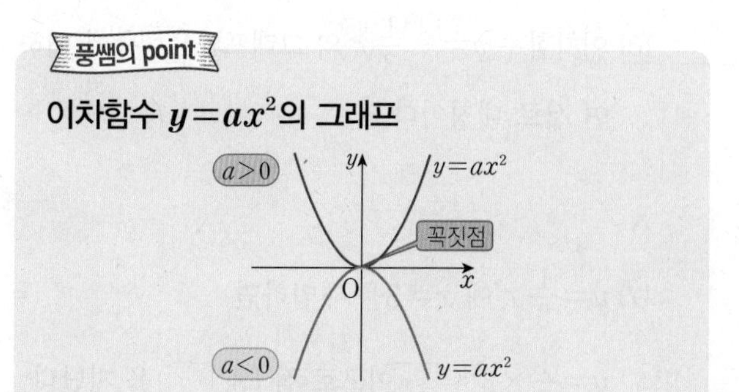

05 이차함수 $y=ax^2$의 그래프의 성질

핵심개념

1. 원점 (0, 0)을 꼭짓점으로 한다.
2. y축에 대하여 대칭이다. ➜ 축의 방정식 : $x=0$
3. $a>0$이면 아래로 볼록하고, $a<0$이면 위로 볼록한 포물선이다.
4. a의 절댓값이 클수록 그래프의 폭이 좁아진다.
5. $y=-ax^2$의 그래프와 x축에 대하여 서로 대칭이다.

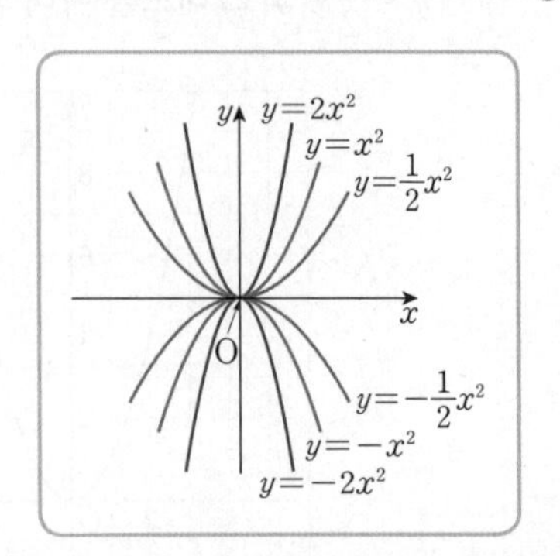

▶학습 날짜 월 일 ▶걸린 시간 분 / 목표 시간 15분

1 이차함수 $y=\frac{1}{3}x^2$의 그래프에 대하여 다음을 완성하여라.

(1) 꼭짓점의 좌표는 (□, □)이다.

(2) □축에 대하여 대칭이다.

(3) $\frac{1}{3}>0$이므로 ________로 볼록한 포물선이다.

(4) $x<0$일 때, x의 값이 증가할 때 y의 값은 ________한다.

(5) $\frac{1}{3}>0$이므로 제□, □사분면을 지난다.

(6) 이차함수 $y=-\frac{1}{3}x^2$의 그래프와 □축에 대하여 서로 대칭이다.

(7) $y=\frac{1}{3}x^2$에 $x=3$을 대입하면
$y=\frac{1}{3}\times3^2=$□이므로 점 (3, □)을 지난다.

2 이차함수 $y=-3x^2$의 그래프에 대하여 다음을 완성하여라.

(1) 꼭짓점의 좌표는 (□, □)이다.

(2) □축에 대하여 대칭이다.

(3) $-3<0$이므로 ________로 볼록한 포물선이다.

(4) $x<0$일 때, x의 값이 증가할 때 y의 값도 ________한다.

(5) $-3<0$이므로 제□, □사분면을 지난다.

(6) 이차함수 □의 그래프와 x축에 대하여 서로 대칭이다.

(7) $y=-3x^2$에 $x=1$을 대입하면
$y=-3\times1^2=$□이므로 점 (1, □)을 지난다.

3 〈보기〉의 이차함수의 그래프에 대하여 다음을 완성하여라.

보기

ㄱ. $y=x^2$　　ㄴ. $y=-x^2$
ㄷ. $y=2x^2$　　ㄹ. $y=-3x^2$
ㅁ. $y=\frac{1}{4}x^2$　　ㅂ. $y=-\frac{1}{2}x^2$

(1) 이차함수 $y=ax^2$에서 $a>0$이면 ______로 볼록하므로 그래프의 모양이 아래로 볼록한 것은 ㄱ, ☐, ☐이다.

(2) 이차함수 $y=ax^2$에서 a의 절댓값이 ___수록 그래프의 폭이 좁아지므로 그래프의 폭이 가장 좁은 것은 ☐이다.

(3) 이차함수 $y=ax^2$과 $y=-ax^2$의 그래프는 ☐축에 대하여 서로 대칭이므로 x축에 대하여 서로 대칭인 그래프는 ㄱ과 ☐이다.

(4) 오른쪽 그림에서 포물선 (가)는 $y=-x^2$의 그래프보다 폭이 (넓고, 좁고), 위로 볼록하므로 그래프 (가)에 적합한 함수는 ☐이다.

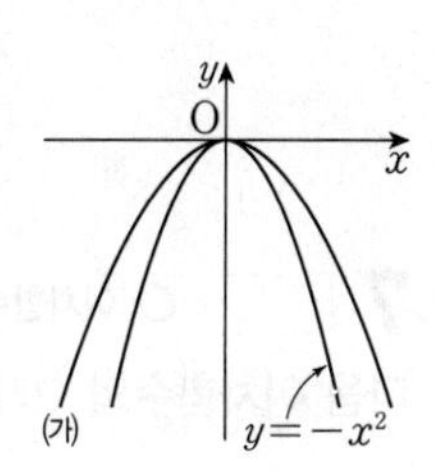

4 오른쪽 그림을 보고 다음을 구하여라.

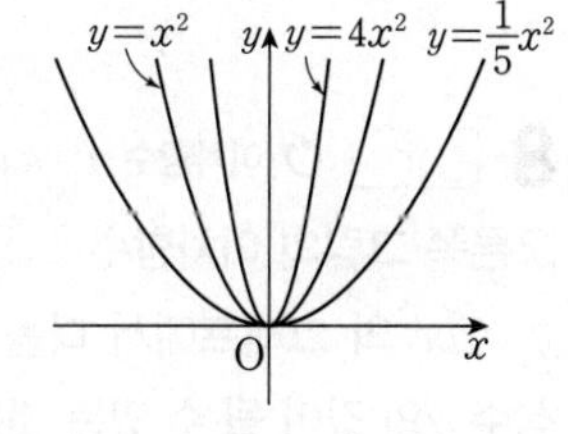

(1) 그래프의 폭이 가장 넓은 함수

답 ________

(2) 그래프의 폭이 가장 좁은 함수

답 ________

(3) $y=ax^2$ $(a>0)$에서 a의 절댓값이 클수록 그래프의 폭이 (좁다, 넓다).

5 〈보기〉의 이차함수의 그래프에 대하여 다음 물음에 답하여라.

보기

ㄱ. $y=x^2$　　ㄴ. $y=-2x^2$
ㄷ. $y=4x^2$　　ㄹ. $y=\frac{3}{2}x^2$
ㅁ. $y=-\frac{1}{3}x^2$　　ㅂ. $y=-\frac{3}{2}x^2$

(1) 그래프의 모양이 위로 볼록한 것을 모두 찾아 기호를 써라.

답 ________

(2) 그래프의 폭이 가장 넓은 것을 찾아 기호를 써라.

답 ________

(3) x축에 대하여 서로 대칭인 그래프를 찾아 기호를 써라.

답 ________

(4) 오른쪽 그림에서 포물선 (가)에 적합한 함수를 모두 찾아 기호를 써라.

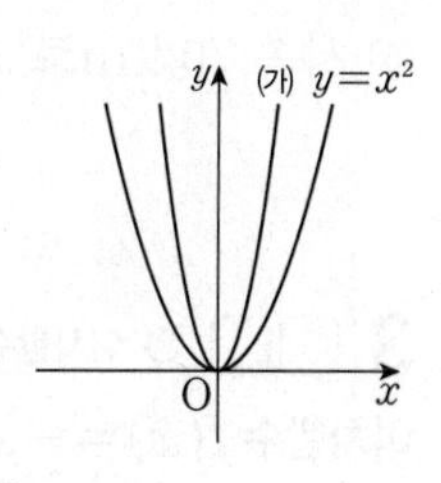

답 ________

풍쌤의 point

이차함수 $y=ax^2$의 그래프의 성질

a의 절댓값이 클수록 그래프의 폭이 좁아진다.

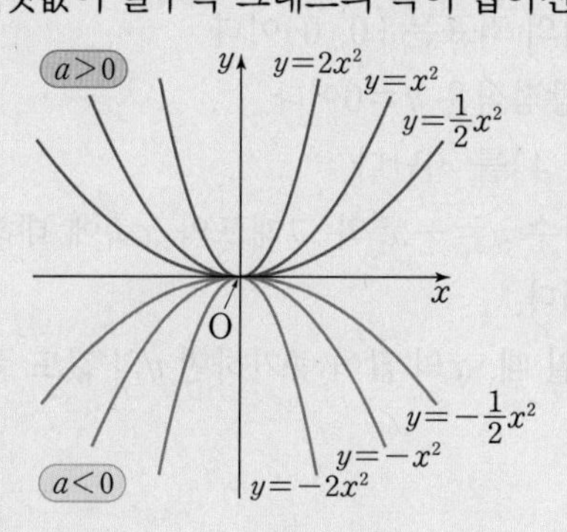

정답과 해설 44쪽

01-05 · 스스로 점검 문제

맞힌 개수 개 / 8개

▶학습 날짜 월 일 ▶걸린 시간 분 / 목표 시간 20분

1 ◯ 이차함수의 뜻과 함숫값 3

다음 중 y가 x에 관한 이차함수인 것을 모두 고르면? (정답 2개)

① $y=2x-6$ ② x^2+2x+1

③ $y=\dfrac{1}{x(x+1)}+10$ ④ $y=x^2-3$

⑤ $y=(x+3)(x-2)-1$

2 ◯ 이차함수의 뜻과 함숫값 4

다음 중 y가 x에 관한 이차함수인 것은?

① 반지름의 길이가 $2x$ cm인 원의 둘레의 길이 y cm

② 한 변의 길이가 x cm인 정삼각형의 둘레의 길이

③ 밑변의 길이가 4 cm, 높이가 x cm인 평행사변형의 넓이

④ 밑변의 길이가 x cm, 높이가 $2x$ cm인 삼각형의 넓이

⑤ 시속 70 km로 x시간 동안 달린 거리 y km

3 ◯ 이차함수의 뜻과 함숫값 6

이차함수 $f(x)=-x^2-x-1$에 대하여 $f(-1)+f(1)$의 값을 구하여라.

4 ◯ 이차함수 $y=x^2$의 그래프 1, 2

다음 중 이차함수 $y=x^2$의 그래프에 대한 설명으로 옳지 않은 것은?

① 꼭짓점의 좌표는 $(0,\ 0)$이다.

② 축의 방정식은 $y=0$이다.

③ 점 $(2,\ 4)$를 지난다.

④ 이차함수 $y=-x^2$의 그래프와 x축에 대하여 서로 대칭이다.

⑤ $x>0$일 때, x의 값이 증가하면 y의 값도 증가한다.

5 ◯ 이차함수 $y=-x^2$의 그래프 1

다음 중 이차함수 $y=-x^2$의 그래프가 지나는 점의 좌표가 아닌 것은?

① $(-3,\ 9)$ ② $(-2,\ -4)$ ③ $(0,\ 0)$

④ $(1,\ -1)$ ⑤ $(4,\ -16)$

6 ◯ 이차함수 $y=ax^2$의 그래프 1, 2

다음 〈보기〉의 이차함수의 그래프 중 위로 볼록한 포물선을 모두 골라라.

보기

ㄱ. $y=\dfrac{1}{5}x^2$ ㄴ. $y=-2x^2$

ㄷ. $y=-\dfrac{2}{3}x^2$ ㄹ. $y=3x^2$

7 ◯ 이차함수 $y=ax^2$의 그래프의 성질 3~5

다음 이차함수의 그래프 중 폭이 가장 좁은 것은?

① $y=-\dfrac{3}{2}x^2$ ② $y=-\dfrac{2}{5}x^2$ ③ $y=\dfrac{1}{2}x^2$

④ $y=2x^2$ ⑤ $y=3x^2$

8 ◯ 이차함수 $y=ax^2$의 그래프의 성질 3~5

오른쪽 그림의 이차함수 $y=ax^2$의 그래프에서 다음 중 상수 a의 값이 될 수 있는 것은?

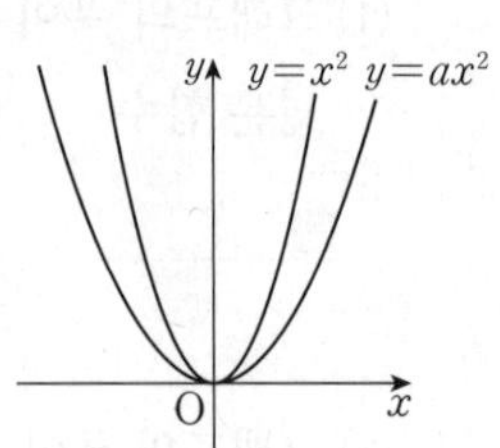

① $\dfrac{1}{4}$ ② $\dfrac{7}{5}$

③ $\dfrac{5}{2}$ ④ $\dfrac{8}{3}$

⑤ 3

06 이차함수 $y=ax^2+q$의 그래프

핵심개념

1. 이차함수 $y=ax^2$의 그래프를 y축의 방향으로 q만큼 평행이동한 것이다.
2. **축의 방정식:** $x=0$(y축)
3. **꼭짓점의 좌표:** $(0, q)$
4. $a>0$이면 아래로 볼록하고, $a<0$이면 위로 볼록하다.

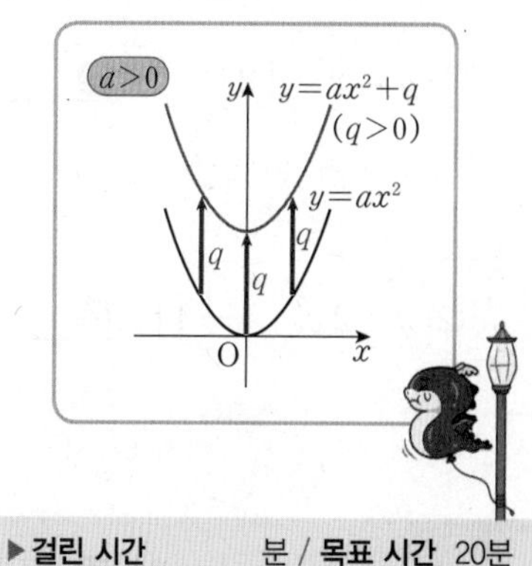

▶학습 날짜 월 일 ▶걸린 시간 분 / 목표 시간 20분

정답과 해설 45~46쪽

[1~2] 다음 물음에 답하여라.

1 이차함수 $y=x^2$과 $y=x^2+1$에 대하여 다음 물음에 답하여라.

(1) 아래 표를 완성하여라.

x	$\cdots$	-3	-2	-1	0	1	2	3	$\cdots$
x^2	$\cdots$	9	4	1	0	1	4	9	$\cdots$
x^2+1	$\cdots$								$\cdots$

(2) 위의 표에서 x의 각 값에 대하여 이차함수 $y=x^2+1$의 함숫값은 이차함수 $y=x^2$의 함숫값보다 항상 ☐만큼 크다.

(3) 이차함수 $y=x^2$의 그래프를 이용하여 $y=x^2+1$의 그래프를 아래 좌표평면 위에 그려라.

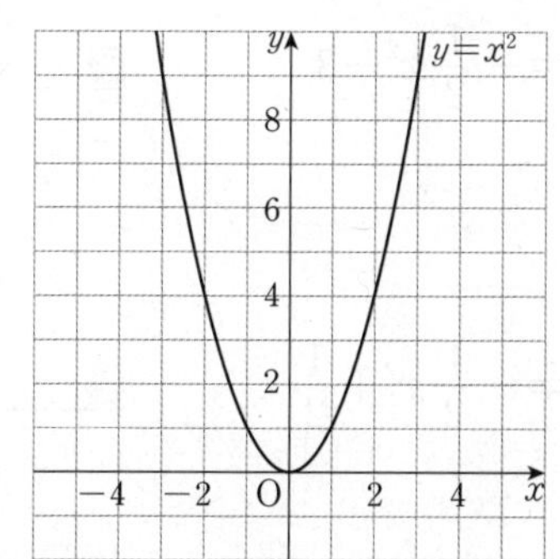

tip 이차함수의 그래프를 평행이동하여도 이차항의 계수는 변하지 않으므로 그래프의 모양과 폭은 변하지 않아.

2 **1**에서 그린 이차함수 $y=x^2+1$의 그래프를 보고 다음을 구하여라.

(1) 축의 방정식 답 ______

(2) 꼭짓점의 좌표 답 ______

(3) 그래프가 지나는 사분면 답 ______

(4) 이차함수 $y=x^2$의 그래프를 y축의 방향으로 ☐만큼 평행이동한 것이다.

3 다음을 완성하여라.

(1) $y=x^2$ —(☐축의 방향으로 ☐만큼 평행이동)→ $y=x^2-2$

(2) $y=-x^2$ —(☐축의 방향으로 ☐만큼 평행이동)→ $y=-x^2+3$

4 다음 이차함수의 그래프를 y축의 방향으로 [ ] 안의 수만큼 평행이동한 그래프의 식을 구하여라.

tip y축의 방향으로 q만큼 평행이동할 때, y 대신 $y-q$를 대입해.

(1) $y=x^2$ [2] 답

(2) $y=2x^2$ [-4] 답

(3) $y=\frac{1}{2}x^2$ [-3] 답

(4) $y=\frac{2}{3}x^2$ $\left[\frac{4}{3}\right]$ 답

(5) $y=\frac{7}{4}x^2$ [-2] 답

(6) $y=-2x^2$ [1] 답

(7) $y=-3x^2$ $\left[\frac{1}{2}\right]$ 답

(8) $y=-4x^2$ [-1] 답

(9) $y=-\frac{2}{3}x^2$ [5] 답

(10) $y=-\frac{5}{4}x^2$ $\left[-\frac{1}{4}\right]$ 답

5 다음 이차함수의 그래프는 이차함수 $y=3x^2$의 그래프를 y축의 방향으로 얼마만큼 평행이동한 것인지 구하여라.

(1) $y=3x^2+2$ 답

(2) $y=3x^2-5$ 답

(3) $y=3x^2+\frac{4}{7}$ 답

(4) $y=3x^2-\frac{2}{3}$ 답

6 다음 이차함수의 그래프는 이차함수 $y=-\frac{1}{2}x^2$의 그래프를 y축의 방향으로 얼마만큼 평행이동한 것인지 구하여라.

(1) $y=-\frac{1}{2}x^2+1$ 답

(2) $y=-\frac{1}{2}x^2-3$ 답

(3) $y=-\frac{1}{2}x^2+\frac{1}{2}$ 답

(4) $y=-\frac{1}{2}x^2-\frac{4}{5}$ 답

7 주어진 그래프를 이용하여 다음 이차함수의 그래프를 좌표평면 위에 그려라.

(1) $y=x^2-2$

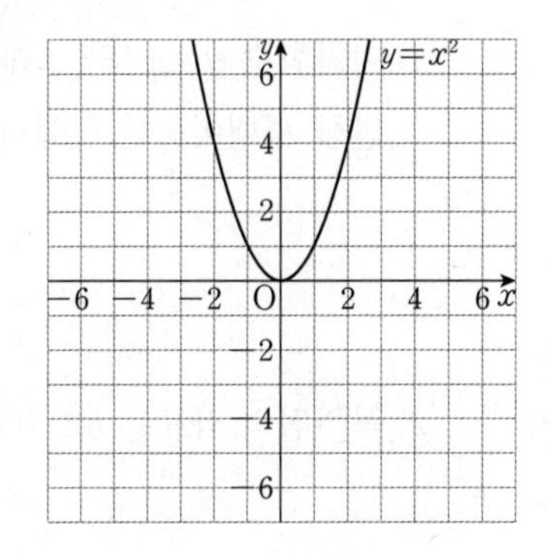

(2) $y=\frac{1}{2}x^2+1$

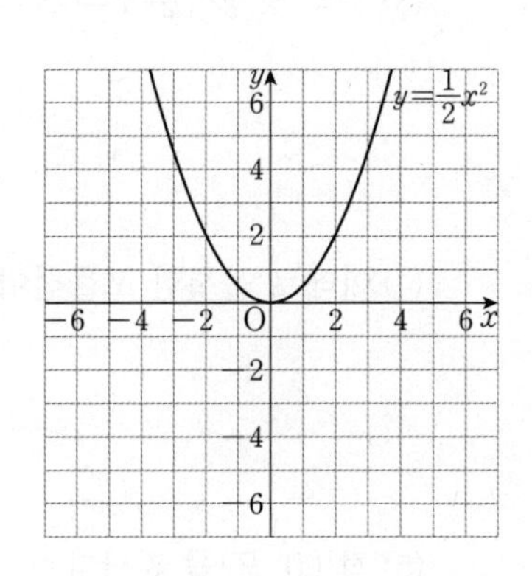

(3) $y=-2x^2+3$

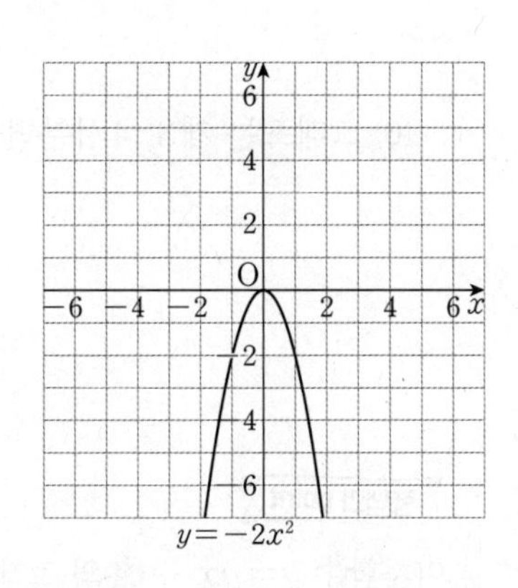

(4) $y=-\frac{3}{2}x^2-2$

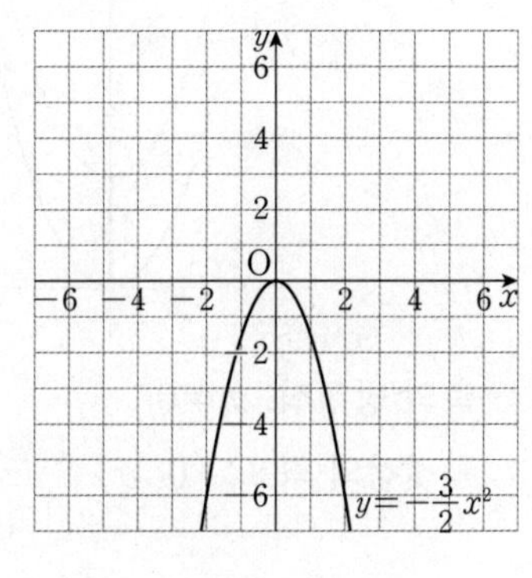

8 다음 이차함수의 그래프를 좌표평면 위에 그려라.

(1) $y=2x^2+1$

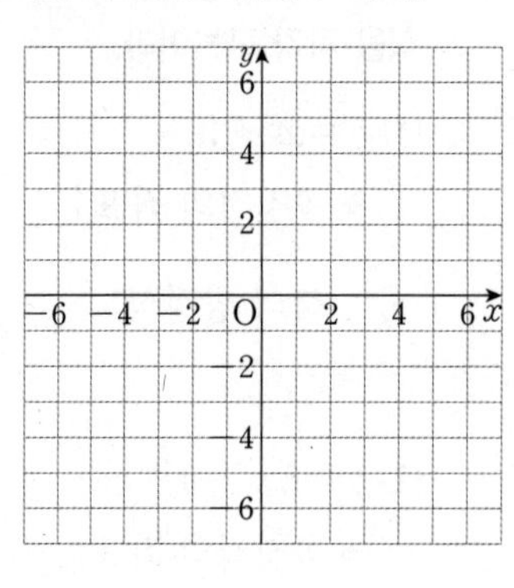

(2) $y=\frac{3}{2}x^2-2$

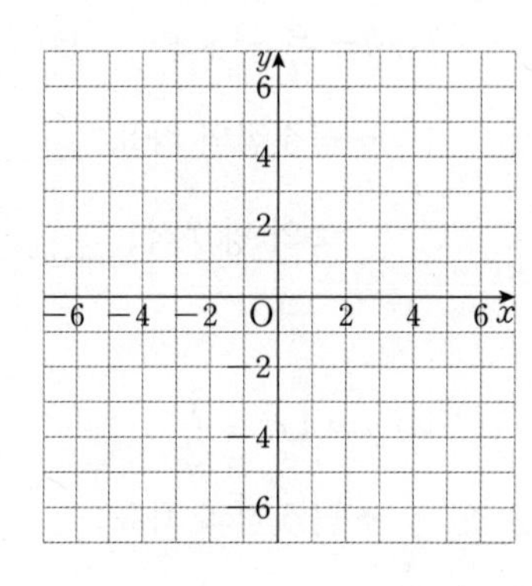

(3) $y=-3x^2+4$

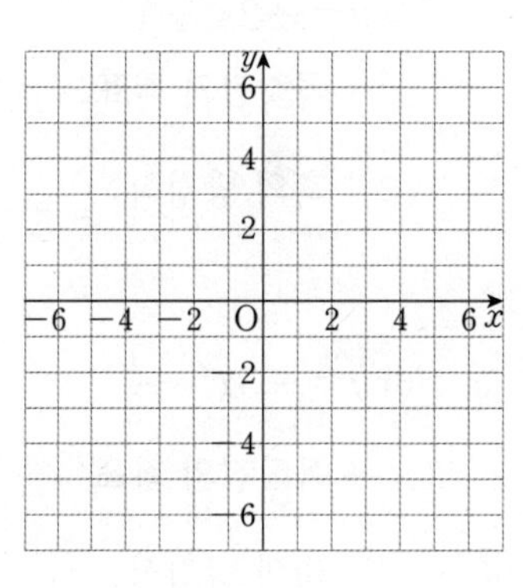

(4) $y=-\frac{1}{2}x^2-2$

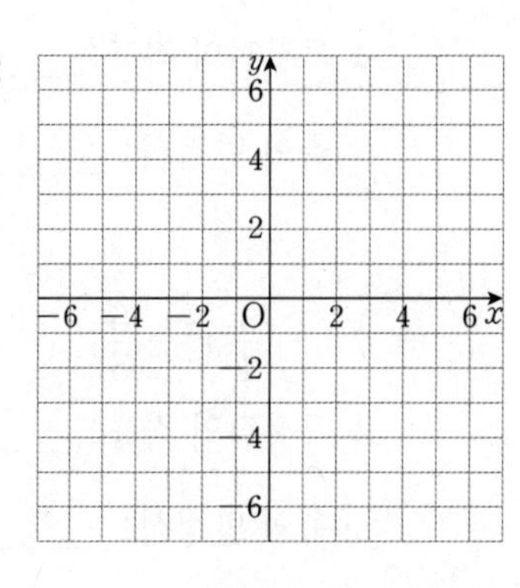

9 다음 이차함수의 그래프의 꼭짓점의 좌표와 축의 방정식을 각각 구하여라.

(1) $y=x^2+3$

➜ 꼭짓점의 좌표: ______________

축의 방정식: ______________

(2) $y=2x^2-1$

➜ 꼭짓점의 좌표: ______________

축의 방정식: ______________

(3) $y=\frac{2}{3}x^2+4$

➜ 꼭짓점의 좌표: ______________

축의 방정식: ______________

(4) $y=4x^2-\frac{1}{2}$

➜ 꼭짓점의 좌표: ______________

축의 방정식: ______________

(5) $y=-2x^2+1$

➜ 꼭짓점의 좌표: ______________

축의 방정식: ______________

(6) $y=-3x^2-\frac{1}{3}$

➜ 꼭짓점의 좌표: ______________

축의 방정식: ______________

(7) $y=-\frac{3}{2}x^2+2$

➜ 꼭짓점의 좌표: ______________

축의 방정식: ______________

(8) $y=-\frac{3}{4}x^2-\frac{6}{5}$

➜ 꼭짓점의 좌표: ______________

축의 방정식: ______________

10 다음 중 이차함수 $y=x^2+2$의 그래프에 대한 설명으로 옳은 것에는 ○표, 옳지 않은 것에는 ×표를 하여라.

(1) 이차함수 $y=x^2$의 그래프를 y축의 방향으로 2만큼 평행이동한 것이다. (　　)

(2) 꼭짓점의 좌표는 $(2, 0)$이다. (　　)

(3) 축의 방정식은 $x=2$이다. (　　)

(4) 아래로 볼록한 포물선이다. (　　)

(5) 점 $(0, 2)$를 지난다. (　　)

(6) 그래프는 제3, 4사분면을 지난다. (　　)

풍쌤의 point

이차함수 $y=ax^2+q$의 그래프는 $y=ax^2$의 그래프를 y축의 방향으로 q만큼 평행이동한 것이다.

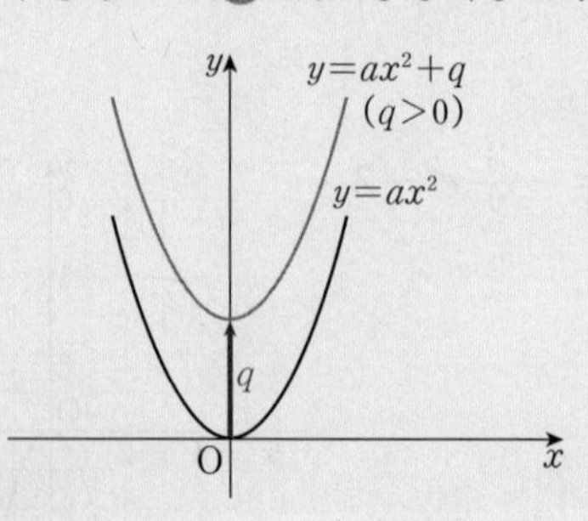

축의 방정식: $x=0$

꼭짓점의 좌표: $(0, q)$

07 이차함수 $y=a(x-p)^2$의 그래프

핵심개념

1. 이차함수 $y=ax^2$의 그래프를 x축의 방향으로 p만큼 평행이동한 것이다.
2. **축의 방정식**: $x=p$
3. **꼭짓점의 좌표**: $(p, 0)$
4. $a>0$이면 아래로 볼록하고, $a<0$이면 위로 볼록하다.

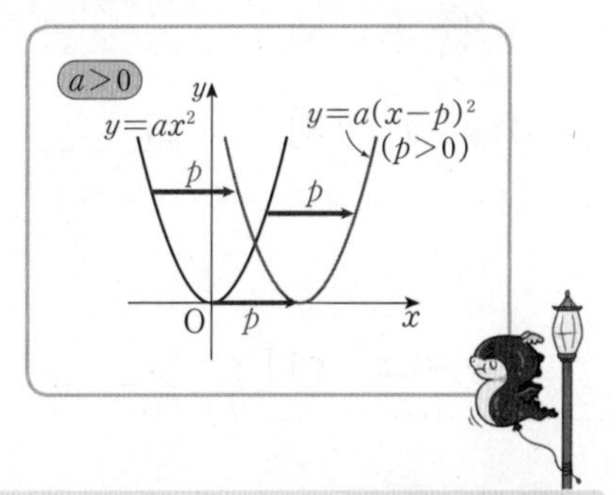

▶학습 날짜 월 일 ▶걸린 시간 분 / 목표 시간 20분

▌정답과 해설 46~47쪽

[1~2] 다음 물음에 답하여라.

1 이차함수 $y=x^2$과 $y=(x-1)^2$에 대하여 다음 물음에 답하여라.

(1) 아래 표를 완성하여라.

x	$\cdots$	-3	-2	-1	0	1	2	3	$\cdots$
x^2	$\cdots$	9	4	1	0	1	4	9	$\cdots$
$(x-1)^2$	$\cdots$								$\cdots$

(2) x의 값이 -3, -2, -1, 0, 1, 2일 때 $y=x^2$의 함숫값은 x의 값이 -2, □, □, □, □, 3일 때 $y=(x-1)^2$의 함숫값과 각각 같다.

(3) 이차함수 $y=x^2$의 그래프를 이용하여 $y=(x-1)^2$의 그래프를 아래 좌표평면 위에 그려라.

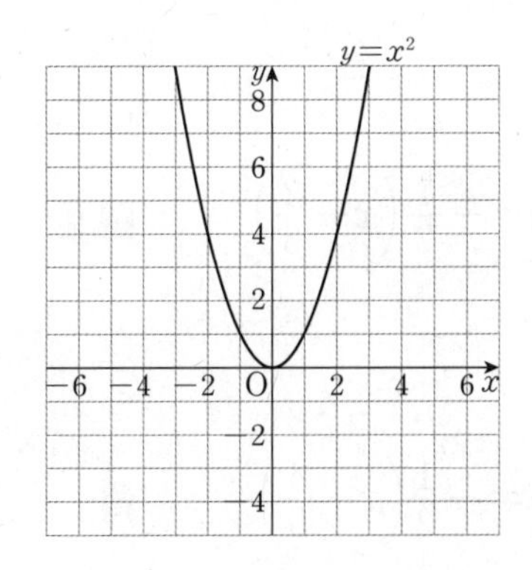

2 1에서 그린 이차함수 $y=(x-1)^2$의 그래프를 보고 다음을 구하여라.

(1) 축의 방정식 답 ________

(2) 꼭짓점의 좌표 답 ________

(3) 그래프가 지나는 사분면 답 ________

(4) 이차함수 $y=x^2$의 그래프를 x축의 방향으로 □만큼 평행이동한 것이다.

3 다음을 완성하여라.

(1) $y=x^2$ —(□축의 방향으로 □만큼 평행이동)→ $y=(x-2)^2$

(2) $y=-x^2$ —(□축의 방향으로 □만큼 평행이동)→ $y=-(x+3)^2$

4 다음 이차함수의 그래프를 x축의 방향으로 [ ] 안의 수만큼 평행이동한 그래프의 식을 구하여라.

tip
x축의 방향으로 p만큼 평행이동할 때, x 대신 $x-p$를 대입해.

(1) $y=x^2$ $[3]$ 답

(2) $y=2x^2$ $[1]$ 답

(3) $y=4x^2$ $[-3]$ 답

(4) $y=\frac{1}{2}x^2$ $[2]$ 답

(5) $y=\frac{1}{3}x^2$ $[-5]$ 답

(6) $y=-2x^2$ $[4]$ 답

(7) $y=-x^2$ $[-2]$ 답

(8) $y=-\frac{3}{4}x^2$ $[2]$ 답

(9) $y=-\frac{2}{3}x^2$ $\left[\frac{3}{2}\right]$ 답

(10) $y=-\frac{2}{5}x^2$ $\left[-\frac{2}{3}\right]$ 답

5 다음 이차함수의 그래프는 이차함수 $y=3x^2$의 그래프를 x축의 방향으로 얼마만큼 평행이동한 것인지 구하여라.

(1) $y=3(x-1)^2$ 답

(2) $y=3(x+7)^2$ 답

(3) $y=3\left(x-\frac{1}{6}\right)^2$ 답

(4) $y=3\left(x+\frac{5}{3}\right)^2$ 답

6 다음 이차함수의 그래프는 이차함수 $y=-\frac{1}{2}x^2$의 그래프를 x축의 방향으로 얼마만큼 평행이동한 것인지 구하여라.

(1) $y=-\frac{1}{2}(x-3)^2$ 답

(2) $y=-\frac{1}{2}(x+1)^2$ 답

(3) $y=-\frac{1}{2}\left(x-\frac{2}{3}\right)^2$ 답

(4) $y=-\frac{1}{2}\left(x+\frac{4}{5}\right)^2$ 답

7 주어진 그래프를 이용하여 다음 이차함수의 그래프를 좌표평면 위에 그려라.

(1) $y=(x+2)^2$

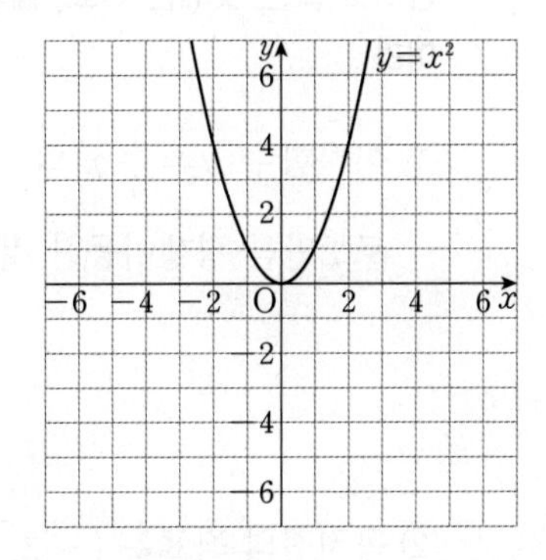

(2) $y=\frac{1}{2}(x-3)^2$

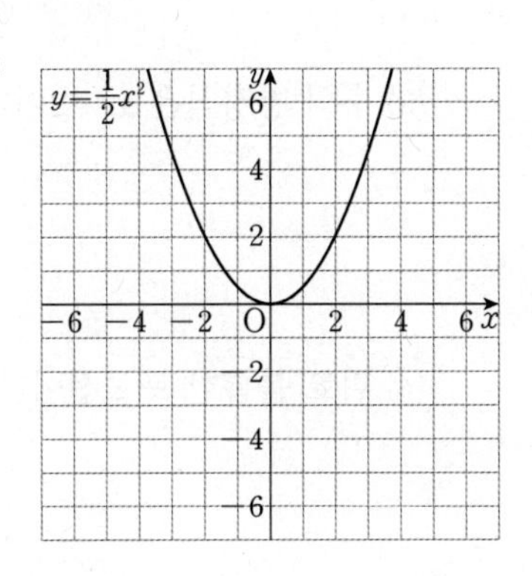

(3) $y=-2(x-4)^2$

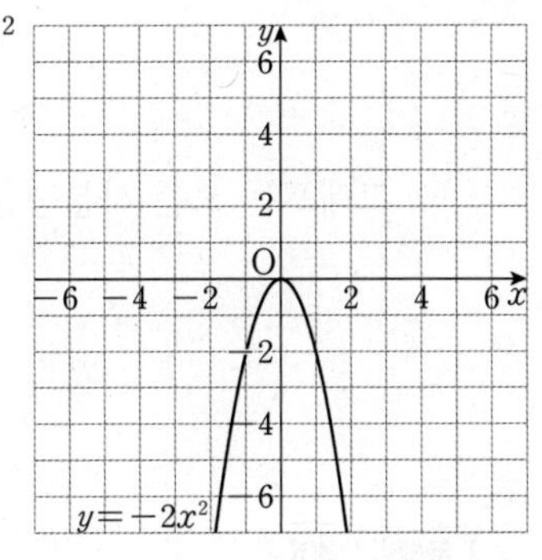

(4) $y=-\frac{3}{2}(x+4)^2$

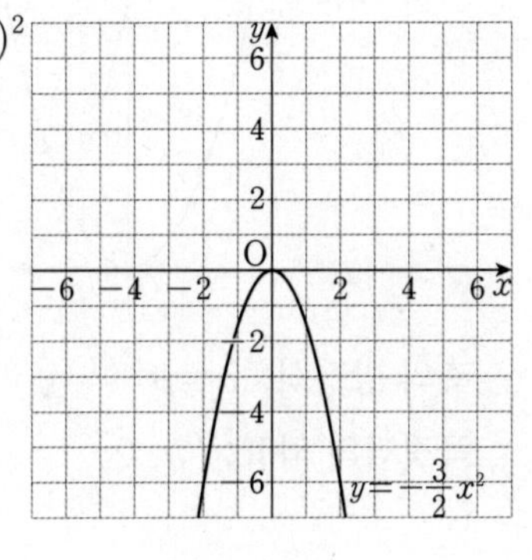

8 다음 이차함수의 그래프를 좌표평면 위에 그려라.

(1) $y=2(x-4)^2$

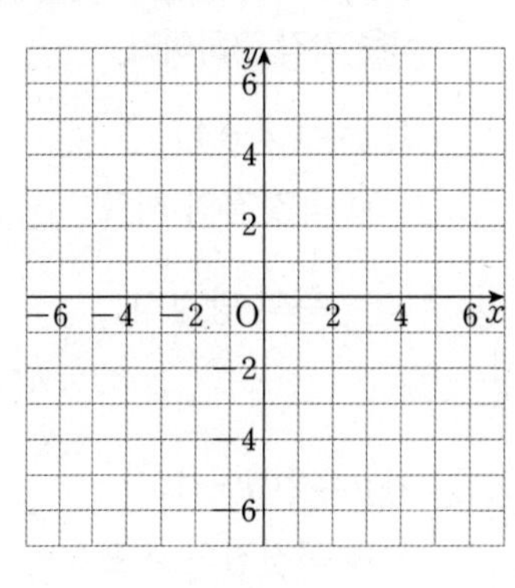

(2) $y=\frac{3}{2}(x+2)^2$

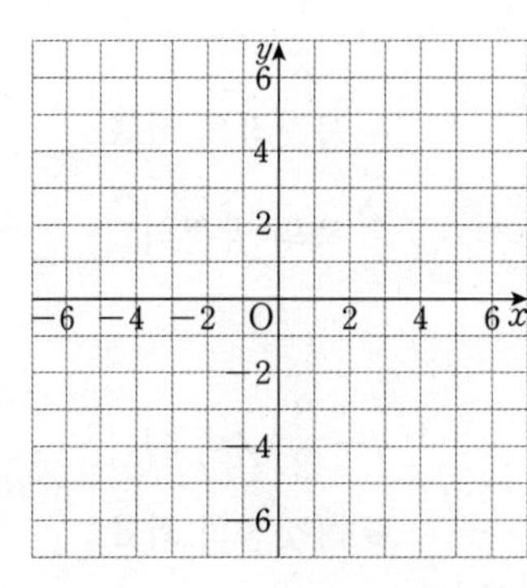

(3) $y=-3(x-2)^2$

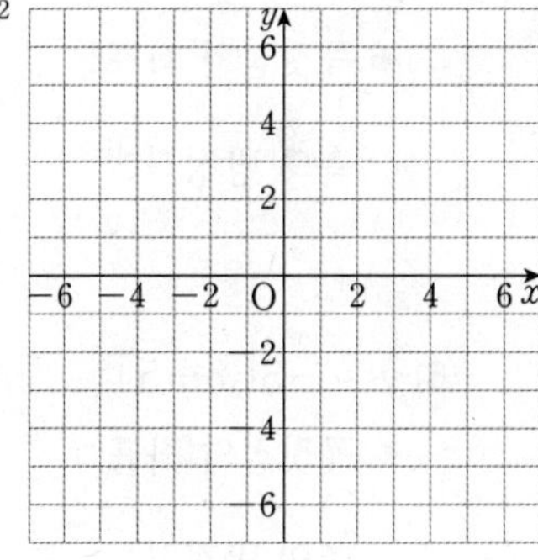

(4) $y=-\frac{1}{2}(x+3)^2$

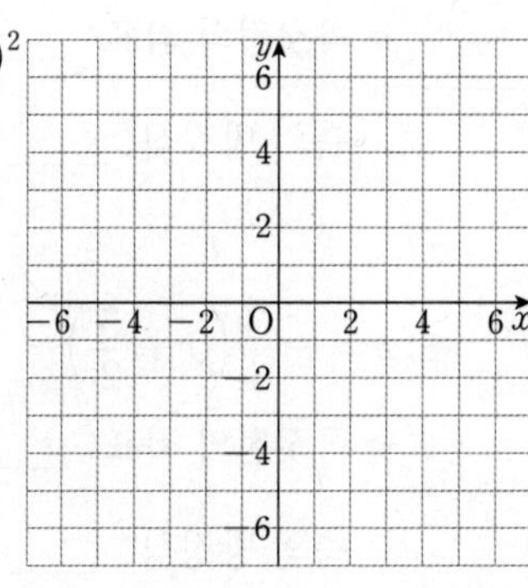

9 다음 이차함수의 그래프의 꼭짓점의 좌표와 축의 방정식을 각각 구하여라.

(1) $y=(x-4)^2$
→ 꼭짓점의 좌표: ____________
축의 방정식: ____________

(2) $y=2(x+1)^2$
→ 꼭짓점의 좌표: ____________
축의 방정식: ____________

(3) $y=\frac{1}{3}(x-3)^2$
→ 꼭짓점의 좌표: ____________
축의 방정식: ____________

(4) $y=\frac{3}{2}(x+2)^2$
→ 꼭짓점의 좌표: ____________
축의 방정식: ____________

(5) $y=-2(x-2)^2$
→ 꼭짓점의 좌표: ____________
축의 방정식: ____________

(6) $y=-5(x+5)^2$
→ 꼭짓점의 좌표: ____________
축의 방정식: ____________

(7) $y=-\frac{2}{3}\left(x-\frac{1}{4}\right)^2$
→ 꼭짓점의 좌표: ____________
축의 방정식: ____________

(8) $y=-\frac{3}{4}\left(x+\frac{5}{2}\right)^2$
→ 꼭짓점의 좌표: ____________
축의 방정식: ____________

10 다음 중 이차함수 $y=\frac{1}{4}(x-2)^2$의 그래프에 대한 설명으로 옳은 것에는 ○표, 옳지 않은 것에는 ×표를 하여라.

(1) 이차함수 $y=\frac{1}{4}x^2$의 그래프를 x축의 방향으로 2만큼 평행이동한 것이다. (　　)

(2) 꼭짓점의 좌표는 $(-2, 0)$이다. (　　)

(3) 축의 방정식은 $x=2$이다. (　　)

(4) 위로 볼록한 포물선이다. (　　)

(5) 점 $(0, 1)$을 지난다. (　　)

(6) 그래프는 모든 사분면을 지난다. (　　)

풍쌤의 point

이차함수 $y=a(x-p)^2$의 그래프는 $y=ax^2$의 그래프를 x축의 방향으로 p만큼 이동한 것이다.

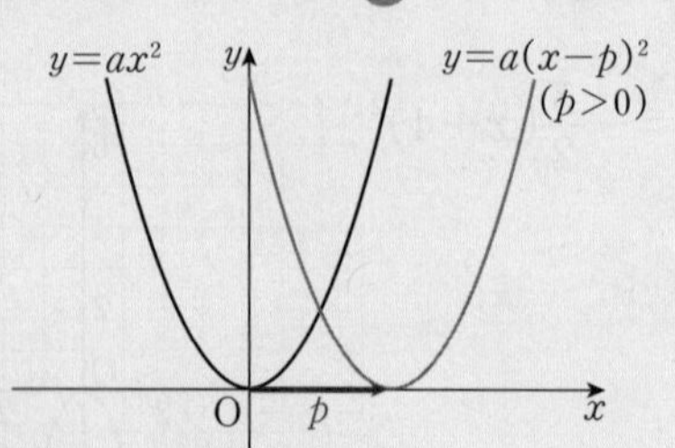

축의 방정식: $x=p$
꼭짓점의 좌표: $(p, 0)$

08 이차함수 $y=a(x-p)^2+q$의 그래프

핵심개념

1. 이차함수 $y=ax^2$의 그래프를 x축의 방향으로 p만큼, y축의 방향으로 q만큼 평행이동한 것이다.
2. 축의 방정식: $x=p$
3. 꼭짓점의 좌표: (p, q)
4. $a>0$이면 아래로 볼록하고, $a<0$이면 위로 볼록하다.

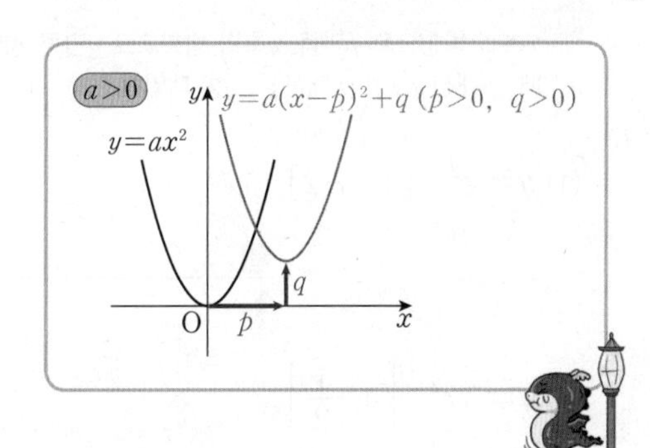

▶학습 날짜 월 일 ▶걸린 시간 분 / 목표 시간 20분

정답과 해설 47~48쪽

[1~2] 다음 물음에 답하여라.

1 이차함수 $y=x^2$, $y=(x-3)^2$, $y=(x-3)^2+2$에 대하여 다음 물음에 답하여라.

(1) □ 안에 알맞은 것을 써넣어라.

> 이차함수 $y=(x-3)^2$의 그래프는 $y=x^2$의 그래프를 □축의 방향으로 □만큼 평행이동한 것이고, 이차함수 $y=(x-3)^2+2$의 그래프는 $y=(x-3)^2$의 그래프를 □축의 방향으로 □만큼 평행이동한 것이다.

(2) 이차함수 $y=x^2$의 그래프를 이용하여 $y=(x-3)^2$의 그래프를 아래 좌표평면 위에 그리고, $y=(x-3)^2$의 그래프를 이용하여 $y=(x-3)^2+2$의 그래프를 아래 좌표평면 위에 그려라.

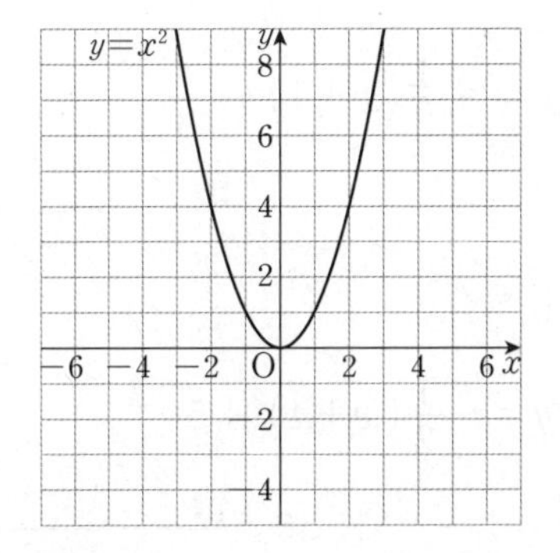

2 1에서 그린 이차함수 $y=(x-3)^2+2$의 그래프를 보고 다음을 구하여라.

(1) 축의 방정식 답 ______

(2) 꼭짓점의 좌표 답 ______

(3) 그래프가 지나는 사분면 답 ______

(4) 이차함수 $y=x^2$의 그래프를 x축의 방향으로 □만큼, y축의 방향으로 □만큼 평행이동한 것이다.

3 다음을 완성하여라.

(1)

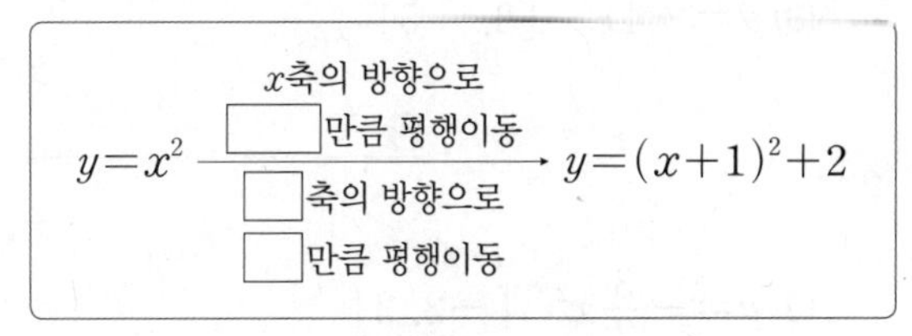

(2)

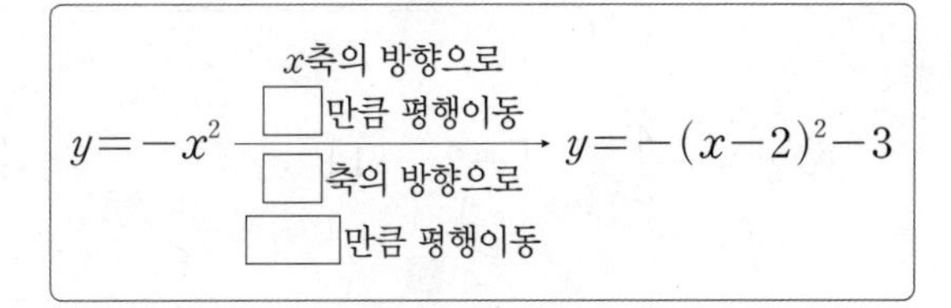

4 다음 이차함수의 그래프를 x축과 y축의 방향으로 차례로 [ ] 안의 수만큼 평행이동한 그래프의 식을 구하여라.

tip x축의 방향으로 p만큼, y축의 방향으로 q만큼 평행이동할 때, x 대신 $x-p$, y 대신 $y-q$를 대입해.

(1) $y=x^2$ $[1, -2]$

답 ____________

(2) $y=3x^2$ $\left[4, \frac{1}{2}\right]$

답 ____________

(3) $y=6x^2$ $\left[-\frac{3}{5}, 2\right]$

답 ____________

(4) $y=\frac{3}{4}x^2$ $[2, 5]$

답 ____________

(5) $y=\frac{2}{7}x^2$ $[-4, -2]$

답 ____________

(6) $y=-2x^2$ $[3, 1]$

답 ____________

(7) $y=-3x^2$ $\left[4, -\frac{1}{2}\right]$

답 ____________

(8) $y=-4x^2$ $[3, -5]$

답 ____________

(9) $y=-\frac{3}{2}x^2$ $[-2, 3]$

답 ____________

(10) $y=-\frac{4}{5}x^2$ $[-3, -1]$

답 ____________

5 다음 이차함수의 그래프는 이차함수 $y=3x^2$의 그래프를 x축의 방향으로 p만큼, y축의 방향으로 q만큼 평행이동한 것이다. 이때 p, q의 값을 각각 구하여라.

(1) $y=3(x-2)^2-1$

답 ____________

(2) $y=3(x-2)^2+5$

답 ____________

(3) $y=3\left(x+\frac{1}{2}\right)^2-6$

답 ____________

(4) $y=3(x+5)^2+\frac{3}{4}$

답 ____________

6 다음 이차함수의 그래프는 이차함수 $y=-\frac{1}{2}x^2$의 그래프를 x축의 방향으로 p만큼, y축의 방향으로 q만큼 평행이동한 것이다. 이때 p, q의 값을 각각 구하여라.

(1) $y=-\frac{1}{2}(x-4)^2-3$

답 ____________

(2) $y=-\frac{1}{2}(x-3)^2+2$

답 ____________

(3) $y=-\frac{1}{2}(x+1)^2-\frac{4}{3}$

답 ____________

(4) $y=-\frac{1}{2}(x+4)^2+5$

답 ____________

7 주어진 그래프를 이용하여 다음 이차함수의 그래프를 좌표평면 위에 그려라.

(1) $y=(x+2)^2+2$

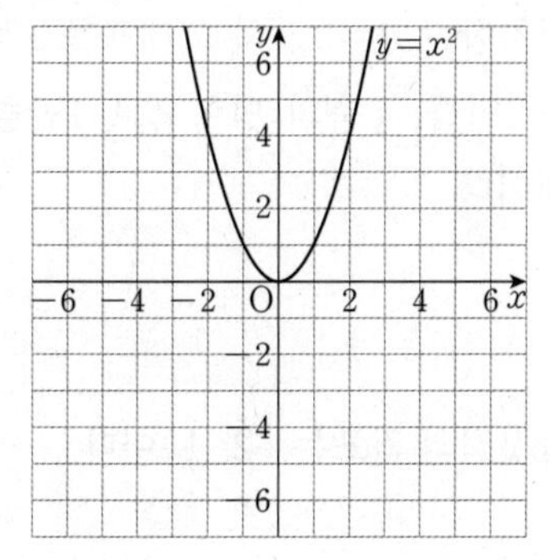

(2) $y=\frac{1}{2}(x-3)^2-2$

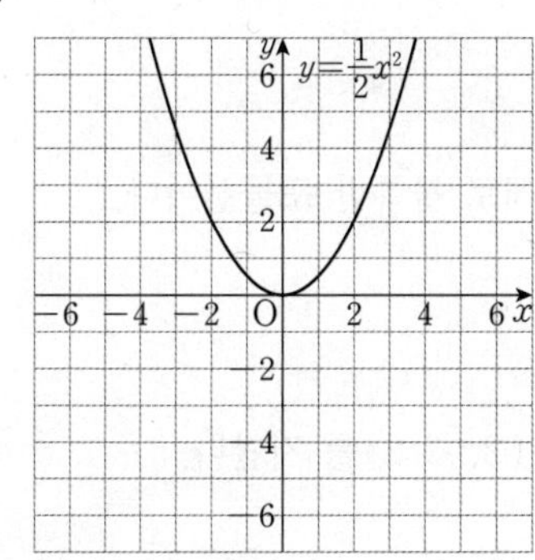

(3) $y=-2(x-4)^2+3$

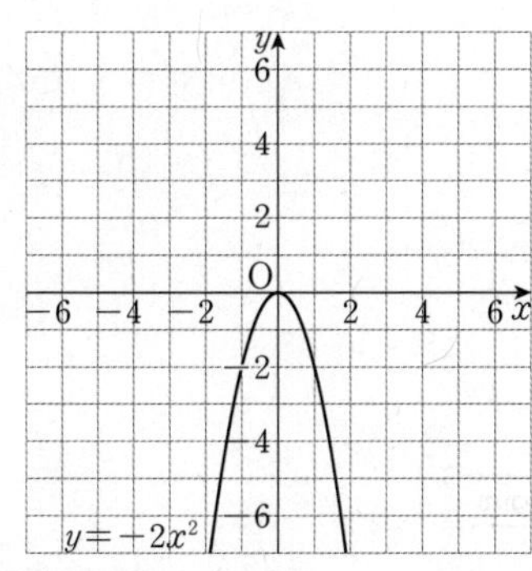

(4) $y=-\frac{3}{2}(x+5)^2-1$

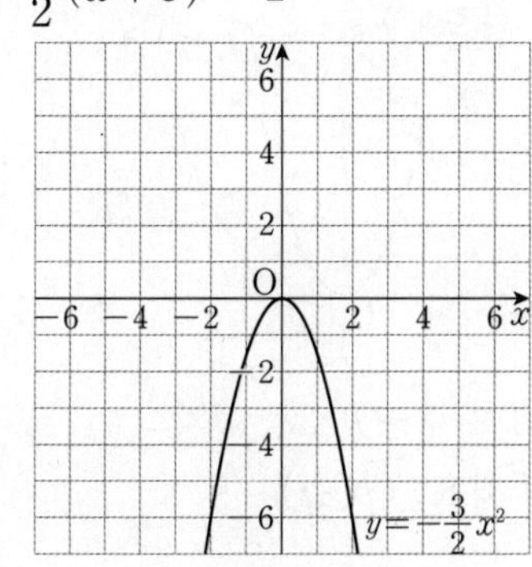

8 다음 이차함수의 그래프를 좌표평면 위에 그려라.

(1) $y=2(x-3)^2+1$

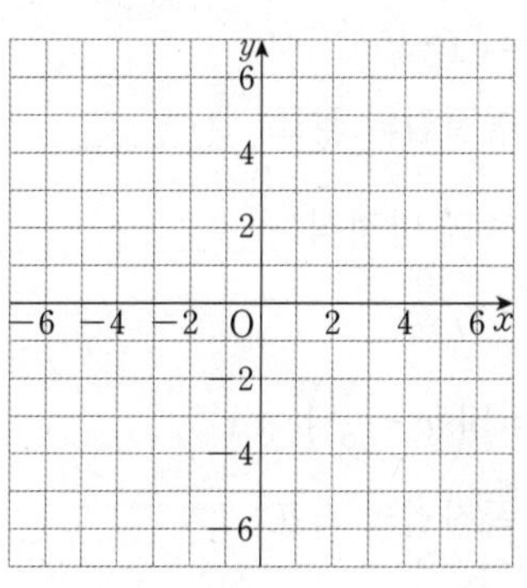

(2) $y=\frac{3}{2}(x+2)^2-2$

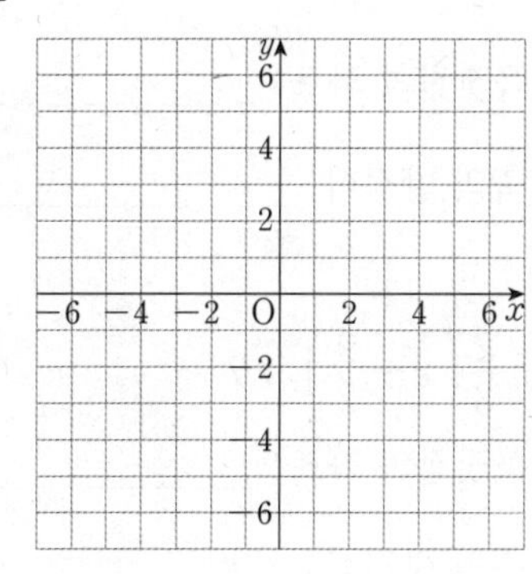

(3) $y=-3(x-2)^2+4$

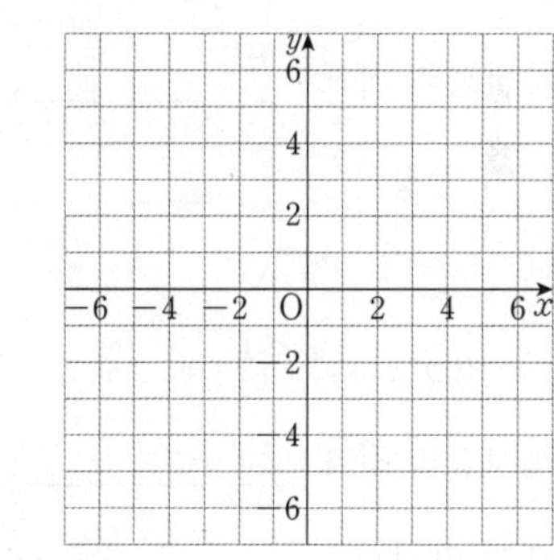

(4) $y=-\frac{1}{2}(x+3)^2-2$

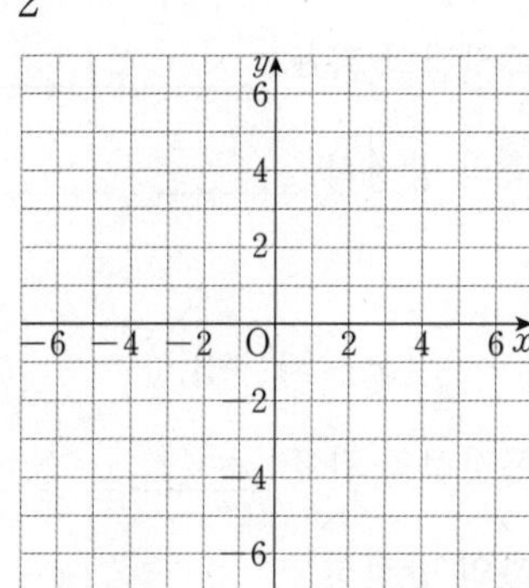

9 다음 이차함수의 그래프의 꼭짓점의 좌표와 축의 방정식을 각각 구하여라.

(1) $y=(x-5)^2+4$

➜ 꼭짓점의 좌표: ____________

축의 방정식: ____________

(2) $y=5\left(x-\frac{1}{3}\right)^2-1$

➜ 꼭짓점의 좌표: ____________

축의 방정식: ____________

(3) $y=\frac{1}{2}(x+1)^2-4$

➜ 꼭짓점의 좌표: ____________

축의 방정식: ____________

(4) $y=\frac{2}{3}\left(x+\frac{9}{2}\right)^2+7$

➜ 꼭짓점의 좌표: ____________

축의 방정식: ____________

(5) $y=-(x-3)^2+\frac{1}{4}$

➜ 꼭짓점의 좌표: ____________

축의 방정식: ____________

(6) $y=-2(x+4)^2-\frac{1}{2}$

➜ 꼭짓점의 좌표: ____________

축의 방정식: ____________

(7) $y=-\frac{5}{2}(x+1)^2-4$

➜ 꼭짓점의 좌표: ____________

축의 방정식: ____________

(8) $y=-\frac{5}{4}(x-2)^2-3$

➜ 꼭짓점의 좌표: ____________

축의 방정식: ____________

10 다음 중 이차함수 $y=3(x-2)^2+1$의 그래프에 대한 설명으로 옳은 것에는 ○표, 옳지 않은 것에는 ×표를 하여라.

(1) 이차함수 $y=3x^2$의 그래프를 x축의 방향으로 -2만큼, y축의 방향으로 1만큼 평행이동한 것이다. (　　)

(2) 꼭짓점의 좌표는 $(2, 1)$이다. (　　)

(3) 축의 방정식은 $x=2$이다. (　　)

(4) 아래로 볼록한 포물선이다. (　　)

(5) 점 $(3, -2)$를 지난다. (　　)

(6) 그래프는 모든 사분면을 지난다. (　　)

풍쌤의 point

이차함수 $y=a(x-p)^2+q$의 그래프는 $y=ax^2$의 그래프를 x축의 방향으로 p만큼 y축의 방향으로 q만큼 이동한 것이다.

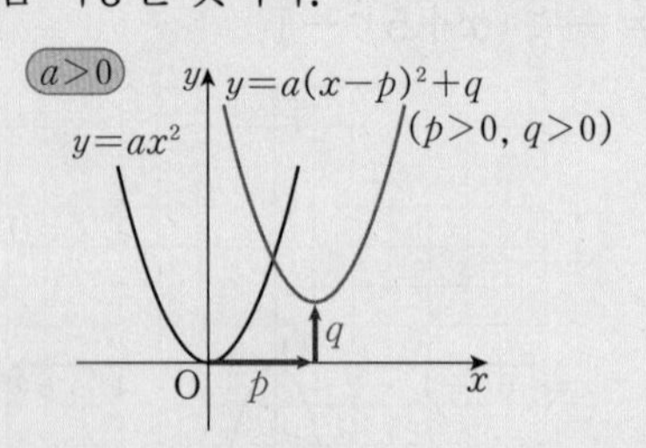

축의 방정식: $x=p$

꼭짓점의 좌표: (p, q)

▮ 정답과 해설 48~49쪽

06-08 · 스스로 점검 문제

맞힌 개수 개 / 7개

▶학습 날짜 월 일 ▶걸린 시간 분 / 목표 시간 20분

1 ☐☐ 이차함수 $y=ax^2+q$의 그래프 1~3

다음 중 이차함수 $y=-3x^2-1$의 그래프에 대한 설명으로 옳은 것은?

① 아래로 볼록한 포물선이다.
② 원점을 꼭짓점으로 한다.
③ x축에 대하여 대칭이다.
④ 제1, 2사분면을 지난다.
⑤ 이차함수 $y=-3x^2$의 그래프를 y축의 방향으로 -1만큼 평행이동한 것이다.

2 ☐☐ 이차함수 $y=ax^2+q$의 그래프 4~8

오른쪽 그림은 이차함수 $y=\frac{1}{2}x^2$의 그래프를 y축의 방향으로 평행이동한 것이다. 이 그래프가 점 $(2, k)$를 지날 때, k의 값을 구하여라.

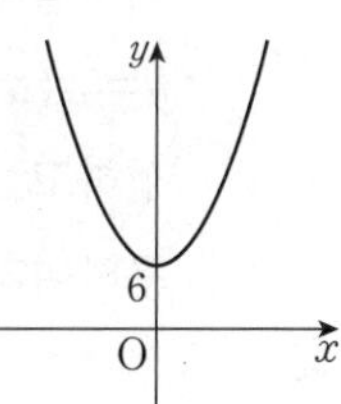

3 ☐☐ 이차함수 $y=a(x-p)^2+q$의 그래프 5~6

다음 〈보기〉의 이차함수 중 이차함수 $y=2x^2$의 그래프를 평행이동하여 그 그래프를 그릴 수 있는 것을 모두 고른 것은?

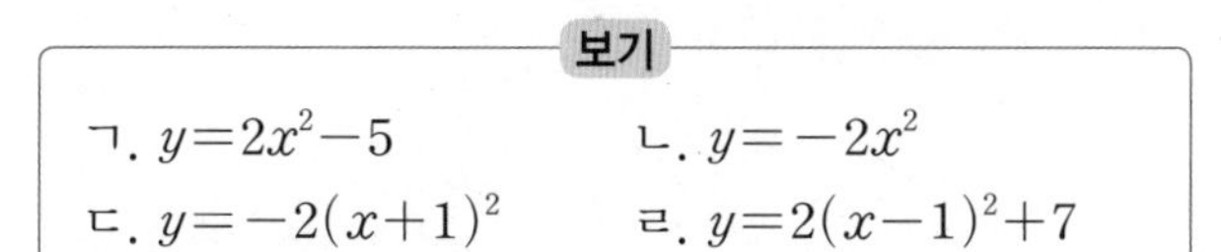

보기

ㄱ. $y=2x^2-5$　　ㄴ. $y=-2x^2$
ㄷ. $y=-2(x+1)^2$　　ㄹ. $y=2(x-1)^2+7$

① ㄱ, ㄴ　② ㄱ, ㄹ　③ ㄴ, ㄷ
④ ㄴ, ㄹ　⑤ ㄷ, ㄹ

4 ☐☐ 이차함수 $y=a(x-p)^2$의 그래프 1~3

다음 중 이차함수 $y=\frac{1}{3}(x-1)^2$의 그래프 위의 점이 아닌 것은?

① $(-2, 3)$　② $\left(-1, \frac{4}{3}\right)$　③ $\left(0, \frac{1}{3}\right)$
④ $(1, 0)$　⑤ $\left(2, -\frac{1}{3}\right)$

5 ☐☐ 이차함수 $y=a(x-p)^2+q$의 그래프 9

이차함수 $y=-2(x+1)^2+a-2$의 그래프의 꼭짓점의 좌표가 $(b, 1)$, 축의 방정식이 $x=c$일 때, 상수 a, b, c에 대하여 $a+b+c$의 값을 구하여라.

6 ☐☐ 이차함수 $y=a(x-p)^2+q$의 그래프 10

다음 중 이차함수 $y=-(x+5)^2+2$의 그래프에 대한 설명으로 옳지 않은 것은?

① 위로 볼록한 포물선이다.
② 꼭짓점의 좌표는 $(-5, 2)$이다.
③ 축의 방정식은 $x=5$이다.
④ 제 2, 3, 4사분면을 지난다.
⑤ 이차함수 $y=-x^2$의 그래프를 x축의 방향으로 -5만큼, y축의 방향으로 2만큼 평행이동한 것이다.

7 ☐☐ 이차함수 $y=a(x-p)^2+q$의 그래프 5~6

이차함수 $y=-3\left(x+\frac{1}{2}\right)^2+4$의 그래프는 이차함수 $y=-3x^2$의 그래프를 x축의 방향으로 m만큼, y축의 방향으로 n만큼 평행이동한 것이다. 이때 mn의 값을 구하여라.

09 이차함수 $y=ax^2+bx+c$의 그래프

핵심개념 이차함수 $y=ax^2+bx+c$의 그래프는 주어진 식을 $y=a(x-p)^2+q$ 꼴로 고쳐서 꼭짓점의 좌표와 y축과의 교점을 이용하여 그린다.

1. 꼭짓점의 좌표: $\left(-\frac{b}{2a}, -\frac{b^2-4ac}{4a}\right)$

2. 축의 방정식: $x=-\frac{b}{2a}$

3. y축과의 교점의 좌표: $(0, c)$

$$\begin{aligned} y&=ax^2+bx+c \\ &=a\left(x^2+\frac{b}{a}x\right)+c \\ &=a\left\{x^2+\frac{b}{a}x+\left(\frac{b}{2a}\right)^2-\left(\frac{b}{2a}\right)^2\right\}+c \\ &=a\left(x+\frac{b}{2a}\right)^2-\frac{b^2-4ac}{4a} \end{aligned}$$

▶학습 날짜 월 일 ▶걸린 시간 분 / 목표 시간 15분

1 이차함수 $y=2x^2-4x+4$에 대하여 다음 물음에 답하여라.

(1) 이차함수 $y=2x^2-4x+4$를 $y=a(x-p)^2+q$ 꼴로 바꾸는 다음 과정을 완성하고, 꼭짓점의 좌표와 축의 방정식을 각각 구하여라.

$$\begin{aligned} y&=2x^2-4x+4 \\ &=2(x^2-\square x)+4 \\ &=2(x^2-\square x+\square-\square)+4 \\ &=2(x-\square)^2-\square+4 \\ &=2(x-\square)^2+\square \end{aligned}$$

➜ 따라서 꼭짓점의 좌표는 $(\square, \square)$이고, 축의 방정식은 $\square$이다.

(2) 이차함수 $y=2x^2-4x+4$의 그래프와 y축과의 교점의 좌표를 구하는 다음 과정을 완성하여라.

y축과의 교점은 $x=0$일 때이므로 $y=\square$
따라서 y축과의 교점의 좌표는 $(0, \square)$이다.

2 이차함수 $y=-x^2+4x-3$에 대하여 다음 물음에 답하여라.

(1) 이차함수 $y=-x^2+4x-3$을 $y=a(x-p)^2+q$ 꼴로 바꾸는 다음 과정을 완성하고, 꼭짓점의 좌표와 축의 방정식을 각각 구하여라.

$$\begin{aligned} y&=-x^2+4x-3 \\ &=-(x^2-\square x)-3 \\ &=-(x^2-\square x+\square-\square)-3 \\ &=-(x-\square)^2+\square-3 \\ &=-(x-\square)^2+\square \end{aligned}$$

➜ 따라서 꼭짓점의 좌표는 $(\square, \square)$이고, 축의 방정식은 $\square$이다.

(2) 이차함수 $y=-x^2+4x-3$의 그래프와 y축과의 교점의 좌표를 구하는 다음 과정을 완성하여라.

y축과의 교점은 $x=0$일 때이므로 $y=\square$
따라서 y축과의 교점의 좌표는 $(0, \square)$이다.

3 다음 이차함수를 $y=a(x-p)^2+q$ 꼴로 나타내고, 주어진 좌표평면 위에 그 그래프를 그려라. 또, 그 그래프의 꼭짓점의 좌표와 y축과의 교점의 좌표를 각각 구하여라.

(1) $y=x^2-2x+3$ ➔ ____________

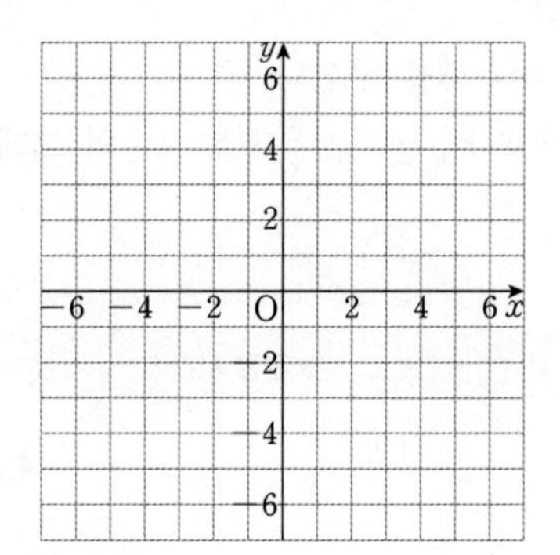

꼭짓점의 좌표 : ____________

y축과의 교점의 좌표 : ____________

(2) $y=2x^2-4x$ ➔ ____________

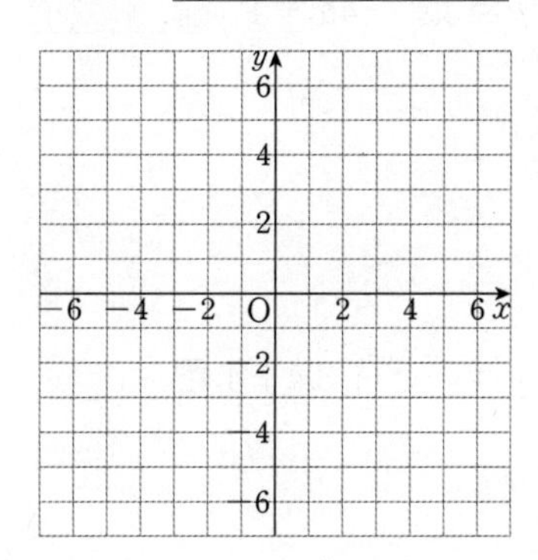

꼭짓점의 좌표 : ____________

y축과의 교점의 좌표 : ____________

(3) $y=-x^2-4x+1$ ➔ ____________

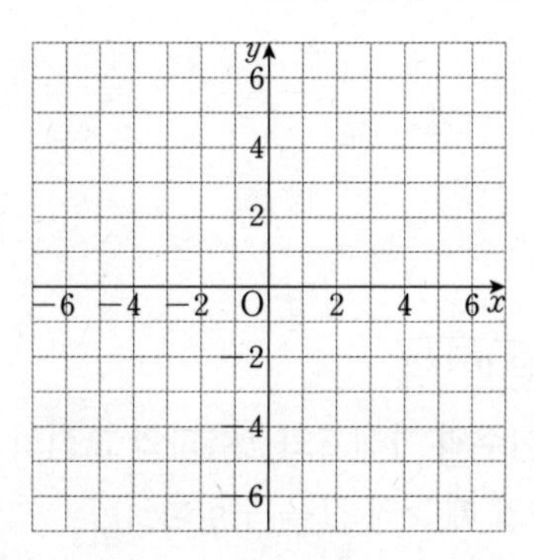

꼭짓점의 좌표 : ____________

y축과의 교점의 좌표 : ____________

(4) $y=-2x^2+8x-5$ ➔ ____________

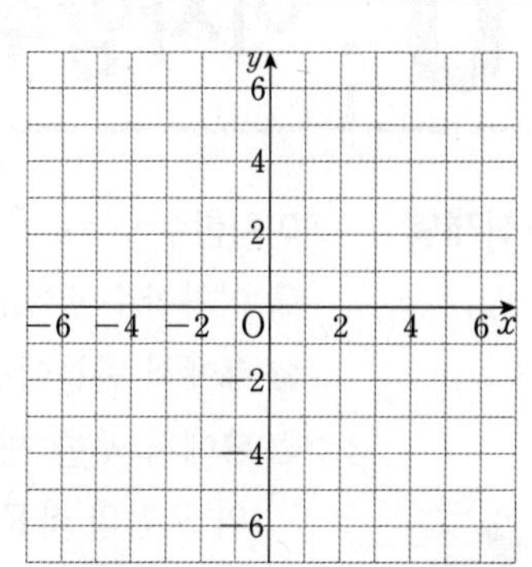

꼭짓점의 좌표 : ____________

y축과의 교점의 좌표 : ____________

(5) $y=-\frac{1}{2}x^2+3x-\frac{11}{2}$

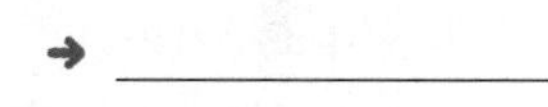

➔ ____________

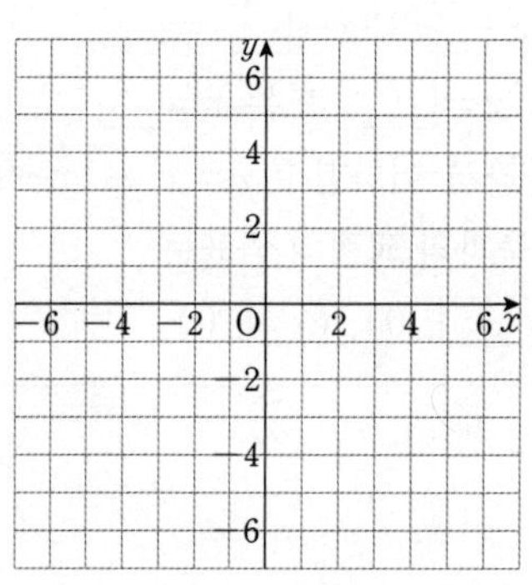

꼭짓점의 좌표 : ____________

y축과의 교점의 좌표 : ____________

풍쌤의 point

이차함수 $y=ax^2+bx+c$를 변형하면

$$y=a\left(x+\frac{b}{2a}\right)^2-\frac{b^2-4ac}{4a}$$

➔ 축의 방정식: $x=-\frac{b}{2a}$

꼭짓점의 좌표: $\left(-\frac{b}{2a},\ -\frac{b^2-4ac}{4a}\right)$

y축과의 교점의 좌표: $(0,\ c)$

10. 이차함수의 그래프와 x축과의 교점의 좌표

핵심개념 **이차함수 $y=ax^2+bx+c$의 그래프와 x축과의 교점의 좌표 구하기**

❶ 이차함수 $y=ax^2+bx+c$에 $y=0$을 대입한다.

❷ ❶에서 만들어진 이차방정식 $ax^2+bx+c=0$의 해를 구한다.

❸ ❷에서 구한 해가 $x=\alpha$ 또는 $x=\beta$일 때, 이차함수 $y=ax^2+bx+c$의 그래프와 x축과의 교점의 좌표는 $(\alpha, 0), (\beta, 0)$이다.

▶학습 날짜 월 일 ▶걸린 시간 분 / 목표 시간 10분

정답과 해설 50쪽

1 이차함수 $y=x^2+4x-12$의 그래프와 x축과의 교점의 좌표를 구하는 다음 과정을 완성하여라.

> 이차함수 $y=x^2+4x-12$의 그래프와 x축과의 교점의 y좌표는 ☐이므로
> $x^2+4x-12=$☐
> $(x+$☐$)(x-$☐$)=$☐
> $\therefore x=$☐ 또는 $x=$☐
> 따라서 이차함수 $y=x^2+4x-12$의 그래프와 x축과의 교점의 좌표는
> (☐, 0), (☐, 0)

2 다음 이차함수의 그래프와 x축과의 교점의 좌표를 모두 구하여라.

tip 이차함수 $y=ax^2+bx+c$의 그래프와 x축과의 교점의 x좌표는 이차방정식 $ax^2+bx+c=0$의 해야!

(1) $y=x^2-5x-14$ 답

(2) $y=x^2+8x$ 답

(3) $y=x^2+8x+16$ 답

(4) $y=3x^2-4x+1$ 답

(5) $y=-x^2+3x+4$ 답

(6) $y=-\frac{2}{3}x^2+4x$ 답

풍쌤의 point

이차함수의 그래프와 x축과의 교점의 좌표 구하기

$y=0$일 때 x의 값을 구한다.

즉, $y=0$을 대입하여 x에 대한 이차방정식 $ax^2+bx+c=0$을 푼다.

11 이차함수 $y=ax^2+bx+c$의 그래프의 성질

핵심개념

1. $y=ax^2+bx+c=a\left(x+\frac{b}{2a}\right)^2-\frac{b^2-4ac}{4a}$
2. 축의 방정식: $x=-\frac{b}{2a}$
3. 꼭짓점의 좌표: $\left(-\frac{b}{2a},\ -\frac{b^2-4ac}{4a}\right)$
4. y축과의 교점의 좌표: $(0,\ c)$
5. 이차함수 $y=ax^2+bx+c$의 그래프는 $y=ax^2$의 그래프를 x축의 방향으로 $-\frac{b}{2a}$만큼, y축의 방향으로 $-\frac{b^2-4ac}{4a}$만큼 평행이동한 것이다.
6. $a>0$이면 아래로 볼록하고, $a<0$이면 위로 볼록한 포물선이다.

▶학습 날짜 월 일 ▶걸린 시간 분 / 목표 시간 15분

정답과 해설 50쪽

[1~2] 다음 물음에 답하여라.

1 이차함수 $y=x^2+6x+8$을 $y=a(x-p)^2+q$ 꼴로 고치고, 그 그래프를 좌표평면 위에 그려라.

$y=x^2+6x+8$
$=(x^2+6x+\square-\square)+8$
$=(x^2+6x+\square)-\square+8$
$=(x+\square)^2-\square$

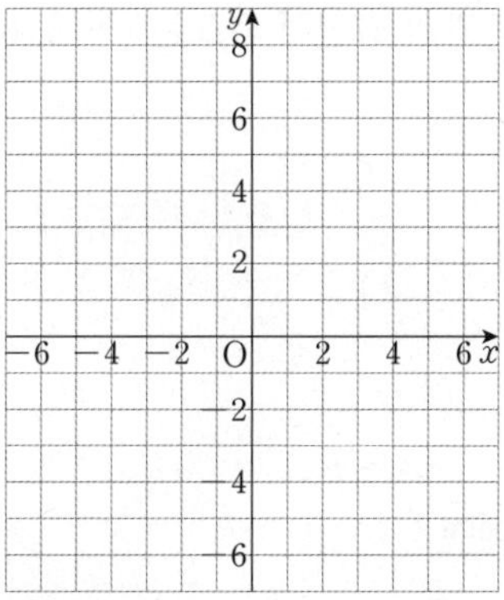

2 1에서 그린 그래프를 보고, 다음을 구하여라.

(1) 이차함수 $y=x^2$의 그래프를 x축의 방향으로 $\square$ 만큼, y축의 방향으로 $\square$만큼 평행이동한 것이다.

(2) 꼭짓점의 좌표 답 ______

(3) 축의 방정식 답 ______

(4) $\square$로 볼록한 포물선이다.

(5) y축과의 교점의 좌표 답 ______

(6) x축과의 교점의 좌표 답 ______

3 **이차함수 $y=x^2+4x+3$의 그래프에 대한 설명으로 옳은 것에는 ○표, 옳지 않은 것에는 ×표를 하여라.**

(1) 이차함수 $y=x^2$의 그래프를 x축의 방향으로 2만큼, y축의 방향으로 -1만큼 평행이동한 것이다. ( )

(2) 꼭짓점의 좌표는 $(2, -1)$이다. ( )

(3) 축의 방정식은 $x=-2$이다. ( )

(4) 아래로 볼록한 포물선이다. ( )

(5) 점 $(-1, 1)$을 지난다. ( )

(6) y축과의 교점의 좌표는 $(0, 3)$이다. ( )

(7) x축과의 교점의 좌표는 $(-3, 0)$, $(-1, 0)$이다. ( )

4 **이차함수 $y=-x^2+2x+3$의 그래프에 대한 설명으로 옳은 것에는 ○표, 옳지 않은 것에는 ×표를 하여라.**

(1) 이차함수 $y=-x^2$의 그래프를 x축의 방향으로 1만큼, y축의 방향으로 4만큼 평행이동한 것이다. ( )

(2) 꼭짓점의 좌표는 $(-1, 4)$이다. ( )

(3) 축의 방정식은 $x=-1$이다. ( )

(4) 위로 볼록한 포물선이다. ( )

(5) 점 $(1, 4)$를 지난다. ( )

(6) y축과의 교점의 좌표는 $(3, 0)$이다. ( )

(7) x축과의 교점의 좌표는 $(1, 0)$, $(-3, 0)$이다. ( )

5 **이차함수 $y=-2x^2+6x$의 그래프에 대한 설명으로 옳은 것에는 ○표, 옳지 않은 것에는 ×표를 하여라.**

(1) 이차함수 $y=-2x^2$의 그래프를 x축의 방향으로 $\frac{3}{2}$만큼, y축의 방향으로 $\frac{9}{2}$만큼 평행이동한 것이다. ( )

(2) 꼭짓점의 좌표는 $\left(-\frac{3}{2}, \frac{9}{2}\right)$이다. ( )

(3) 축의 방정식은 $x=\frac{3}{2}$이다. ( )

(4) 아래로 볼록한 포물선이다. ( )

(5) 점 $(1, 4)$를 지난다. ( )

(6) y축과의 교점의 좌표는 $(0, 6)$이다. ( )

(7) x축과의 교점의 좌표는 $(-3, 0)$, $(0, 0)$이다. ( )

풍쌤의 point

$y=ax^2+bx+c=a\left(x+\frac{b}{2a}\right)^2-\frac{b^2-4ac}{4a}$

에서 그래프의 모양, 축의 방정식, 꼭짓점의 좌표, y축과의 교점의 좌표, 평행이동에 대한 내용을 구할 수 있다.

12 이차함수 $y=ax^2+bx+c$의 그래프의 평행이동

핵심개념

1. $y=ax^2+bx+c$를 $y=a(x-p)^2+q$ 꼴로 고쳐서 평행이동을 생각한다.
2. 이차함수 $y=a(x-p)^2+q$의 그래프를 x축의 방향으로 m만큼, y축의 방향으로 n만큼 평행이동하면
   (1) 꼭짓점의 좌표 : $(p,\ q)$ ➔ $(p+m,\ q+n)$
   (2) 그래프의 식 : $y=a(x-p)^2+q$ ➔ x대신 $x-m$, y대신 $y-n$을 대입
   ➔ $y-n=a(x-m-p)^2+q$
   ➔ $y=a(x-m-p)^2+q+n$

▶학습 날짜 　월 　일 ▶걸린 시간 　분 / 목표 시간 5분

▌정답과 해설 51쪽

1 이차함수 $y=x^2-4x+3$의 그래프를 x축의 방향으로 1만큼, y축의 방향으로 2만큼 평행이동한 그래프의 식을 구하는 다음 과정을 완성하여라.

> $y=x^2-4x+3$을 $y=a(x-p)^2+q$의 꼴로 고치면
> $y=x^2-4x+3$
> $=(x^2-4x+\square-\square)+3$
> $=(x-\square)^2-\square$
> 따라서 이차함수 $y=x^2-4x+3$의 그래프를 x축의 방향으로 1만큼, y축의 방향으로 2만큼 평행이동한 그래프의 식은
> $y=(x-\square-\square)^2-\square+\square$
> $=(x-\square)^2+\square$

2 다음 이차함수의 식을 $y=a(x-p)^2+q$ 꼴로 고치고 그 그래프를 x축, y축의 방향으로 차례로 [ ] 안의 수만큼 평행이동한 그래프의 식을 구하여라.

(1) $y=-x^2+2x-1$ 　[2, 1]

(2) $y=2x^2-4x$ 　[−1, 1]

답

(3) $y=\frac{1}{2}x^2-x-\frac{3}{2}$ 　[−2, −3]

(4) $y=-3x^2+6x-3$ 　[3, −4]

풍쌤의 point

이차함수 $y=ax^2+bx+c$를 x축의 방향으로 m만큼, y축의 방향으로 n만큼 평행이동하려면 $y=ax^2+bx+c=a(x-p)^2+q$로 변형한 후
➔ $y=a(x-p)^2+q$에 x 대신 $x-m$, y 대신 $y-n$을 대입
➔ $y=a(x-m-p)^2+q+n$

13 이차함수 $y=ax^2+bx+c$의 그래프에서 a, b, c의 부호 정하기

핵심개념 이차함수 $y=ax^2+bx+c$의 그래프에서

1. a의 부호: 그래프의 모양에 따라 결정

(1) 아래로 볼록 ➔ $a>0$　　(2) 위로 볼록 ➔ $a<0$

2 b의 부호: 축의 위치로 결정

(1) 축이 y축의 왼쪽에 위치 ➔ a, b가 서로 같은 부호

(2) 축이 y축의 오른쪽에 위치 ➔ a, b가 서로 다른 부호

3 c의 부호: y축과의 교점의 위치로 결정

(1) y축과의 교점이 x축의 위쪽에 있으면 ➔ $c>0$

(2) y축과의 교점이 원점과 일치하면 ➔ $c=0$

(3) y축과의 교점이 x축의 아래쪽에 있으면 ➔ $c<0$

▶학습 날짜　　월　　일　▶걸린 시간　　분 / 목표 시간 15분

1 **이차함수 $y=ax^2+bx+c$의 그래프가 그림과 같을 때, 다음을 완성하여라.**

(1)

① 그래프가 아래로 볼록하므로 a ◯ 0

② 그래프의 축이 y축의 오른쪽에 있으므로 a와 b의 부호는 서로 (같다, 다르다).

즉, b ◯ 0

③ y축과의 교점이 x축의 아래쪽에 있으므로 c ◯ 0

(2)

① 그래프가 아래로 볼록하므로 a ◯ 0

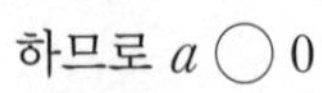

② 그래프의 축이 y축의 왼쪽에 있으므로 a와 b의 부호는 서로 (같다, 다르다).

즉, b ◯ 0

③ y축과의 교점이 x축의 위쪽에 있으므로 c ◯ 0

(3)

① 그래프가 위로 볼록하므로 a ◯ 0

② 그래프의 축이 y축의 왼쪽에 있으므로 a와 b의 부호는 서로 (같다, 다르다).

즉, b ◯ 0

③ y축과의 교점이 x축의 아래쪽에 있으므로 c ◯ 0

(4)

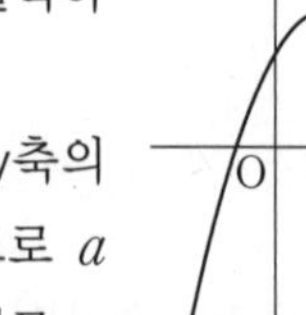

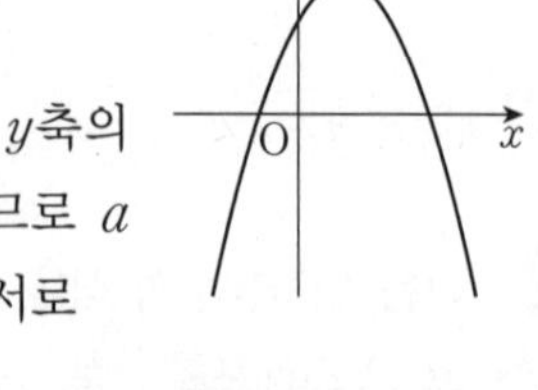

① 그래프가 위로 볼록하므로 a ◯ 0

② 그래프의 축이 y축의 오른쪽에 있으므로 a와 b의 부호는 서로 (같다, 다르다).

즉, b ◯ 0

③ y축과의 교점이 x축의 위쪽에 있으므로 c ◯ 0

2 이차함수 $y=ax^2+bx+c$의 그래프가 다음과 같을 때, 상수 a, b, c의 부호를 각각 정하여라.

(1)

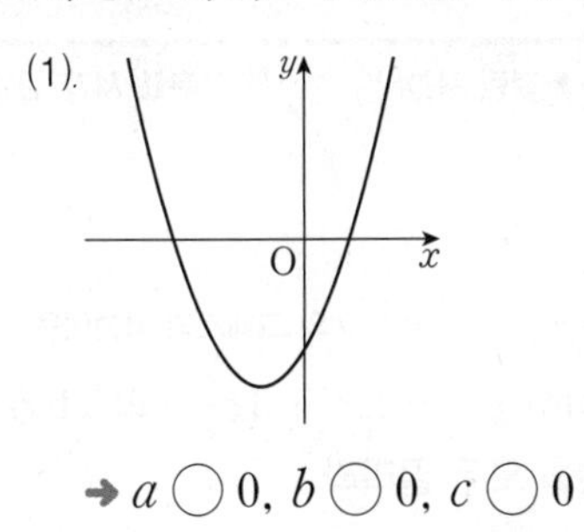

→ a ◯ 0, b ◯ 0, c ◯ 0

(2)

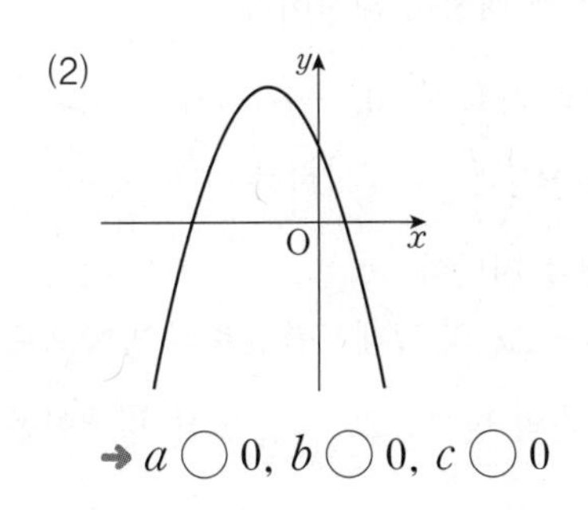

→ a ◯ 0, b ◯ 0, c ◯ 0

(3)

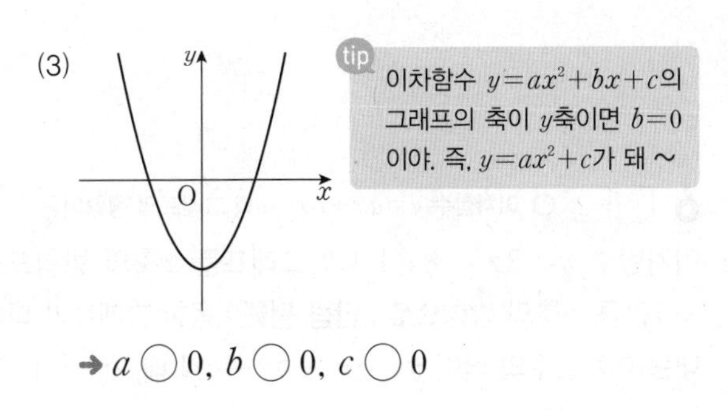

→ a ◯ 0, b ◯ 0, c ◯ 0

(4)

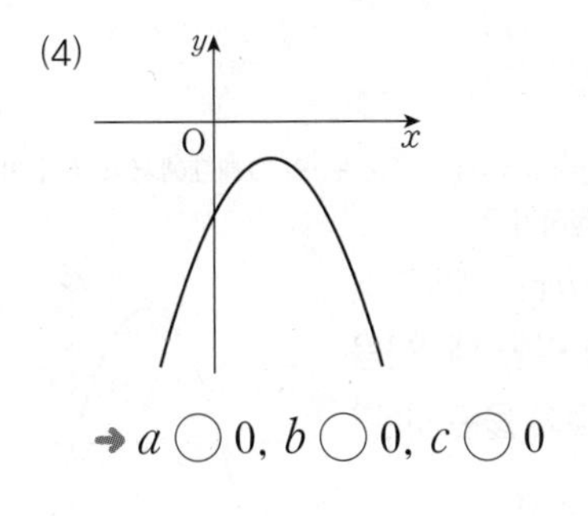

→ a ◯ 0, b ◯ 0, c ◯ 0

(5)

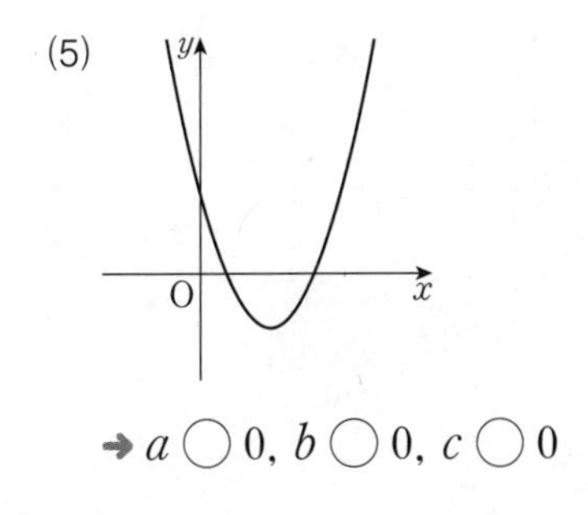

→ a ◯ 0, b ◯ 0, c ◯ 0

3 이차함수 $y=ax^2+bx+c$에서 상수 a, b, c의 부호가 다음과 같을 때, 이 함수의 그래프의 개형을 좌표평면 위에 그려라.

(1) $a>0$, $b<0$, $c<0$ →

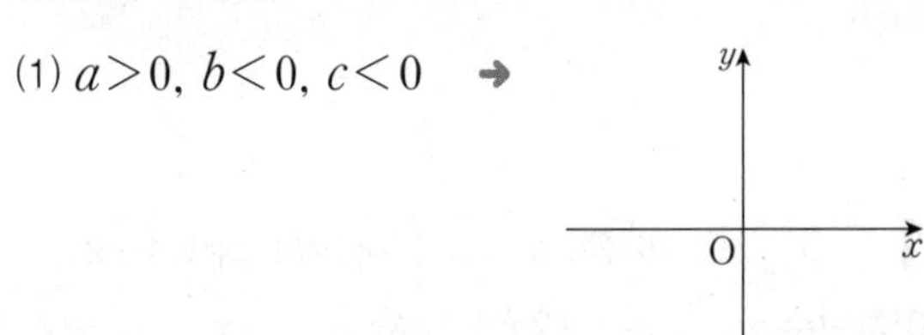

(2) $a<0$, $b>0$, $c>0$ →

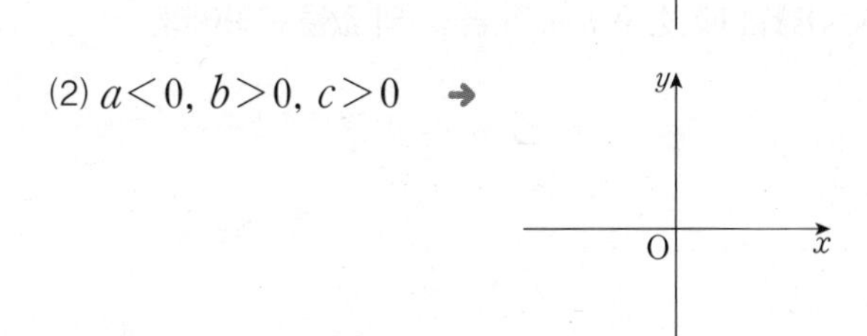

(3) $a>0$, $b>0$, $c=0$ →

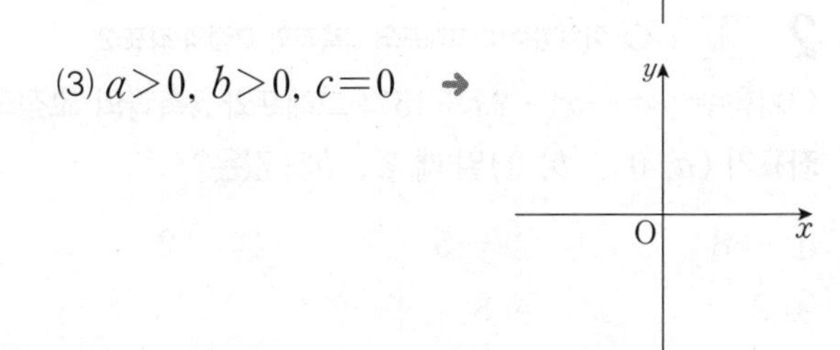

(4) $a<0$, $b=0$, $c>0$ →

풍쌤의 point

1. 그래프의 모양

$y=ax^2+bx+c$에서

(1) 아래로 볼록 → $a>0$

(2) 위로 볼록 → $a<0$

2. 축의 위치

$$y=ax^2+bx+c$$
$$=a\left(x+\frac{b}{2a}\right)^2-\frac{b^2-4ac}{4a}$$

이므로 축의 방정식은 $x=-\frac{b}{2a}$

(1) a, b가 같은 부호이면 $\frac{b}{a}>0$이므로 $-\frac{b}{2a}<0$

→ 축은 y축의 왼쪽에 위치

(2) a, b가 다른 부호이면 $\frac{b}{a}<0$이므로 $-\frac{b}{2a}>0$

→ 축은 y축의 오른쪽에 위치

09-13 · 스스로 점검 문제

맞힌 개수 개 / 7개

▶학습 날짜 월 일 ▶걸린 시간 분 / 목표 시간 20분

1 ○ 이차함수 $y=ax^2+bx+c$의 그래프 1~2

이차함수 $y=2x^2-12x+13$을 $y=2(x-p)^2+q$ 꼴로 나타낼 때, 상수 p, q의 곱 pq의 값을 구하여라.

2 ○ 이차함수의 그래프와 x축과의 교점의 좌표 2

이차함수 $y=-x^2-2x+15$의 그래프와 x축과의 교점의 좌표가 $(a, 0)$, $(b, 0)$일 때, $a+b$의 값은?

① -8 ② -5 ③ -2
④ 2 ⑤ 8

3 ○ 이차함수 $y=ax^2+bx+c$의 그래프의 성질 1~2

이차함수 $y=-4x^2-16x+k$의 그래프의 꼭짓점의 좌표가 $(m, 12)$일 때, mk의 값을 구하여라.

(단, k는 상수이다.)

4 ○ 이차함수 $y=ax^2+bx+c$의 그래프의 평행이동 2

이차함수 $y=3x^2$의 그래프를 x축의 방향으로 1만큼, y축의 방향으로 -2만큼 평행이동한 그래프의 식이 $y=ax^2+bx+c$일 때, 상수 a, b, c의 합 $a+b+c$의 값은?

① -4 ② -2 ③ -1
④ 2 ⑤ 4

5 ○ 이차함수 $y=ax^2+bx+c$의 그래프의 평행이동 1~2

다음 〈보기〉 중 이차함수 $y=-2x^2+6x-8$의 그래프에 대한 설명으로 옳은 것을 모두 골라라.

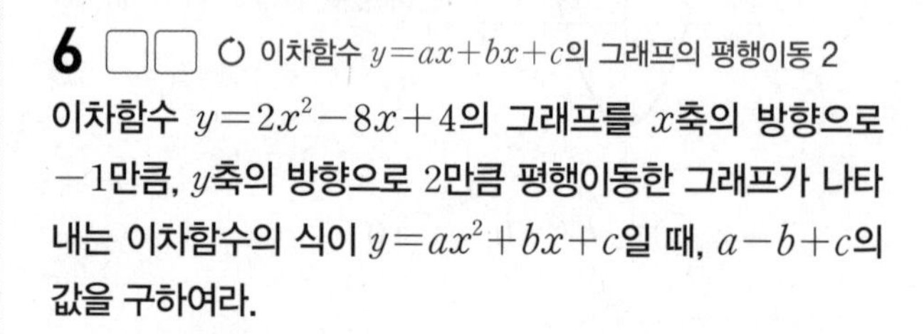

보기

ㄱ. 직선 $x=-\frac{3}{2}$에 대하여 대칭이다.
ㄴ. y축과의 교점의 좌표가 $(0, -8)$이다.
ㄷ. 꼭짓점의 좌표는 $\left(\frac{3}{2}, -\frac{7}{2}\right)$이다.
ㄹ. 제3, 4사분면을 지난다.
ㅁ. 이차함수 $y=-2x^2$의 그래프를 x축의 방향으로 $-\frac{3}{2}$만큼, y축의 방향으로 $-\frac{7}{2}$만큼 평행이동한 것이다.

6 ○ 이차함수 $y=ax+bx+c$의 그래프의 평행이동 2

이차함수 $y=2x^2-8x+4$의 그래프를 x축의 방향으로 -1만큼, y축의 방향으로 2만큼 평행이동한 그래프가 나타내는 이차함수의 식이 $y=ax^2+bx+c$일 때, $a-b+c$의 값을 구하여라.

7 ○ 이차함수 $y=ax^2+bx+c$의 그래프에서 a, b, c의 부호 정하기 2

이차함수 $y=ax^2+bx+c$의 그래프가 오른쪽 그림과 같을 때, 다음 중 상수 a, b, c의 부호가 옳은 것은?

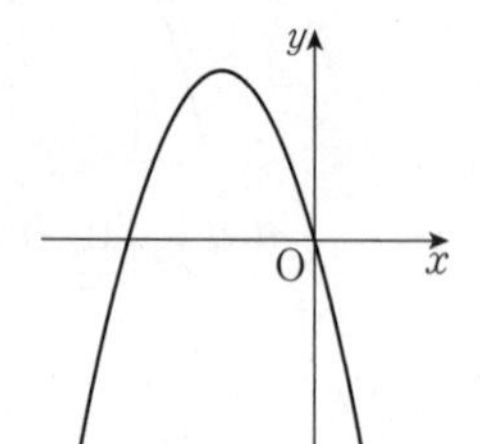

① $a>0$, $b<0$, $c=0$
② $a<0$, $b<0$, $c>0$
③ $a<0$, $b<0$, $c<0$
④ $a<0$, $b=0$, $c<0$
⑤ $a<0$, $b<0$, $c=0$

14 이차함수의 식 구하기(1)

핵심개념 **꼭짓점의 좌표 $(p,\ q)$와 다른 한 점의 좌표 $(m,\ n)$이 주어질 때, 이차함수의 식 구하기**

❶ 구하는 식을 $y=a(x-p)^2+q$로 놓는다.

❷ $x=m$, $y=n$을 $y=a(x-p)^2+q$에 대입하여 a의 값을 구한다.

▶학습 날짜 월 일 ▶걸린 시간 분 / 목표 시간 15분

정답과 해설 52~53쪽

1 꼭짓점의 좌표가 $(2,\ 2)$이고 점 $(4,\ -2)$를 지나는 이차함수의 그래프의 식을 구하는 다음 과정을 완성하여라.

> 이차함수의 그래프의 꼭짓점의 좌표가 $(2,\ 2)$이므로 구하는 식을
> $y=a(x-\square)^2+\square$
> 로 놓을 수 있다. 이 그래프가 점 $(4,\ -2)$를 지나므로
> $\square=a(4-\square)^2+\square$
> $4a=\square$
> $\therefore\ a=\square$
> 따라서 구하는 이차함수의 식은
> $y=-(x-\square)^2+\square$

2 꼭짓점의 좌표와 그래프가 지나는 다른 한 점의 좌표가 다음과 같은 이차함수의 식을 $y=a(x-p)^2+q$ 꼴로 나타내어라.

(1) 꼭짓점의 좌표: $(-1,\ 1)$
다른 한 점의 좌표: $(2,\ 10)$

답 ______

(2) 꼭짓점의 좌표: $\left(1,\ \frac{5}{2}\right)$
다른 한 점의 좌표 : $(0,\ 3)$

답 ______

(3) 꼭짓점의 좌표: $(1,\ -2)$
다른 한 점의 좌표: $(2,\ -6)$

답 ______

(4) 꼭짓점의 좌표: $(-2,\ -3)$
다른 한 점의 좌표: $(0,\ -7)$

답 ______

(5) 꼭짓점의 좌표: $(0,\ 1)$
다른 한 점의 좌표: $(2,\ -1)$

답 ______

(6) 꼭짓점의 좌표: $(4,\ 0)$
다른 한 점의 좌표: $(3,\ 2)$

답 ______

(7) 꼭짓점의 좌표: $(-1,\ 5)$
다른 한 점의 좌표: $(-3,\ -3)$

답 ______

(8) 꼭짓점의 좌표: $(-3,\ -15)$
다른 한 점의 좌표: $(-2,\ -10)$

답 ______

3 다음 그림과 같은 포물선을 그래프로 하는 이차함수의 식을 $y=a(x-p)^2+q$ 꼴로 나타내어라.

(1)

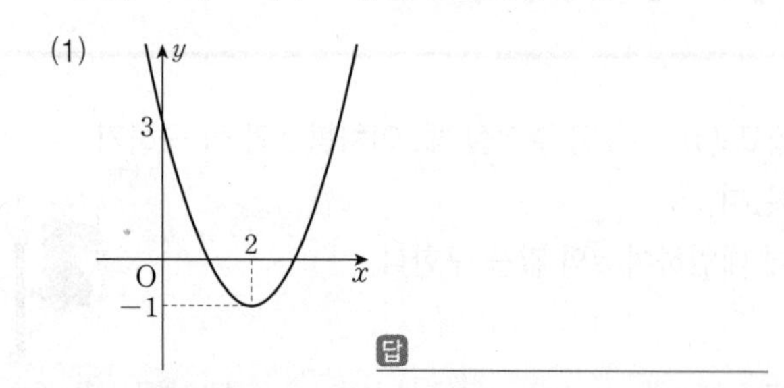

답

(2)

답

(3)

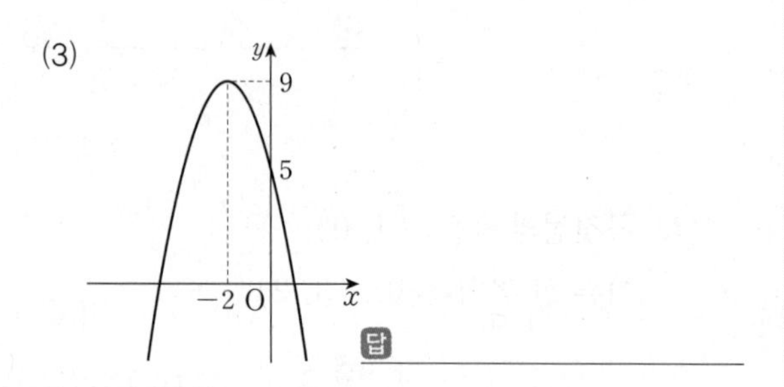

답

(4)

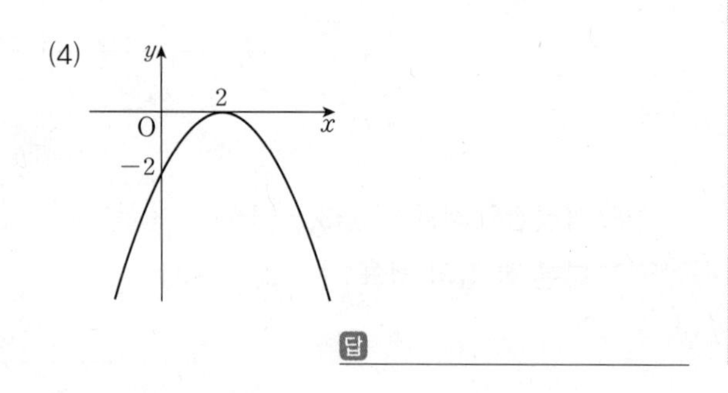

답

4 다음 그림과 같은 포물선을 그래프로 하는 이차함수의 식을 $y=ax^2+bx+c$ 꼴로 나타내어라.

(1)

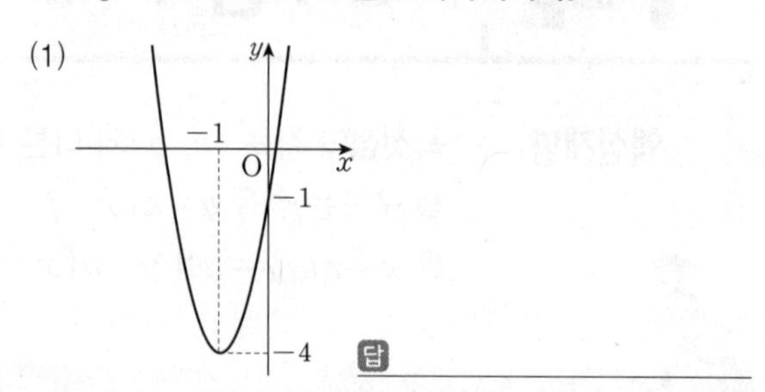

답

(2)

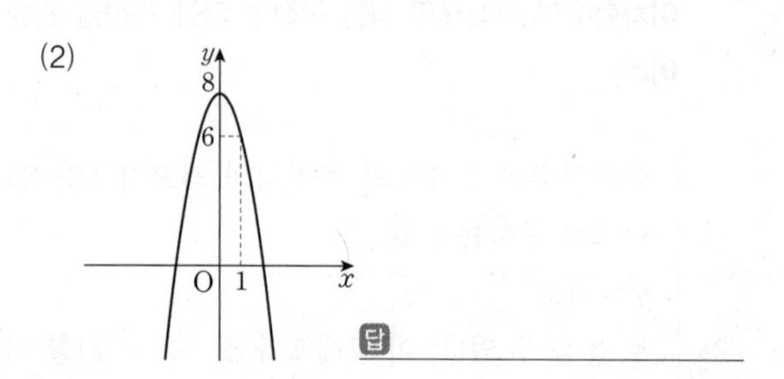

답

(3)

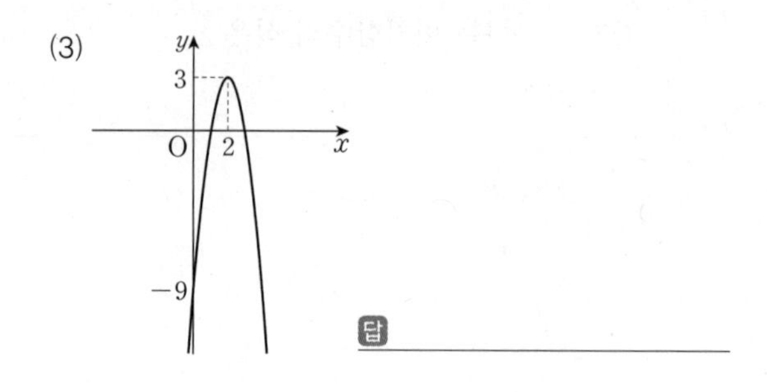

답

풍쌤의 point

❶ 이차함수의 꼭짓점이 $(p,\ q)$이다.
→ $y=a(x-p)^2+q$

❷ 이차함수가 점 $(m,\ n)$을 지나면 이차함수의 식에 $x=m$, $y=n$을 대입하여 이차함수의 식을 구한다.

15 이차함수의 식 구하기(2)

핵심개념 축의 방정식 $x=p$와 서로 다른 두 점의 좌표가 주어질 때, 이차함수의 식 구하기

❶ 구하는 식을 $y=a(x-p)^2+q$로 놓는다.

❷ 서로 다른 두 점의 좌표를 $y=a(x-p)^2+q$에 대입하여 a, q의 값을 각각 구한다.

▶학습 날짜 월 일 ▶걸린 시간 분 / 목표 시간 10분

정답과 해설 53~54쪽

1 축의 방정식이 $x=3$이고 두 점 $(0, 11)$, $(4, -5)$를 지나는 이차함수의 그래프의 식을 구하는 다음 과정을 완성하여라.

> 이차함수의 그래프의 축의 방정식이 $x=3$이므로 구하는 식을 $y=a(x-\square)^2+q$로 놓을 수 있다.
> 이 그래프가 점 $(0, 11)$을 지나므로
> $\square=a(0-\square)^2+q$ ······ ㉠
> 점 $(4, -5)$를 지나므로
> $\square=a(4-\square)^2+q$ ······ ㉡
> ㉠, ㉡을 연립하여 풀면 $a=\square$, $q=\square$
> 따라서 구하는 이차함수의 식은
> $y=\square(x-\square)^2-\square$

2 축의 방정식과 그래프가 지나는 두 점의 좌표가 다음과 같은 이차함수의 식을 $y=a(x-p)^2+q$ 꼴로 나타내어라.

(1) 축의 방정식: $x=-1$
두 점의 좌표: $(0, 6)$, $(2, -2)$

답 ____________

(2) 축의 방정식: $x=1$
두 점의 좌표: $(2, 3)$, $(4, 7)$

답 ____________

(3) 축의 방정식: $x=0$
두 점의 좌표: $(1, 3)$, $(2, -6)$

답 ____________

(4) 축의 방정식: $x=2$
두 점의 좌표: $(1, 2)$, $(4, 8)$

답 ____________

(5) 축의 방정식: $x=-2$
두 점의 좌표: $(0, 0)$, $(1, 5)$

답 ____________

풍쌤의 point

❶ 이차함수의 축의 방정식이 $x=p$이다.
→ $y=a(x-p)^2+q$

❷ 이차함수가 지나는 두 점을 대입하여 두 식을 구한다.

❸ ❷에서 구한 두 식을 연립하여 이차함수의 식을 구한다.

16 이차함수의 식 구하기(3)

핵심개념 **서로 다른 세 점의 좌표가 주어질 때, 이차함수의 식 구하기**

❶ 구하는 식을 $y=ax^2+bx+c$로 놓는다.

❷ 세 점의 좌표를 $y=ax^2+bx+c$에 대입하여 a, b, c의 값을 각각 구한다.

참고 서로 다른 세 점 중 두 점이 x축과의 교점 $(\alpha,\ 0)$, $(\beta,\ 0)$일 때, 이차함수의 식을 $y=a(x-\alpha)(x-\beta)$로 놓고 다른 한 점의 좌표를 대입하여 a의 값을 구한다.

▶학습 날짜 월 일 ▶걸린 시간 분 / 목표 시간 15분

1 서로 다른 세 점 $(0, 8)$, $(1, 3)$, $(4, 0)$을 지나는 이차함수의 그래프의 식을 구하는 다음 과정을 완성하여라.

> 이차함수의 식을 $y=ax^2+bx+c$로 놓으면
> 이 그래프가 점 $(0,\ 8)$을 지나므로
> $\square=c$ …… ㉠
> 점 $(1,\ 3)$을 지나므로
> $\square=a+b+c$ …… ㉡
> 점 $(4,\ 0)$을 지나므로
> $\square=16a+4b+c$ …… ㉢
> ㉠, ㉡, ㉢을 연립하여 풀면
> $a=\square$, $b=\square$, $c=\square$
> 따라서 구하는 이차함수의 식은
> $y=\square$

2 그래프가 지나는 세 점의 좌표가 다음과 같은 이차함수의 식을 $y=ax^2+bx+c$ 꼴로 나타내어라.

(1) $(0,\ 3)$, $(1,\ -2)$, $(2,\ -5)$

답

(2) $(0,\ 2)$, $(1,\ -2)$, $(2,\ -8)$

답

(3) $(0,\ 1)$, $(1,\ -1)$, $(2,\ 1)$

답

(4) $(0,\ -8)$, $(2,\ 4)$, $(3,\ 1)$

답

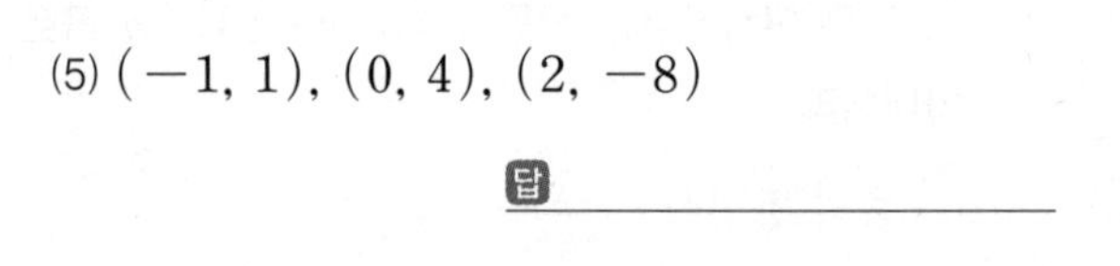

(5) $(-1,\ 1)$, $(0,\ 4)$, $(2,\ -8)$

답

(6) $(-3,\ 1)$, $(-2,\ 4)$, $(0,\ 16)$

답

3 서로 다른 세 점 $(2, 0)$, $(3, 0)$, $(0, 6)$을 지나는 이차함수의 그래프의 식을 구하는 다음 과정을 완성하여라.

> x축과 두 점 $(2, 0)$, $(3, 0)$에서 만나므로 이차함수의 식을 $y=a(x-\square)(x-\square)$으로 놓을 수 있다.
> 이 그래프가 점 $(0, 6)$을 지나므로
> $\square=6a \quad \therefore a=\square$
> 따라서 구하는 이차함수의 식은
> $\square$

tip 서로 다른 세 점을 지나니까 이차함수의 식을 $y=ax^2+bx+c$로 놓고 지나는 점의 좌표를 대입해서 풀어도 돼. 그런데 x축과의 교점이 주어졌을 때에는 x축과의 교점을 이용해서 식을 세우는 게 더 간단해.

4 그래프가 지나는 세 점의 좌표가 다음과 같은 이차함수의 식을 $y=ax^2+bx+c$ 꼴로 나타내어라.

(1) $(2, 0)$, $(5, 0)$, $(0, 10)$

답 ________

(2) $(-7, 0)$, $(-1, 0)$, $(-6, 10)$

답 ________

(3) $(-2, 0)$, $(1, 0)$, $(0, 2)$

답 ________

(4) $(-2, 0)$, $(0, 0)$, $(1, 6)$

답 ________

(5) $(-1, 0)$, $(4, 0)$, $(0, 8)$

답 ________

(6) $(-1, 0)$, $(3, 0)$, $(0, 2)$

답 ________

5 다음 그림과 같은 포물선을 그래프로 하는 이차함수의 식을 $y=ax^2+bx+c$ 꼴로 나타내어라.

(1)

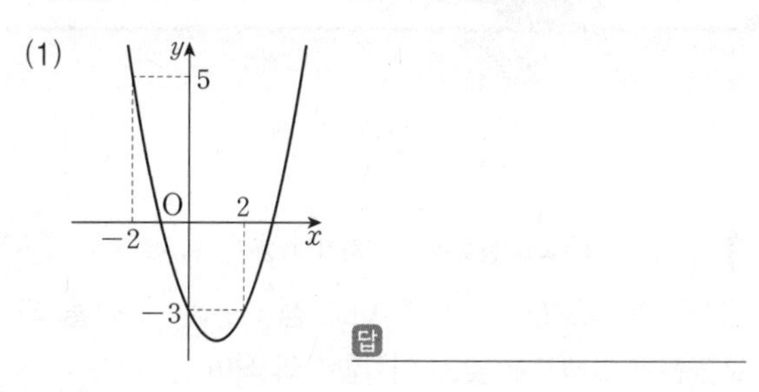

답 ________

(2)

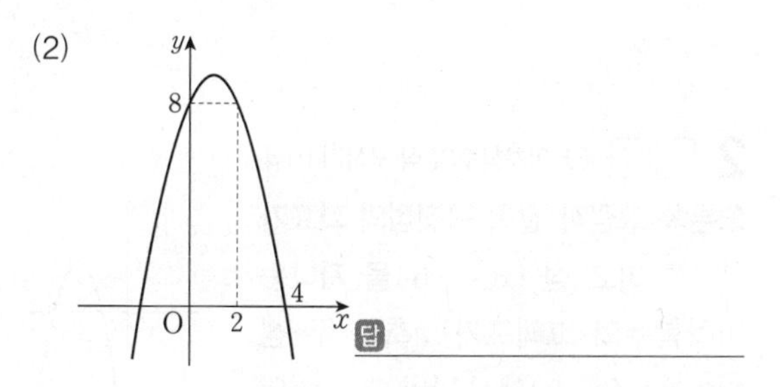

답 ________

(3)

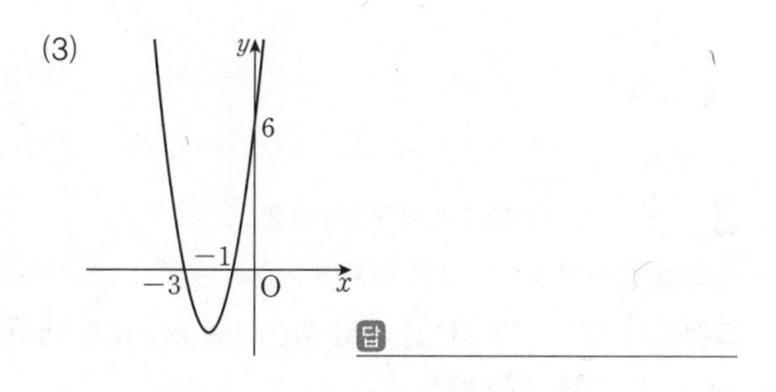

답 ________

풍쌤의 point

이차함수를 $y=ax^2+bx+c$로 놓고 지나는 세 점을 대입하여 a, b, c의 값을 각각 구하고 이차함수의 식을 구한다.
이때 이차함수와 x축과의 두 교점 $(\alpha, 0)$, $(\beta, 0)$ 주어졌을 때는 $y=a(x-\alpha)(x-\beta)$로 놓고 이차함수의 식을 구한다.

▌정답과 해설 55~56쪽

14-16 · 스스로 점검 문제

맞힌 개수 개 / 8개

▶학습 날짜 월 일 ▶걸린 시간 분 / 목표 시간 20분

1 □□ ○ 이차함수의 식 구하기 (1) 2

꼭짓점의 좌표가 $(-1, 4)$이고 점 $(-3, -8)$을 지나는 포물선을 그래프로 갖는 이차함수의 식이 $y=ax^2+bx+c$일 때, 상수 a, b, c의 합 $a+b+c$의 값을 구하여라.

2 □□ ○ 이차함수의 식 구하기 (1) 4

오른쪽 그림과 같이 꼭짓점의 좌표가 $(2, 2)$이고 점 $(0, -6)$을 지나는 이차함수의 그래프가 x축과 두 점 $(m, 0)$, $(n, 0)$에서 만날 때, mn의 값은?

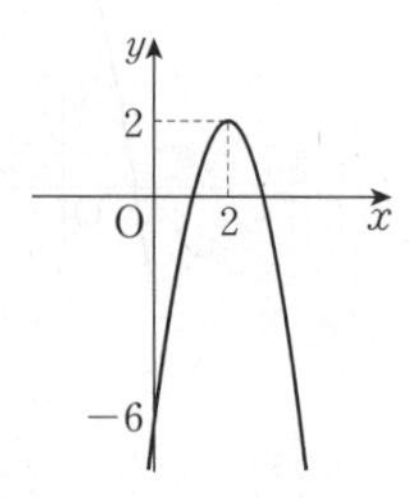

① 1 ② 2 ③ 3
④ 4 ⑤ 5

3 □□ ○ 이차함수의 식 구하기 (2) 2

축의 방정식이 $x=-4$인 이차함수 $y=-x^2+mx+n$의 그래프가 점 $(-2, 3)$을 지날 때, 상수 m, n에 대하여 $m-n$의 값을 구하여라.

4 □□ ○ 이차함수의 식 구하기 (2) 2

축의 방정식이 $x=-1$이고, 평행이동하여 $y=3x^2$의 그래프에 포갤 수 있으며 점 $(0, 1)$을 지나는 포물선의 방정식이 $y=ax^2+bx+c$일 때, 상수 a, b, c에 대하여 $a+b+c$의 값을 구하여라.

5 □□ ○ 이차함수의 식 구하기 (3) 2

세 점 $(-1, 3)$, $(0, 2)$, $(3, 5)$를 지나는 포물선을 그래프로 갖는 이차함수의 식이 $y=ax^2+bx+c$일 때, 상수 a, b, c에 대하여 $a-b-c$의 값은?

① -2 ② -1 ③ 1
④ 2 ⑤ 3

6 □□ ○ 이차함수의 식 구하기 (3) 4

x축과 두 점 $(-3, 0)$, $(3, 0)$에서 만나고 점 $(2, 5)$를 지나는 이차함수의 그래프와 y축과의 교점의 좌표는?

① $(0, 9)$ ② $(0, 6)$ ③ $(0, 3)$
④ $(0, -3)$ ⑤ $(0, -9)$

7 □□ ○ 이차함수의 식 구하기 (3) 5

오른쪽 그림과 같은 포물선을 그래프로 갖는 이차함수의 식을 $y=ax^2+bx+c$의 꼴로 나타내어라.

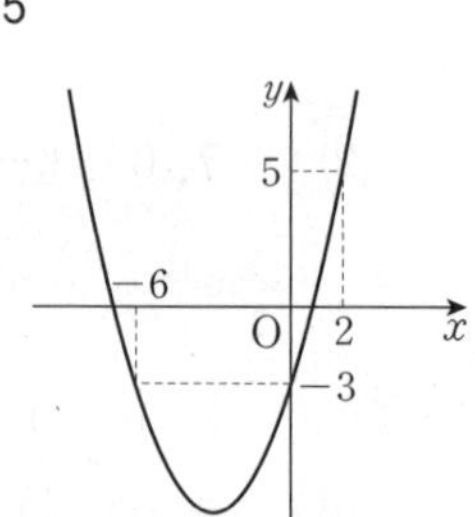

8 □□ ○ 이차함수의 식 구하기 (3) 5

이차함수 $y=ax^2+bx+c$의 그래프가 오른쪽 그림과 같을 때, 상수 a, b, c의 합 $a+b+c$의 값을 구하여라.

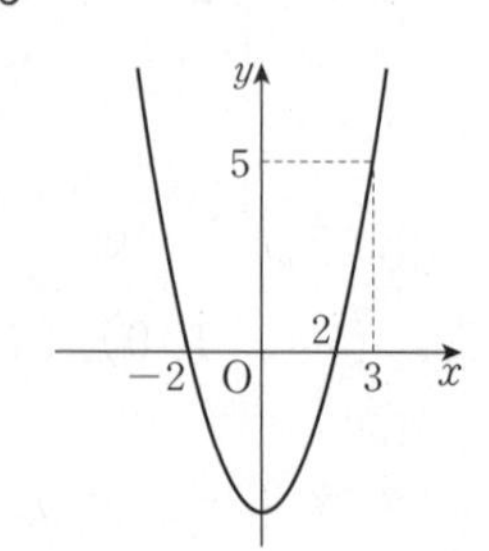

제곱근표 1

수	0	1	2	3	4	5	6	7	8	9
1.0	1.000	1.005	1.010	1.015	1.020	1.025	1.030	1.034	1.039	1.044
1.1	1.049	1.054	1.058	1.063	1.068	1.072	1.077	1.082	1.086	1.091
1.2	1.095	1.100	1.105	1.109	1.114	1.118	1.122	1.127	1.131	1.136
1.3	1.140	1.145	1.149	1.153	1.158	1.162	1.166	1.170	1.175	1.179
1.4	1.183	1.187	1.192	1.196	1.200	1.204	1.208	1.212	1.217	1.221
1.5	1.225	1.229	1.233	1.237	1.241	1.245	1.249	1.253	1.257	1.261
1.6	1.265	1.269	1.273	1.277	1.281	1.285	1.288	1.292	1.296	1.300
1.7	1.304	1.308	1.311	1.315	1.319	1.323	1.327	1.330	1.334	1.338
1.8	1.342	1.345	1.349	1.353	1.356	1.360	1.364	1.367	1.371	1.375
1.9	1.378	1.382	1.386	1.389	1.393	1.396	1.400	1.404	1.407	1.411
2.0	1.414	1.418	1.421	1.425	1.428	1.432	1.435	1.439	1.442	1.446
2.1	1.449	1.453	1.456	1.459	1.463	1.466	1.470	1.473	1.476	1.480
2.2	1.483	1.487	1.490	1.493	1.497	1.500	1.503	1.507	1.510	1.513
2.3	1.517	1.520	1.523	1.526	1.530	1.533	1.536	1.539	1.543	1.546
2.4	1.549	1.552	1.556	1.559	1.562	1.565	1.568	1.572	1.575	1.578
2.5	1.581	1.584	1.587	1.591	1.594	1.597	1.600	1.603	1.606	1.609
2.6	1.612	1.616	1.619	1.622	1.625	1.628	1.631	1.634	1.637	1.640
2.7	1.643	1.646	1.649	1.652	1.655	1.658	1.661	1.664	1.667	1.670
2.8	1.673	1.676	1.679	1.682	1.685	1.688	1.691	1.694	1.697	1.700
2.9	1.703	1.706	1.709	1.712	1.715	1.718	1.720	1.723	1.726	1.729
3.0	1.732	1.735	1.738	1.741	1.744	1.746	1.749	1.752	1.755	1.758
3.1	1.761	1.764	1.766	1.769	1.772	1.775	1.778	1.780	1.783	1.786
3.2	1.789	1.792	1.794	1.797	1.800	1.803	1.806	1.808	1.811	1.814
3.3	1.817	1.819	1.822	1.825	1.828	1.830	1.833	1.836	1.838	1.841
3.4	1.844	1.847	1.849	1.852	1.855	1.857	1.860	1.863	1.865	1.868
3.5	1.871	1.873	1.876	1.879	1.881	1.884	1.887	1.889	1.892	1.895
3.6	1.897	1.900	1.903	1.905	1.908	1.910	1.913	1.916	1.918	1.921
3.7	1.924	1.926	1.929	1.931	1.934	1.936	1.939	1.942	1.944	1.947
3.8	1.949	1.952	1.954	1.957	1.960	1.962	1.965	1.967	1.970	1.972
3.9	1.975	1.977	1.980	1.982	1.985	1.987	1.990	1.992	1.995	1.997
4.0	2.000	2.002	2.005	2.007	2.010	2.012	2.015	2.017	2.020	2.022
4.1	2.025	2.027	2.030	2.032	2.035	2.037	2.040	2.042	2.045	2.047
4.2	2.049	2.052	2.054	2.057	2.059	2.062	2.064	2.066	2.069	2.071
4.3	2.074	2.076	2.078	2.081	2.083	2.086	2.088	2.090	2.093	2.095
4.4	2.098	2.100	2.102	2.105	2.107	2.110	2.112	2.114	2.117	2.119
4.5	2.121	2.124	2.126	2.128	2.131	2.133	2.135	2.138	2.140	2.142
4.6	2.145	2.147	2.149	2.152	2.154	2.156	2.159	2.161	2.163	2.166
4.7	2.168	2.170	2.173	2.175	2.177	2.179	2.182	2.184	2.186	2.189
4.8	2.191	2.193	2.195	2.198	2.200	2.202	2.205	2.207	2.209	2.211
4.9	2.214	2.216	2.218	2.220	2.223	2.225	2.227	2.229	2.232	2.234
5.0	2.236	2.238	2.241	2.243	2.245	2.247	2.249	2.252	2.254	2.256
5.1	2.258	2.261	2.263	2.265	2.267	2.269	2.272	2.274	2.276	2.278
5.2	2.280	2.283	2.285	2.287	2.289	2.291	2.293	2.296	2.298	2.300
5.3	2.302	2.304	2.307	2.309	2.311	2.313	2.315	2.317	2.319	2.322
5.4	2.324	2.326	2.328	2.330	2.332	2.335	2.337	2.339	2.341	2.343

수	0	1	2	3	4	5	6	7	8	9
5.5	2.345	2.347	2.349	2.352	2.354	2.356	2.358	2.360	2.362	2.364
5.6	2.366	2.369	2.371	2.373	2.375	2.377	2.379	2.381	2.383	2.385
5.7	2.387	2.390	2.392	2.394	2.396	2.398	2.400	2.402	2.404	2.406
5.8	2.408	2.410	2.412	2.415	2.417	2.419	2.421	2.423	2.425	2.427
5.9	2.429	2.431	2.433	2.435	2.437	2.439	2.441	2.443	2.445	2.447
6.0	2.449	2.452	2.454	2.456	2.458	2.460	2.462	2.464	2.466	2.468
6.1	2.470	2.472	2.474	2.476	2.478	2.480	2.482	2.484	2.486	2.488
6.2	2.490	2.492	2.494	2.496	2.498	2.500	2.502	2.504	2.506	2.508
6.3	2.510	2.512	2.514	2.516	2.518	2.520	2.522	2.524	2.526	2.528
6.4	2.530	2.532	2.534	2.536	2.538	2.540	2.542	2.544	2.546	2.548
6.5	2.550	2.551	2.553	2.555	2.557	2.559	2.561	2.563	2.565	2.567
6.6	2.569	2.571	2.573	2.575	2.577	2.579	2.581	2.583	2.585	2.587
6.7	2.588	2.590	2.592	2.594	2.596	2.598	2.600	2.602	2.604	2.606
6.8	2.608	2.610	2.612	2.613	2.615	2.617	2.619	2.621	2.623	2.625
6.9	2.627	2.629	2.631	2.632	2.634	2.636	2.638	2.640	2.642	2.644
7.0	2.646	2.648	2.650	2.651	2.653	2.655	2.657	2.659	2.661	2.663
7.1	2.665	2.666	2.668	2.670	2.672	2.674	2.676	2.678	2.680	2.681
7.2	2.683	2.685	2.687	2.689	2.691	2.693	2.694	2.696	2.698	2.700
7.3	2.702	2.704	2.706	2.707	2.709	2.711	2.713	2.715	2.717	2.718
7.4	2.720	2.722	2.724	2.726	2.728	2.729	2.731	2.733	2.735	2.737
7.5	2.739	2.740	2.742	2.744	2.746	2.748	2.750	2.751	2.753	2.755
7.6	2.757	2.759	2.760	2.762	2.764	2.766	2.768	2.769	2.771	2.773
7.7	2.775	2.777	2.778	2.780	2.782	2.784	2.786	2.787	2.789	2.791
7.8	2.793	2.795	2.796	2.798	2.800	2.802	2.804	2.805	2.807	2.809
7.9	2.811	2.812	2.814	2.816	2.818	2.820	2.821	2.823	2.825	2.827
8.0	2.828	2.830	2.832	2.834	2.835	2.837	2.839	2.841	2.843	2.844
8.1	2.846	2.848	2.850	2.851	2.853	2.855	2.857	2.858	2.860	2.862
8.2	2.864	2.865	2.867	2.869	2.871	2.872	2.874	2.876	2.877	2.879
8.3	2.881	2.883	2.884	2.886	2.888	2.890	2.891	2.893	2.895	2.897
8.4	2.898	2.900	2.902	2.903	2.905	2.907	2.909	2.910	2.912	2.914
8.5	2.915	2.917	2.919	2.921	2.922	2.924	2.926	2.927	2.929	2.931
8.6	2.933	2.934	2.936	2.938	2.939	2.941	2.943	2.944	2.946	2.948
8.7	2.950	2.951	2.953	2.955	2.956	2.958	2.960	2.961	2.963	2.965
8.8	2.966	2.968	2.970	2.972	2.973	2.975	2.977	2.978	2.980	2.982
8.9	2.983	2.985	2.987	2.988	2.990	2.992	2.993	2.995	2.997	2.998
9.0	3.000	3.002	3.003	3.005	3.007	3.008	3.010	3.012	3.013	3.015
9.1	3.017	3.018	3.020	3.022	3.023	3.025	3.027	3.028	3.030	3.032
9.2	3.033	3.035	3.036	3.038	3.040	3.041	3.043	3.045	3.046	3.048
9.3	3.050	3.051	3.053	3.055	3.056	3.058	3.059	3.061	3.063	3.064
9.4	3.066	3.068	3.069	3.071	3.072	3.074	3.076	3.077	3.079	3.081
9.5	3.082	3.084	3.085	3.087	3.089	3.090	3.092	3.094	3.095	3.097
9.6	3.098	3.100	3.102	3.103	3.105	3.106	3.108	3.110	3.111	3.113
9.7	3.114	3.116	3.118	3.119	3.121	3.122	3.124	3.126	3.127	3.129
9.8	3.130	3.132	3.134	3.135	3.137	3.138	3.140	3.142	3.143	3.145
9.9	3.146	3.148	3.150	3.151	3.153	3.154	3.156	3.158	3.159	3.161

제곱근표

3

수	0	1	2	3	4	5	6	7	8	9
10	3.162	3.178	3.194	3.209	3.225	3.240	3.256	3.271	3.286	3.302
11	3.317	3.332	3.347	3.362	3.376	3.391	3.406	3.421	3.435	3.450
12	3.464	3.479	3.493	3.507	3.521	3.536	3.550	3.564	3.578	3.592
13	3.606	3.619	3.633	3.647	3.661	3.674	3.688	3.701	3.715	3.728
14	3.742	3.755	3.768	3.782	3.795	3.808	3.821	3.834	3.847	3.860
15	3.873	3.886	3.899	3.912	3.924	3.937	3.950	3.962	3.975	3.987
16	4.000	4.012	4.025	4.037	4.050	4.062	4.074	4.087	4.099	4.111
17	4.123	4.135	4.147	4.159	4.171	4.183	4.195	4.207	4.219	4.231
18	4.243	4.254	4.266	4.278	4.290	4.301	4.313	4.324	4.336	4.347
19	4.359	4.370	4.382	4.393	4.405	4.416	4.427	4.438	4.450	4.461
20	4.472	4.483	4.494	4.506	4.517	4.528	4.539	4.550	4.561	4.572
21	4.583	4.593	4.604	4.615	4.626	4.637	4.648	4.658	4.669	4.680
22	4.690	4.701	4.712	4.722	4.733	4.743	4.754	4.764	4.775	4.785
23	4.796	4.806	4.817	4.827	4.837	4.848	4.858	4.868	4.879	4.889
24	4.899	4.909	4.919	4.930	4.940	4.950	4.960	4.970	4.980	4.990
25	5.000	5.010	5.020	5.030	5.040	5.050	5.060	5.070	5.079	5.089
26	5.099	5.109	5.119	5.128	5.138	5.148	5.158	5.167	5.177	5.187
27	5.196	5.206	5.215	5.225	5.235	5.244	5.254	5.263	5.273	5.282
28	5.292	5.301	5.310	5.320	5.329	5.339	5.348	5.357	5.367	5.376
29	5.385	5.394	5.404	5.413	5.422	5.431	5.441	5.450	5.459	5.468
30	5.477	5.486	5.495	5.505	5.514	5.523	5.532	5.541	5.550	5.559
31	5.568	5.577	5.586	5.595	5.604	5.612	5.621	5.630	5.639	5.648
32	5.657	5.666	5.675	5.683	5.692	5.701	5.710	5.718	5.727	5.736
33	5.745	5.753	5.762	5.771	5.779	5.788	5.797	5.805	5.814	5.822
34	5.831	5.840	5.848	5.857	5.865	5.874	5.882	5.891	5.899	5.908
35	5.916	5.925	5.933	5.941	5.950	5.958	5.967	5.975	5.983	5.992
36	6.000	6.008	6.017	6.025	6.033	6.042	6.050	6.058	6.066	6.075
37	6.083	6.091	6.099	6.107	6.116	6.124	6.132	6.140	6.148	6.156
38	6.164	6.173	6.181	6.189	6.197	6.205	6.213	6.221	6.229	6.237
39	6.245	6.253	6.261	6.269	6.277	6.285	6.293	6.301	6.309	6.317
40	6.325	6.332	6.340	6.348	6.356	6.364	6.372	6.380	6.387	6.395
41	6.403	6.411	6.419	6.427	6.434	6.442	6.450	6.458	6.465	6.473
42	6.481	6.488	6.496	6.504	6.512	6.519	6.527	6.535	6.542	6.550
43	6.557	6.565	6.573	6.580	6.588	6.595	6.603	6.611	6.618	6.626
44	6.633	6.641	6.648	6.656	6.663	6.671	6.678	6.686	6.693	6.701
45	6.708	6.716	6.723	6.731	6.738	6.745	6.753	6.760	6.768	6.775
46	6.782	6.790	6.797	6.804	6.812	6.819	6.826	6.834	6.841	6.848
47	6.856	6.863	6.870	6.877	6.885	6.892	6.899	6.907	6.914	6.921
48	6.928	6.935	6.943	6.950	6.957	6.964	6.971	6.979	6.986	6.993
49	7.000	7.007	7.014	7.021	7.029	7.036	7.043	7.050	7.057	7.064
50	7.071	7.078	7.085	7.092	7.099	7.106	7.113	7.120	7.127	7.134
51	7.141	7.148	7.155	7.162	7.169	7.176	7.183	7.190	7.197	7.204
52	7.211	7.218	7.225	7.232	7.239	7.246	7.253	7.259	7.266	7.273
53	7.280	7.287	7.294	7.301	7.308	7.314	7.321	7.328	7.335	7.342
54	7.348	7.355	7.362	7.369	7.376	7.382	7.389	7.396	7.403	7.409

제곱근표

4

수	0	1	2	3	4	5	6	7	8	9
55	7.416	7.423	7.430	7.436	7.443	7.450	7.457	7.463	7.470	7.477
56	7.483	7.490	7.497	7.503	7.510	7.517	7.523	7.530	7.537	7.543
57	7.550	7.556	7.563	7.570	7.576	7.583	7.589	7.596	7.603	7.609
58	7.616	7.622	7.629	7.635	7.642	7.649	7.655	7.662	7.668	7.675
59	7.681	7.688	7.694	7.701	7.707	7.714	7.720	7.727	7.733	7.740
60	7.746	7.752	7.759	7.765	7.772	7.778	7.785	7.791	7.797	7.804
61	7.810	7.817	7.823	7.829	7.836	7.842	7.849	7.855	7.861	7.868
62	7.874	7.880	7.887	7.893	7.899	7.906	7.912	7.918	7.925	7.931
63	7.937	7.944	7.950	7.956	7.962	7.969	7.975	7.981	7.987	7.994
64	8.000	8.006	8.012	8.019	8.025	8.031	8.037	8.044	8.050	8.056
65	8.062	8.068	8.075	8.081	8.087	8.093	8.099	8.106	8.112	8.118
66	8.124	8.130	8.136	8.142	8.149	8.155	8.161	8.167	8.173	8.179
67	8.185	8.191	8.198	8.204	8.210	8.216	8.222	8.228	8.234	8.240
68	8.246	8.252	8.258	8.264	8.270	8.276	8.283	8.289	8.295	8.301
69	8.307	8.313	8.319	8.325	8.331	8.337	8.343	8.349	8.355	8.361
70	8.367	8.373	8.379	8.385	8.390	8.396	8.402	8.408	8.414	8.420
71	8.426	8.432	8.438	8.444	8.450	8.456	8.462	8.468	8.473	8.479
72	8.485	8.491	8.497	8.503	8.509	8.515	8.521	8.526	8.532	8.538
73	8.544	8.550	8.556	8.562	8.567	8.573	8.579	8.585	8.591	8.597
74	8.602	8.608	8.614	8.620	8.626	8.631	8.637	8.643	8.649	8.654
75	8.660	8.666	8.672	8.678	8.683	8.689	8.695	8.701	8.706	8.712
76	8.718	8.724	8.729	8.735	8.741	8.746	8.752	8.758	8.764	8.769
77	8.775	8.781	8.786	8.792	8.798	8.803	8.809	8.815	8.820	8.826
78	8.832	8.837	8.843	8.849	8.854	8.860	8.866	8.871	8.877	8.883
79	8.888	8.894	8.899	8.905	8.911	8.916	8.922	8.927	8.933	8.939
80	8.944	8.950	8.955	8.961	8.967	8.972	8.978	8.983	8.989	8.994
81	9.000	9.006	9.011	9.017	9.022	9.028	9.033	9.039	9.044	9.050
82	9.055	9.061	9.066	9.072	9.077	9.083	9.088	9.094	9.099	9.105
83	9.110	9.116	9.121	9.127	9.132	9.138	9.143	9.149	9.154	9.160
84	9.165	9.171	9.176	9.182	9.187	9.192	9.198	9.203	9.209	9.214
85	9.220	9.225	9.230	9.236	9.241	9.247	9.252	9.257	9.263	9.268
86	9.274	9.279	9.284	9.290	9.295	9.301	9.306	9.311	9.317	9.322
87	9.327	9.333	9.338	9.343	9.349	9.354	9.359	9.365	9.370	9.375
88	9.381	9.386	9.391	9.397	9.402	9.407	9.413	9.418	9.423	9.429
89	9.434	9.439	9.445	9.450	9.455	9.460	9.466	9.471	9.476	9.482
90	9.487	9.492	9.497	9.503	9.508	9.513	9.518	9.524	9.529	9.534
91	9.539	9.545	9.550	9.555	9.560	9.566	9.571	9.576	9.581	9.586
92	9.592	9.597	9.602	9.607	9.612	9.618	9.623	9.628	9.633	9.638
93	9.644	9.649	9.654	9.659	9.664	9.670	9.675	9.680	9.685	9.690
94	9.695	9.701	9.706	9.711	9.716	9.721	9.726	9.731	9.737	9.742
95	9.747	9.752	9.757	9.762	9.767	9.772	9.778	9.783	9.788	9.793
96	9.798	9.803	9.808	9.813	9.818	9.823	9.829	9.834	9.839	9.844
97	9.849	9.854	9.859	9.864	9.869	9.874	9.879	9.884	9.889	9.894
98	9.899	9.905	9.910	9.915	9.920	9.925	9.930	9.935	9.940	9.945
99	9.950	9.955	9.960	9.965	9.970	9.975	9.980	9.985	9.990	9.995

이 책을 검토한 선생님들

서울
강현숙 유니크수학학원
길정균 교육그룹볼에이블학원
김도헌 강서명일학원
김영준 목동해법수학학원
김유미 대성제넥스학원
박미선 고릴라수학학원
박미정 최강학원
박미진 목동쌤올림학원
박부림 용경M2M학원
박성웅 M.C.M학원
박은숙 BMA유명학원
손남천 최고수수학학원
심정민 애플캠퍼스학원
안중학 에듀탑학원
유영호 UMA우마수학학원
유정선 UP한국학원
유종호 정석수리학원
유지현 수리수리학원
이미선 휴브레인학원
이범준 편수학학원
이상덕 제이투학원
이신애 TOP명문학원
이영철 Hub수학전문학원
이은희 한솔학원
이재봉 형설학원
이지영 프라임수학학원
장미선 형설학원
전동철 남림학원
조현기 메타에듀수학학원
최원준 쌤수학학원
최장배 청산학원
최종구 최종구수학학원

강원
김순애 Kim's&청석학원
류경민 문막한빛입시학원
박준규 홍인학원

경기
강병덕 청산학원
김기범 하버드학원
김기태 수풀림학원
김지형 행신학원
김한수 최상위학원
노태환 노선생해법학원
문상현 힘수학학원
박수빈 엠탑수학학원
박은영 M245U수학학원
송인숙 영통세종학원
송혜숙 진흥학원
유시경 에이플러스수학학원
윤효상 페르마학원
이가람 현수학학원
이강국 계룡학원
이민희 유수하학원
이상진 진수학학원
이종진 한뜻학원
이창준 청산학원
이혜용 우리학원
임원국 멘토학원
정오태 정선생수학교실
조정민 바른셈학원
조주희 이츠매쓰학원
주정호 라이프니츠영수학학원
최규헌 하이베스트학원
최일규 이츠매쓰학원
최재원 이지수학학원
하재상 이헤수학학원
한은지 페르마학원
한인경 공감왕수학학원
황미라 한울학원

경상
강동일 에이원학원
강소정 정훈입시학원
강영환 정훈입시학원
강윤정 정훈입시학원
강희정 수학교실
구아름 구수한수학교습소
김성재 The쎈수학학원
김정휴 비상에듀학원
남유경 유니크수학학원
류현지 유니크수학학원
박건주 청림학원
박성규 박샘수학학원
박소현 청림학원
박재훈 달공수학학원
박현철 정훈입시학원
서병원 입시학스학원
신동훈 유니크수학학원
유병호 캔깨쓰학원
유지민 비상에듀학원
윤영진 유클리드수학과학학원
이소리 G1230학원
이은미 수학의한수학원
전현도 A스쿨학원
정재헌 에디슨아카데미
제준헌 니그학원
최혜경 프라임학원

광주
강동호 리엔학원
김국철 필즈영어수학학원
김대균 김대균수학학원
김동신 정평학원
김동석 MFA수학학원
노승균 정평학원
신선미 명문학원
양우식 정평학원
오성진 오성진선생의수학스케치학원
이수현 원수학학원
이재구 소촌엘리트학원
정민철 연승학원
정　석 정석수학전문학원
정수종 에스원수학학원
지행은 최상위영어수학학원
한병선 매쓰로드학원

대구
권영원 영원수학학원
김영숙 마스터박수학학원
김유리 최상위수학과학학원
김은진 월성해법수학학원
김정희 이레수학학원
김지수 율사학원
김태수 김태수수학학원
박미애 학림수학학원
박세열 송설수학학원
박태영 더좋은하늘수학학원
박호연 필즈수학학원
서효정 에이스학원
송유진 차수학학원
오현정 솔빛입시학원
윤기호 샤인수학학원
이선미 에스엠학원
이주형 DK경대학원
장경미 휘영수학학원
전진철 전진철수학학원
조현진 수앤지학원
지현숙 클라무학원
하상희 한빛하쌤학원

대전
강현중 J학원
박재춘 제크아카데미
배용제 해마학원
윤석주 윤석주수학학원
이은혜 J학원
임진희 청담클루빌플레이팩토 황선생학원
장보영 윤석주수학학원
장현상 제크아카데미
정유진 청담클루빌플레이팩토 황선생학원
정진혁 버드내종로엠학원
홍선화 홍수학학원

부산
김선아 아연학원
김옥경 더매쓰학원
김원경 옥샘학원
김정민 이경철학원
김창기 우주수학원
김채화 채움수학전문학원
박상희 맵플러스금정캠퍼스학원
박순들 신진학원
손종규 화인수학학원
심정섭 전성학원
유소영 매쓰트리수학학원
윤한수 기능영재아카데미학원
이승윤 한길학원
이재명 청진학원
전현정 전성학원
정상원 필수통합학원
정영판 뉴피플학원
정진경 대원학원
정희경 육영재학원
조이석 레몬수학학원
천미숙 유레카학원
황보상 우진수학학원

인천
곽소윤 밀턴수학학원
김상미 밀턴수학학원
안상준 세종EM학원
이봉섭 정일학원
정은영 밀턴수학학원
채수현 밀턴수학학원
황찬욱 밀턴수학학원

전라
이강화 강승학원
최진영 필즈수학전문학원
한성수 위드클래스학원

충청
김선경 해머수학학원
김은향 루트수학학원
나종복 나는수학학원
오일영 해미수학학원
우명제 필즈수학학원
이태린 이태린으뜸수학학원
장경진 히파티아수학학원
장은희 자기주도학습센터 홀로세움학원
정한용 청록학원
정혜경 팔로스학원
현정화 멘토수학학원
홍승기 청록학원

풍산자 라인업

중학 풍산자로 개념 과 문제 를 꼼꼼히 풀면 성적이 지속적으로 향상됩니다

상위권으로의 도약을 위한 중학 풍산자 로드맵

풍산자 개념완성 · 풍산자 반복수학 · 풍산자 테스트북 · 풍산자 필수유형

중학 풍산자 교재	하	중하	중	상
원리 개념서 **풍산자 개념완성** (강남구청 인터넷수능방송 강의교재)	필수 문제로 개념 정복, 개념 학습 완성			
기초 반복훈련서 **풍산자 반복수학** (강남구청 인터넷수능방송 강의교재)	개념 및 기본 연산 정복, 기초 실력 완성			
실전평가 테스트 **풍산자 테스트북**		단원별 엄선 문제, 실력 점검 및 실전 대비		
실전 문제유형서 **풍산자 필수유형** (강남구청 인터넷수능방송 강의교재)		모든 기출 유형 정복, 시험 준비 완료		

풍산자

반복수학

기초 개념과 연산의
집중 반복 훈련으로
수학의 기초를 만들어 주는
반복학습서!

중학수학 3-1

풍산자수학연구소 지음

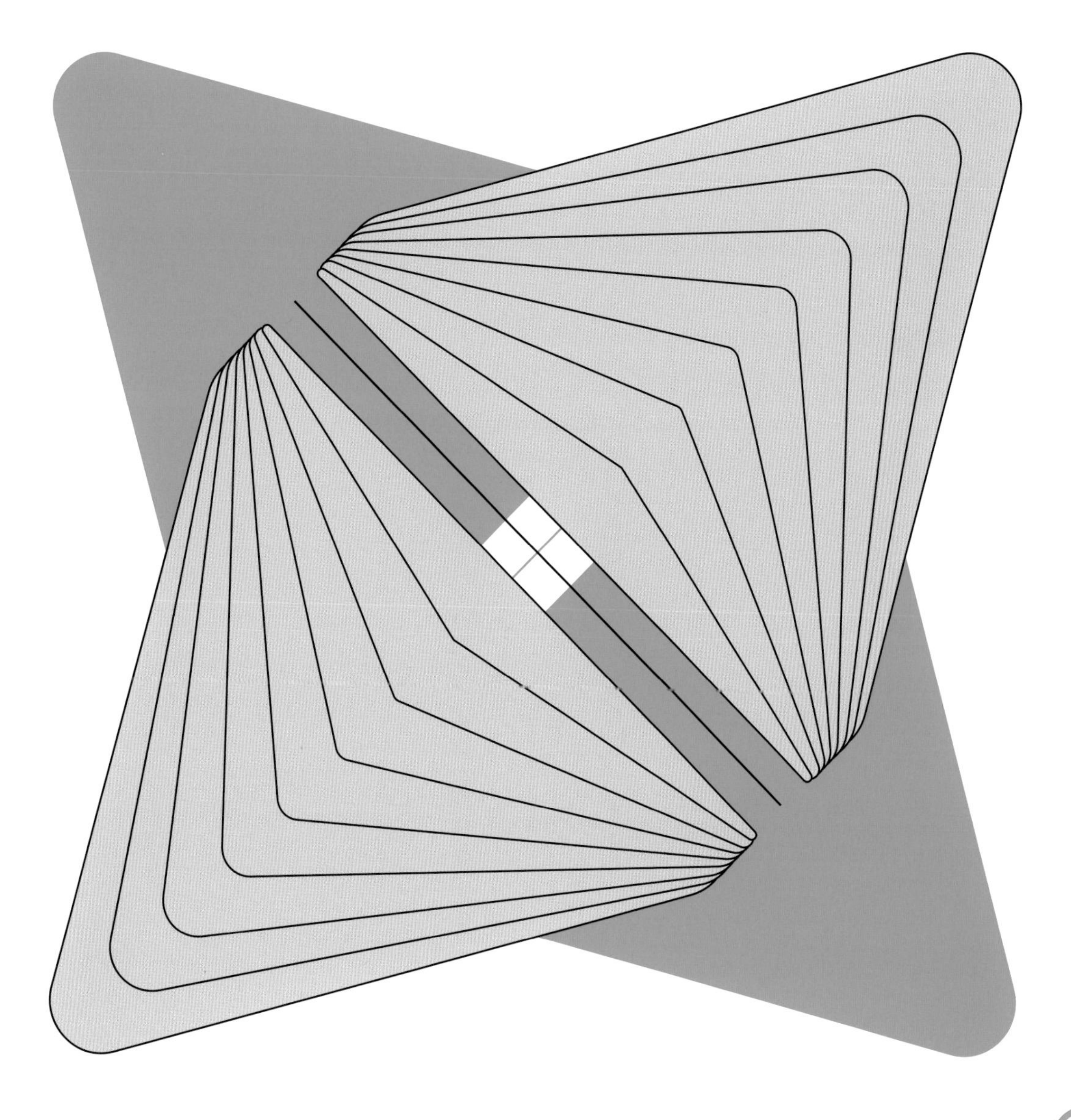

지학사

정답과 해설

반복 연습으로 기초를 탄탄하게 만드는

기본학습서

풍산자 반복수학

정답과 해설

중학수학 3-1

I. 실수와 그 계산

1 제곱근과 실수

01 제곱근의 뜻 8~9쪽

1 (1) -5, 25, -5, -5
(2) 0.2, 0.2, 0.2, 0.04
(3) 제곱근

2 (1) 9, 9, 3 (2) 0.01, 0.01, 0.1, -0.1
(3) $\frac{1}{16}$, $\frac{1}{16}$, $\frac{1}{4}$, $-\frac{1}{4}$

3 (1) 6, -6 (2) 9, -9
(3) 0.3, -0.3 (4) 0.8, -0.8
(5) $\frac{1}{5}$, $-\frac{1}{5}$ (6) $\frac{3}{4}$, $-\frac{3}{4}$

4 (1) 1, -1 (2) 0 (3) 4, -4
(4) 10, -10 (5) 0.7, -0.7 (6) $\frac{1}{3}$, $-\frac{1}{3}$
(7) $\frac{5}{9}$, $-\frac{5}{9}$

5 (1) 3, -3 (2) 2, -2 (3) 0.01, -0.01
(4) 1.2, -1.2 (5) $\frac{1}{7}$, $-\frac{1}{7}$ (6) $\frac{2}{5}$, $-\frac{2}{5}$
(7) 없다.

6 (1) × (2) ○ (3) × (4) × (5) ○
(6) ○ (7) ×

6 (1) 0의 제곱근은 0이다.
(3) 1의 제곱근은 1, -1의 2개이다.
(4) -25의 제곱근은 없다.
(7) 양수의 제곱근은 2개, 0의 제곱근은 1개, 음수의 제곱근은 없다.

02 제곱근의 표현 10쪽

1 (1) $-\sqrt{2}$ (2) $\sqrt{0.7}$, $-\sqrt{0.7}$ (3) $\sqrt{\frac{1}{3}}$, $-\sqrt{\frac{1}{3}}$

2 $-\sqrt{16}$, 4, 4, $-\sqrt{16}$, 있다

3 (1) $\pm\sqrt{7}$ (2) $\pm\sqrt{15}$ (3) $\pm\sqrt{0.3}$

4 (1) $\sqrt{5}$ (2) $-\sqrt{5}$ (3) $\pm\sqrt{5}$ (4) $\sqrt{5}$

5 (1) 8 (2) -9 (3) 0.5 (4) $-\frac{1}{4}$

03 제곱근의 성질 11~12쪽

1 (1) 3, 3 (2) 5, 5

2 (1) 4, 4, 4, 2 (2) 9, 9, 3, 3

3 (1) 2 (2) 7 (3) 0.5 (4) $-\frac{1}{2}$

4 (1) 5 (2) 7 (3) -3 (4) -13

5 (1) 10 (2) -4 (3) ±7 (4) 0.3
(5) -0.6 (6) $\frac{1}{2}$ (7) $\pm\frac{7}{5}$

6 (1) $2x$ (2) $>$, $5x$ (3) $<$, x (4) $<$, $3x$

7 (1) $<$, $-3x$ (2) $<$, $-4x$
(3) $>$, $-2x$ (4) $>$, $-5x$

8 (1) $x-1$ (2) $<$, $x-3$, $-x+3$
(3) $>$, $x+2$ (4) $<$, $x+4$, $-x-4$

9 (1) $2x$ (2) $-5x$ (3) $-x+2$
(4) $-x+3$ (5) $x-2$ (6) $x-3$

9 (2) $\sqrt{25x^2}=\sqrt{(5x)^2}$이고 $5x<0$이므로
$\sqrt{25x^2}=-5x$
(5) $\sqrt{\{-(x-2)\}^2}=\sqrt{(x-2)^2}$이고 $x-2>0$이므로
$\sqrt{\{-(x-2)\}^2}=x-2$

01-03 스스로 점검 문제 13쪽

1 ② **2** ③, ④ **3** ③ **4** $\frac{1}{16}$, $0.\dot{1}$, 49
5 ③ **6** ④ **7** ① **8** ㄴ, ㄹ, ㅁ

1 'x가 a의 제곱근'이면 'x를 제곱하여 a가 되는 수'이므로 $x^2=a$이다.

2 음수의 제곱근은 없으므로 제곱근을 구할 수 없는 수는 ③, ④이다.

3 ① $81 \rightarrow \pm9$ ② $0.04 \rightarrow \pm0.2$
④ $7 \rightarrow \pm\sqrt{7}$ ⑤ $\frac{3}{2} \rightarrow \pm\sqrt{\frac{3}{2}}$

4 주어진 수의 제곱근을 구하면

$13 \to \pm\sqrt{13}$, $0.9 \to \pm\sqrt{0.9}$, $\frac{1}{16} \to \pm\sqrt{\frac{1}{16}}=\pm\frac{1}{4}$

$0.\dot{1}=\frac{1}{9} \to \pm\sqrt{\frac{1}{9}}=\pm\frac{1}{3}$, $49 \to \pm\sqrt{49}=\pm7$

따라서 근호를 사용하지 않고 제곱근을 나타낼 수 있는 수는 $\frac{1}{16}$, $0.\dot{1}$, 49이다.

5 ③ $\sqrt{(-3)^2}=\sqrt{9}=\sqrt{3^2}=3$

6 ①, ②, ③, ⑤ 3 ④ -3

7 ① $a<0$이므로 $\sqrt{a^2}=-a$

8 ㄱ. $a-2<0$이므로

$\sqrt{(a-2)^2}=-(a-2)=-a+2$

ㄷ. $a+3>0$이므로

$\sqrt{(a+3)^2}=a+3$

ㅂ. $a+3>0$이므로

$-\sqrt{(a+3)^2}=-(a+3)=-a-3$

04 제곱근의 성질을 이용한 식의 계산 14쪽

1 (1) 2, 2, 5 (2) 9 (3) -3 (4) 10 (5) 4 (6) 56 (7) 9 (8) -7

2 (1) >, <, $2a$, $3a$, $5a$ (2) $9a$ (3) $7a$ (4) <, >, $x-2$, $x-1$, $-2x+3$ (5) $2x$

1 (2) (주어진 식)$=6+3=9$

(3) (주어진 식)$=2-5=-3$

(4) (주어진 식)$=5\times2=10$

(5) (주어진 식)$=1.2\div0.3=\frac{1.2}{0.3}=4$

(6) (주어진 식)$=6\times7\div\frac{3}{4}=6\times7\times\frac{4}{3}=56$

(7) (주어진 식)$=4+3\div\frac{3}{5}=4+3\times\frac{5}{3}=9$

(8) (주어진 식)$=2-3\times3=-7$

2 (2) (주어진 식)$=7a+2a=9a$

(3) (주어진 식)$=-(-6a)-(-a)=6a+a=7a$

(5) $x+3>0$, $3-x>0$이므로

(주어진 식)$=x+3-(3-x)=2x$

05 제곱수를 이용하여 근호 없애기 15~17쪽

1 3, 4, 5, 11, 12, 13, 14, 15, 16

2 (1) 4 (2) 9, 25, 5, 21 (3) 5

3 (1) 2, 5 (2) 5, 5 (3) 5

4 (1) 3 (2) 3, 3 (3) 3

5 (1) 25 (2) 4

6 (1) 2 (2) 5 (3) 6 (4) 11 (5) 9 (6) 1

7 (1) 9 (2) 2

8 (1) 4 (2) 3 (3) 7 (4) 9 (5) 11 (6) 5

9 (1) 3×5 (2) 3, 5 (3) 15

10 (1) 7 (2) 10 (3) 3 (4) 6 (5) 95 (6) 30

11 (1) 2×5 (2) 2, 5 (3) 10

12 (1) 7 (2) 6

5 (2) $x+21=25$이므로 $x=4$

6 (1) $x+7=9$이므로 $x=2$

(2) $x+11=16$이므로 $x=5$

(3) $10+x=16$이므로 $x=6$

(4) $25+x=36$이므로 $x=11$

(5) $27+x=36$이므로 $x=9$

(6) $24+x=25$이므로 $x=1$

7 (2) $11-x=9$이므로 $x=2$

8 (1) $8-x=4$이므로 $x=4$

(2) $12-x=9$이므로 $x=3$

(3) $16-x=9$이므로 $x=7$

(4) $25-x=16$이므로 $x=9$

(5) $36-x=25$이므로 $x=11$

(6) $21-x=16$이므로 $x=5$

9 (3) 지수가 홀수인 소인수는 3, 5이므로 가장 작은 자연수 x는 $3\times5=15$이다.

10 (1) 지수가 홀수인 소인수는 7이므로 $x=7$

(2) 지수가 홀수인 소인수는 2, 5이므로 $x=2\times5=10$

(3) $48=2^4\times3$이므로 $x=3$

(4) $24=2^3\times3$이므로 $x=2\times3=6$

(5) $95=5\times19$이므로 $x=5\times19=95$

(6) $30=2\times3\times5$이므로 $x=2\times3\times5=30$

11 (3) 지수가 홀수인 소인수는 2, 5이므로 가장 작은 자연수 x는 $2\times5=10$이다.

12 (1) 지수가 홀수인 소인수는 7이므로 $x=7$
(2) $54=2\times3^3$이므로 $x=2\times3=6$

06 제곱근의 대소 관계 18~19쪽

1 (1) $<$ (2) $<$, $<$ (3) $>$, $>$
2 (1) $<$, $<$ (2) 0.16, 0.16, $>$, $>$
(3) $\frac{1}{9}$, $\frac{1}{9}$, $<$, $<$
3 (1) $>$, $<$ (2) $<$, $>$ (3) $>$, $<$
4 (1) 49, 49, $>$, $>$ (2) 0.09, 0.09, $>$, $>$
(3) $\frac{1}{4}$, $\frac{1}{4}$, $<$, $<$
5 (1) $<$ (2) $>$ (3) $>$ (4) $>$ (5) $<$
(6) $>$ (7) $<$ (8) $<$ (9) $<$
6 (1) $>$ (2) $<$ (3) $<$ (4) $>$ (5) $>$
(6) $<$ (7) $>$

5 (5) $\sqrt{\frac{1}{5}}<\sqrt{\frac{2}{5}}$이므로 $\sqrt{0.2}<\sqrt{\frac{2}{5}}$
(6) $\sqrt{16}>\sqrt{10}$이므로 $4>\sqrt{10}$
(7) $\sqrt{45}<\sqrt{49}$이므로 $\sqrt{45}<7$
(8) $\sqrt{0.25}<\sqrt{2.5}$이므로 $0.5<\sqrt{2.5}$
(9) $\sqrt{\frac{1}{25}}<\sqrt{\frac{3}{25}}$이므로 $\frac{1}{5}<\sqrt{\frac{3}{25}}$

6 (1) $\sqrt{3}<\sqrt{5}$이므로 $-\sqrt{3}>-\sqrt{5}$
(2) $\sqrt{0.3}>\sqrt{0.2}$이므로 $-\sqrt{0.3}<-\sqrt{0.2}$
(3) $\sqrt{\frac{3}{4}}>\sqrt{\frac{2}{4}}$이므로 $\sqrt{\frac{3}{4}}>\sqrt{\frac{1}{2}}$
$\therefore -\sqrt{\frac{3}{4}}<-\sqrt{\frac{1}{2}}$
(4) $\sqrt{\frac{3}{10}}<\sqrt{\frac{4}{10}}$이므로 $\sqrt{\frac{3}{10}}<\sqrt{0.4}$
$\therefore -\sqrt{\frac{3}{10}}>-\sqrt{0.4}$
(5) $\sqrt{25}<\sqrt{35}$이므로 $5<\sqrt{35}$ $\therefore -5>-\sqrt{35}$
(6) $1>\sqrt{0.9}$이므로 $-1<-\sqrt{0.9}$
(7) $\sqrt{\frac{1}{4}}<\sqrt{\frac{2}{3}}$이므로 $\frac{1}{2}<\sqrt{\frac{2}{3}}$ $\therefore -\frac{1}{2}>-\sqrt{\frac{2}{3}}$

04-06 스스로 점검 문제 20쪽

1 ②	2 38	3 $2x-1$	4 ④
5 ④	6 ④	7 ②	8 ④

1 (주어진 식)$=2+5-3=4$

2 (주어진 식)$=2+6\div\frac{1}{6}=2+36=38$

3 $x+1>0$, $x-2<0$이므로
(주어진 식)$=x+1-\{-(x-2)\}$
$=x+1+(x-2)$
$=2x-1$

4 x가 자연수이고, $\sqrt{25-x}$가 정수가 되는 경우는
$25-x=0, 1, 4, 9, 16$이므로
$x=25, 24, 21, 16, 9$
따라서 구하는 모든 자연수 x의 값의 합은
$25+24+21+16+9=95$

5 $18=2\times3^2$이므로 $x=2\times$(자연수)^2 꼴이어야 한다.
이때 x가 두 자리 자연수이어야 하므로
$2\times3^2=18$, $2\times4^2=32$, $2\times5^2=50$,
$2\times6^2=72$, $2\times7^2=98$
따라서 두 자리 자연수 x의 개수는 5개이다.

6 ① $0.2=\sqrt{0.04}$이므로 $\sqrt{0.04}<\sqrt{0.2}$
$\therefore 0.2<\sqrt{0.2}$
② $\sqrt{17}>\sqrt{11}$이므로 $-\sqrt{17}<-\sqrt{11}$
③ $\sqrt{4}>\sqrt{3}$이므로 $\frac{1}{\sqrt{4}}<\frac{1}{\sqrt{3}}$
④ $\frac{3}{4}\left(=\frac{9}{12}\right)>\frac{2}{3}\left(=\frac{8}{12}\right)$이므로 $\sqrt{\frac{3}{4}}>\sqrt{\frac{2}{3}}$
따라서 $-\sqrt{\frac{3}{4}}<-\sqrt{\frac{2}{3}}$
⑤ $3=\sqrt{9}$이므로 $3<\sqrt{10}$

7 $\frac{1}{\sqrt{8}}<\sqrt{\frac{1}{4}}<\frac{1}{\sqrt{2}}<\sqrt{\frac{5}{8}}<\sqrt{\frac{3}{4}}$
이므로 두 번째에 오는 수는 $\sqrt{\frac{1}{4}}$이다.

8 $-\sqrt{5}<-1<0<\sqrt{7}<3$
이므로 가장 오른쪽에 있는 수, 즉 가장 큰 수는 3이다.

07 유리수와 무리수 21~22쪽

1 (1) 무리수 (2) 3, $\frac{1}{2}$, 0.4, 0.4, 유리수

2 (1) 유 (2) 무 (3) 유 (4) 유 (5) 무 (6) 유

3 (1) $-\sqrt{0.3}$, $\sqrt{2}+1$ (2) $-\sqrt{3}$, $\sqrt{7}$ (3) $\pi+1$, $\sqrt{20}$ (4) 제곱근 2

4 (1) ○ (2) ○ (3) × (4) × (5) × (6) × (7) × (8) ○ (9) × (10) ×

5 (1) × (2) ○ (3) ○ (4) × (5) × (6) × (7) × (8) ○

2 (4) $\sqrt{0.36}=\sqrt{(0.6)^2}=0.6$ (유)

(6) $0.\dot{2}7\dot{3}=\frac{273}{999}=\frac{91}{333}$ (유)

3 (1) $\sqrt{\frac{1}{16}}=\frac{1}{4}$ (유), $0.\dot{2}\dot{6}=\frac{26}{99}$ (유)

(2) $0.2\dot{7}=\frac{25}{90}=\frac{5}{18}$ (유), $\sqrt{9}=3$ (유)

(3) $\sqrt{1.21}=1.1$ (유), $0.\dot{5}=\frac{5}{9}$ (유)

(4) 4의 양의 제곱근은 2이므로 유리수이다.

$\sqrt{(-3)^2}=3$ (유), $\sqrt{0.\dot{1}}=\sqrt{\frac{1}{9}}=\frac{1}{3}$ (유)

4 (4) $\sqrt{25}=5$ (유리수)

(5) $\sqrt{\frac{49}{81}}=\frac{7}{9}$ (유리수)

(6) $2.\dot{7}=\frac{25}{9}$ (유리수)

(7) $-\sqrt{0.09}=-0.3$ (유리수)

(9) $0.7\dot{9}\dot{3}=\frac{786}{990}=\frac{131}{165}$ (유리수)

(10) $\sqrt{(-5)^2}=5$ (유리수)

5 (1) 순환하는 무한소수, 즉 순환소수는 유리수이다.

(4) 근호 안이 제곱수이면 유리수이다.

(5) 0은 유리수이다.

(6) 순환소수는 유리수이다.

(7) 제곱수의 제곱근은 모두 유리수이다.

08 실수의 분류 23쪽

1 (1) 3, 0 (2) 2.7, $0.4\dot{5}$, 0, $\frac{6}{7}$

(3) $-\sqrt{5}$ (4) $-\sqrt{5}$, 2.7, $0.4\dot{5}$, -9, 0, $\frac{6}{7}$

2 (1) 1, $-\sqrt{64}$

(2) 1, $-\sqrt{64}$, 3.14, $\sqrt{\frac{25}{36}}$, $1.\dot{3}$, $-\frac{3}{4}$

(3) $\sqrt{3}$, π

(4) 1, $\sqrt{3}$, $-\sqrt{64}$, π, 3.14, $\sqrt{\frac{25}{36}}$, $1.\dot{3}$, $-\frac{3}{4}$

09 실수와 수직선 24쪽

1 (1) ○ (2) ○ (3) × (4) × (5) ○ (6) × (7) × (8) × (9) ○ (10) ○ (11) ×

1 (3) 2와 3 사이에는 정수가 없다.

(4) 서로 다른 두 무리수 사이에는 무수히 많은 무리수가 있다.

(6) 서로 다른 두 유리수 사이에는 무수히 많은 무리수가 있다.

(7), (8) 무리수에 대응하는 점은 수직선 위에 나타낼 수 있다.

(11) 수직선은 유리수와 무리수, 즉 실수에 대응하는 점으로 완전히 메울 수 있다.

10 무리수를 수직선 위에 나타내기 25~26쪽

1 (1) $\sqrt{2}$, $\sqrt{2}$, $\sqrt{2}$, $-\sqrt{2}$

(2) $\sqrt{5}$, $\sqrt{5}$, $-1+\sqrt{5}$, $-1-\sqrt{5}$

2 (1) $\sqrt{2}$, $\sqrt{2}$ (2) $-\sqrt{2}$ (3) $1+\sqrt{2}$

3 (1) $\sqrt{2}$, $1-\sqrt{2}$ (2) $1+\sqrt{2}$, $2-\sqrt{2}$

4 (1) $1+\sqrt{2}$, $1-\sqrt{2}$ (2) $2+\sqrt{2}$, $2-\sqrt{2}$

(3) $-1+\sqrt{2}$, $-1-\sqrt{2}$

5 (1) $\sqrt{5}$, $-\sqrt{5}$ (2) $1+\sqrt{5}$, $1-\sqrt{5}$

(3) $4+\sqrt{5}$, $4-\sqrt{5}$

11 두 실수의 대소 관계 27~28쪽

1 [방법 1] $\sqrt{5}$, 2, $<$ [방법 2] $<$, $<$

2 [방법 1] $<$, $\sqrt{3}$, $<$, $<$ [방법 2] 2, 4, $<$, $<$, $<$

3 4, $>$, $>$, $>$

4 (1) $<$ (2) $<$ (3) $>$ (4) $>$

5 (1) $<$ (2) $>$ (3) $>$ (4) $<$ (5) $>$

6 (1) $<$ (2) $<$ (3) $<$ (4) $<$
(5) $>$ (6) $>$ (7) $>$ (8) $<$
(9) $>$ (10) $>$ (11) $>$

6 (1) $\sqrt{5}-1-3=\sqrt{5}-4=\sqrt{5}-\sqrt{16}<0$
$\therefore \sqrt{5}-1<3$

(2) $3-\sqrt{2}-2=1-\sqrt{2}<0$ $\therefore 3-\sqrt{2}<2$

(3) $\sqrt{6}-1-2=\sqrt{6}-3=\sqrt{6}-\sqrt{9}<0$
$\therefore \sqrt{6}-1<2$

(4) $5-(2+\sqrt{12})=3-\sqrt{12}=\sqrt{9}-\sqrt{12}<0$
$\therefore 5<2+\sqrt{12}$

(5) $\sqrt{13}+1-3=\sqrt{13}-2=\sqrt{13}-\sqrt{4}>0$
$\therefore \sqrt{13}+1>3$

(6) $8-\sqrt{7}-4=4-\sqrt{7}=\sqrt{16}-\sqrt{7}>0$
$\therefore 8-\sqrt{7}>4$

(7) $5-(\sqrt{2}+3)=2-\sqrt{2}>0$
$\therefore 5>\sqrt{2}+3$

(8) $\sqrt{4}=2$이므로 $\sqrt{4}-(1+\sqrt{2})=1-\sqrt{2}<0$
$\therefore \sqrt{4}<1+\sqrt{2}$

(9) $-1-\sqrt{2}-(-3)=2-\sqrt{2}=\sqrt{4}-\sqrt{2}>0$
$\therefore -1-\sqrt{2}>-3$

(10) $-4-(-2-\sqrt{5})=-2+\sqrt{5}=-\sqrt{4}+\sqrt{5}>0$
$\therefore -4>-2-\sqrt{5}$

(11) $-3-(-5+\sqrt{3})=2-\sqrt{3}=\sqrt{4}-\sqrt{3}>0$
$\therefore -3>-5+\sqrt{3}$

12 세 실수의 대소 관계 29~30쪽

1 $\sqrt{5}-2$, $>$, $>$, $>$, $>$,
$3-\sqrt{6}$, $>$, $>$, $>$, $>$, $>$, $>$

2 4, 5, C

3 (1) $>$, $>$, $>$, $>$ (2) $<$, $>$, $>$, $<$, $<$

4 (1) $c<b<a$ (2) $c<b<a$ (3) $b<c<a$
(4) $a<c<b$ (5) $b<a<c$

5 (1) 점 C (2) 점 D (3) 점 E
(4) 점 A (5) 점 F (6) 점 B

4 (1) $a-b=3-\sqrt{8}>0$이므로 $a>b$
$b-c=\sqrt{8}+3>0$이므로 $b>c$
$\therefore c<b<a$

(2) $a-b=3-\sqrt{2}>0$이므로 $a>b$
$b-c=\sqrt{6}-1>0$이므로 $b>c$
$\therefore c<b<a$

(3) $a-c=3-\sqrt{8}>0$이므로 $a>c$
$b-c=2-\sqrt{6}<0$이므로 $b<c$
$\therefore b<c<a$

(4) $a-c=1-\sqrt{3}<0$이므로 $a<c$
$b-c=3-\sqrt{7}>0$이므로 $b>c$
$\therefore a<c<b$

(5) $a-b=\sqrt{10}-\sqrt{6}>0$이므로 $a>b$
$b-c=\sqrt{6}-6<0$이므로 $b<c$
$a-c=\sqrt{10}-6<0$이므로 $a<c$
$\therefore b<a<c$

5 (1) $\sqrt{4}<\sqrt{8}<\sqrt{9}$에서 $2<\sqrt{8}<3$이므로 $\sqrt{8}$에 대응하는 점은 점 C이다.

(2) $\sqrt{9}<\sqrt{12}<\sqrt{16}$에서 $3<\sqrt{12}<4$이므로 $\sqrt{12}$에 대응하는 점은 점 D이다.

(3) $\sqrt{16}<\sqrt{20}<\sqrt{25}$에서 $4<\sqrt{20}<5$이므로 $\sqrt{20}$에 대응하는 점은 점 E이다.

(4) $\sqrt{\frac{1}{4}}<\sqrt{\frac{1}{2}}<\sqrt{1}$에서 $\frac{1}{2}<\sqrt{\frac{1}{2}}<1$이므로
$\sqrt{\frac{1}{2}}$에 대응하는 점은 점 A이다.

(5) $\sqrt{4}<\sqrt{5}<\sqrt{9}$에서 $2<\sqrt{5}<3$
각 변에 3을 더하면 $5<3+\sqrt{5}<6$
따라서 $3+\sqrt{5}$에 대응하는 점은 점 F이다.

(6) $\sqrt{4}<\sqrt{7}<\sqrt{9}$에서 $2<\sqrt{7}<3$
각 변에서 1을 빼면 $1<\sqrt{7}-1<2$
따라서 $\sqrt{7}-1$에 대응하는 점은 점 B이다.

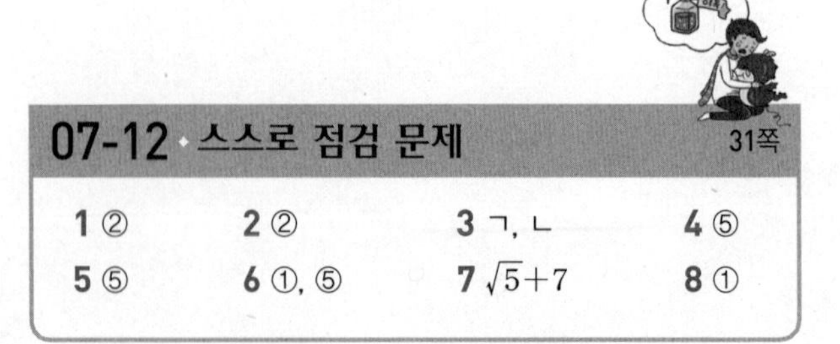

07-12 스스로 점검 문제 31쪽

1 ② 2 ② 3 ㄱ, ㄴ 4 ⑤
5 ⑤ 6 ①, ⑤ 7 $\sqrt{5}+7$ 8 ①

1 ② $\sqrt{0.49}=0.7$ (유리수)

2 무리수는 $\sqrt{8}$, $2-\sqrt{3}$의 2개이다.

3 ㄷ. 순환하지 않는 무한소수는 무리수이다.
ㄹ. 순환소수는 무한소수이지만 유리수이다.
따라서 옳은 것은 ㄱ, ㄴ이다.

4 $\sqrt{169}=13$, $-\sqrt{0.04}=-0.2$, $\sqrt{\frac{9}{25}}=\frac{3}{5}$이다.
① 자연수는 $\sqrt{169}$의 1개이다.
② 정수는 $\sqrt{169}$, -7의 2개이다.
③ 유리수는 $\sqrt{169}$, $-\sqrt{0.04}$, -3.14, $\sqrt{\frac{9}{25}}$, -7의 5개이다.
④ 정수가 아닌 유리수는 $-\sqrt{0.04}$, -3.14, $\sqrt{\frac{9}{25}}$의 3개이다.
⑤ 순환하지 않는 무한소수, 즉 무리수는 2π의 1개이다.

5 $\overline{CA}=\overline{CP}=\sqrt{2}$이므로 점 P에 대응하는 수는 $2-\sqrt{2}$이다.

6 ① $\sqrt{2}+2<\sqrt{3}+2$
⑤ $\sqrt{7}-4<\sqrt{11}-4$

7 (i) $(2+\sqrt{7})-(\sqrt{7}+\sqrt{5})=2-\sqrt{5}=\sqrt{4}-\sqrt{5}<0$
이므로 $2+\sqrt{7}<\sqrt{7}+\sqrt{5}$
(ii) $(\sqrt{5}+7)-(\sqrt{7}+\sqrt{5})=7-\sqrt{7}=\sqrt{49}-\sqrt{7}>0$
이므로 $\sqrt{5}+7>\sqrt{7}+\sqrt{5}$
(i), (ii)에서 $2+\sqrt{7}<\sqrt{7}+\sqrt{5}<\sqrt{5}+7$
따라서 가장 큰 수는 $\sqrt{5}+7$이다.

8 $\sqrt{9}<\sqrt{14}<\sqrt{16}$에서 $3<\sqrt{14}<4$
$\therefore -4<-\sqrt{14}<-3$
따라서 $-\sqrt{14}$에 대응하는 점은 점 A이다.

2 근호를 포함한 식의 계산

13 제곱근의 곱셈 32~33쪽

1 (1) 5, 10 (2) 3, $\frac{1}{6}$, $\frac{1}{2}$ (3) 0.2, 0.5, 0.1
(4) 2, 5, 10 (5) 5, 3, 15, 6
(6) 3, 4, $\frac{3}{2}$, 12, 2

2 (1) $\sqrt{6}$ (2) $\sqrt{21}$ (3) $\sqrt{30}$ (4) $\sqrt{2}$
(5) $\sqrt{2}$ (6) $\sqrt{30}$

3 (1) $6\sqrt{2}$ (2) $20\sqrt{5}$ (3) $6\sqrt{10}$ (4) $20\sqrt{18}$
(5) $-15\sqrt{21}$ (6) $-12\sqrt{20}$ (7) $15\sqrt{35}$
(8) $2\sqrt{0.02}$ (9) $6\sqrt{0.15}$ (10) $10\sqrt{0.2}$
(11) $4\sqrt{5}$ (12) $10\sqrt{2}$ (13) $-18\sqrt{2}$

2 (4) $\sqrt{\frac{7}{3}}\times\sqrt{\frac{6}{7}}=\sqrt{\frac{7}{3}\times\frac{6}{7}}=\sqrt{2}$
(6) $\sqrt{2}\times\sqrt{3}\times\sqrt{5}=\sqrt{2\times3\times5}=\sqrt{30}$

3 (11) $\sqrt{\frac{7}{3}}\times4\sqrt{\frac{15}{7}}=4\times\sqrt{\frac{7}{3}\times\frac{15}{7}}=4\sqrt{5}$
(12) $2\sqrt{\frac{7}{3}}\times5\sqrt{\frac{6}{7}}=(2\times5)\times\sqrt{\frac{7}{3}\times\frac{6}{7}}=10\sqrt{2}$
(13) $6\sqrt{\frac{11}{6}}\times\left(-3\sqrt{\frac{12}{11}}\right)$
$=\{6\times(-3)\}\times\sqrt{\frac{11}{6}\times\frac{12}{11}}=-18\sqrt{2}$

14 제곱근의 나눗셈 34~35쪽

1 (1) 6, 3 (2) 2, 2 (3) 10, 10, $\frac{1}{5}$
(4) 3, 3, 5 (5) 10, 6, 2, 3 (6) 3, 2, 2, $\frac{3}{2}$

2 (1) $\sqrt{2}$ (2) $\sqrt{5}$ (3) $\sqrt{3}$
(4) 2 (5) $\sqrt{6}$ (6) $\sqrt{\frac{1}{2}}$

3 (1) $\sqrt{3}$ (2) $-\sqrt{2}$ (3) $\sqrt{5}$
(4) $-\sqrt{6}$ (5) $\sqrt{\frac{3}{2}}$ (6) $\sqrt{\frac{2}{3}}$

4 (1) $2\sqrt{2}$ (2) $2\sqrt{2}$ (3) $-2\sqrt{3}$
(4) $3\sqrt{3}$ (5) $-3\sqrt{2}$

5 (1) 8, 8, 2 (2) $-\sqrt{2}$ (3) $\sqrt{12}$
(4) $\sqrt{6}$ (5) 1

4 (1) $2\sqrt{14}\div\sqrt{7}=2\sqrt{\frac{14}{7}}=2\sqrt{2}$

(2) $6\sqrt{12}\div3\sqrt{6}=\frac{6}{3}\sqrt{\frac{12}{6}}=2\sqrt{2}$

(3) $(-14\sqrt{6})\div7\sqrt{2}=-\frac{14}{7}\sqrt{\frac{6}{2}}=-2\sqrt{3}$

(4) $9\sqrt{15}\div3\sqrt{5}=\frac{9}{3}\sqrt{\frac{15}{5}}=3\sqrt{3}$

(5) $12\sqrt{10}\div(-4\sqrt{5})=-\frac{12}{4}\sqrt{\frac{10}{5}}=-3\sqrt{2}$

5 (2) $\frac{\sqrt{4}}{\sqrt{3}}\div\left(-\frac{\sqrt{2}}{\sqrt{3}}\right)=\frac{\sqrt{4}}{\sqrt{3}}\times\left(-\frac{\sqrt{3}}{\sqrt{2}}\right)$

$=-\sqrt{\frac{4}{3}\times\frac{3}{2}}=-\sqrt{2}$

(3) $\frac{\sqrt{9}}{\sqrt{2}}\div\frac{\sqrt{3}}{\sqrt{8}}=\frac{\sqrt{9}}{\sqrt{2}}\times\frac{\sqrt{8}}{\sqrt{3}}=\sqrt{\frac{9}{2}\times\frac{8}{3}}=\sqrt{12}$

(4) $\frac{\sqrt{14}}{\sqrt{3}}\div\frac{\sqrt{7}}{\sqrt{9}}=\frac{\sqrt{14}}{\sqrt{3}}\times\frac{\sqrt{9}}{\sqrt{7}}=\sqrt{\frac{14}{3}\times\frac{9}{7}}=\sqrt{6}$

(5) $\left(-\frac{\sqrt{5}}{\sqrt{2}}\right)\div\left(-\frac{\sqrt{15}}{\sqrt{6}}\right)=\frac{\sqrt{5}}{\sqrt{2}}\times\frac{\sqrt{6}}{\sqrt{15}}$

$=\sqrt{\frac{5}{2}\times\frac{6}{15}}=1$

15 근호가 있는 식의 변형 36~37쪽

1 (1) 2, 2 (2) 3, 3 (3) 2, 2 (4) 100, 10, 10

2 (1) 2, 20 (2) 5, 75 (3) 7, $\frac{3}{49}$ (4) 4, 4, 32

3 (1) $3\sqrt{2}$ (2) $2\sqrt{7}$ (3) $3\sqrt{6}$ (4) $5\sqrt{3}$ (5) $6\sqrt{3}$ (6) $10\sqrt{2}$

4 (1) $\frac{\sqrt{2}}{3}$ (2) $\frac{\sqrt{3}}{4}$ (3) $\frac{\sqrt{11}}{8}$ (4) $\frac{\sqrt{7}}{10}$ (5) $\frac{\sqrt{5}}{11}$ (6) $\frac{\sqrt{5}}{10}$ (7) $\frac{\sqrt{13}}{10}$

5 (1) $\sqrt{50}$ (2) $\sqrt{112}$ (3) $\sqrt{144}$ (4) $\sqrt{\frac{3}{100}}$ (5) $\sqrt{\frac{7}{64}}$ (6) $\sqrt{48}$ (7) $\sqrt{72}$ (8) $\sqrt{180}$ (9) $\sqrt{40}$ (10) $\sqrt{240}$

4 (6) $\sqrt{0.05}=\sqrt{\frac{5}{100}}=\sqrt{\frac{5}{10^2}}=\frac{\sqrt{5}}{10}$

(7) $\sqrt{0.13}=\sqrt{\frac{13}{100}}=\sqrt{\frac{13}{10^2}}=\frac{\sqrt{13}}{10}$

5 (6) $2\sqrt{3}\times2=4\sqrt{3}=\sqrt{4^2\times3}=\sqrt{48}$

(7) $3\sqrt{2}\times2=6\sqrt{2}=\sqrt{6^2\times2}=\sqrt{72}$

(8) $2\sqrt{5}\times3=6\sqrt{5}=\sqrt{6^2\times5}=\sqrt{180}$

(9) $2\sqrt{2}\times\sqrt{5}=2\sqrt{10}=\sqrt{2^2\times10}=\sqrt{40}$

(10) $2\sqrt{5}\times2\sqrt{3}=4\sqrt{15}=\sqrt{4^2\times15}=\sqrt{240}$

13-15 스스로 점검 문제 38쪽

1 ② **2** 2 **3** ② **4** $\sqrt{2}$ **5** ② **6** ④ **7** ⑤ **8** $\frac{9}{2}$

1 $\sqrt{\frac{26}{3}}\times\sqrt{\frac{9}{13}}=\sqrt{\frac{26}{3}\times\frac{9}{13}}=\sqrt{6}$

2 (주어진 식)$=\sqrt{8\times\frac{4}{10}\times\frac{5}{4}}=\sqrt{4}=2$

3 ② $\sqrt{13}\div\sqrt{26}=\sqrt{\frac{13}{26}}=\sqrt{\frac{1}{2}}$

4 (주어진 식)$=\sqrt{30}\times\frac{1}{\sqrt{5}}\times\frac{1}{\sqrt{3}}=\sqrt{\frac{30}{5\times3}}=\sqrt{2}$

5 (주어진 식)$=\frac{\sqrt{5}}{\sqrt{42}}\times\frac{\sqrt{21}}{\sqrt{10}}\times\frac{\sqrt{24}}{\sqrt{3}}$

$=\sqrt{\frac{5}{42}\times\frac{21}{10}\times\frac{24}{3}}=\sqrt{2}$

6 $\sqrt{48}=\sqrt{4^2\times3}=4\sqrt{3}$, $\sqrt{50}=\sqrt{5^2\times2}=5\sqrt{2}$
따라서 $a=4$, $b=5$이므로 $a+b=9$

7 ① $\sqrt{27}$ ② $\sqrt{20}$ ③ $\sqrt{72}$ ④ $\sqrt{28}$ ⑤ $\sqrt{98}$
따라서 가장 큰 수는 ⑤이다.

8 $\sqrt{\frac{10}{72}}=\sqrt{\frac{5}{36}}=\sqrt{\frac{5}{6^2}}=\frac{\sqrt{5}}{6}$, $\frac{\sqrt{3}}{2}=\sqrt{\frac{3}{2^2}}=\sqrt{\frac{3}{4}}$
따라서 $a=6$, $b=\frac{3}{4}$이므로 $ab=\frac{9}{2}$

16 분모의 유리화 39~40쪽

1 풀이 참조

2 (1) $\frac{\sqrt{5}}{5}$ (2) $\frac{\sqrt{11}}{11}$ (3) $\frac{3\sqrt{7}}{7}$

(4) $\frac{7\sqrt{2}}{2}$ (5) $-\frac{2\sqrt{3}}{3}$ (6) $-\frac{11\sqrt{5}}{5}$

3 (1) $\frac{\sqrt{6}}{2}$ (2) $\frac{\sqrt{15}}{3}$ (3) $\frac{\sqrt{14}}{7}$

(4) $\frac{\sqrt{15}}{5}$ (5) $-\frac{\sqrt{30}}{6}$ (6) $-\frac{\sqrt{77}}{11}$

4 (1) $\frac{\sqrt{5}}{10}$ (2) $\frac{2\sqrt{3}}{9}$ (3) $-\frac{3\sqrt{2}}{4}$

(4) $\frac{\sqrt{15}}{6}$ (5) $-\frac{\sqrt{10}}{15}$ (6) $\frac{2\sqrt{15}}{25}$

5 (1) $\frac{\sqrt{3}}{6}$ (2) $\frac{3\sqrt{5}}{10}$ (3) $\frac{\sqrt{5}}{5}$

(4) $\frac{\sqrt{6}}{10}$ (5) $\frac{\sqrt{6}}{3}$ (6) $\frac{\sqrt{35}}{7}$

1 (1) $\frac{1}{\sqrt{2}}=\frac{\sqrt{2}}{\sqrt{2}\times\boxed{\sqrt{2}}}=\frac{\sqrt{2}}{(\boxed{\sqrt{2}})^2}=\frac{\sqrt{2}}{\boxed{2}}$

(2) $\frac{2}{\sqrt{5}}=\frac{2\times\boxed{\sqrt{5}}}{\sqrt{5}\times\boxed{\sqrt{5}}}=\frac{2\sqrt{\boxed{5}}}{(\boxed{\sqrt{5}})^2}=\frac{2\sqrt{\boxed{5}}}{\boxed{5}}$

(3) $\frac{\sqrt{3}}{\sqrt{7}}=\frac{\sqrt{3}\times\boxed{\sqrt{7}}}{\sqrt{7}\times\boxed{\sqrt{7}}}=\frac{\sqrt{\boxed{21}}}{(\boxed{\sqrt{7}})^2}=\frac{\sqrt{\boxed{21}}}{\boxed{7}}$

(4) $\frac{5}{2\sqrt{3}}=\frac{5\times\boxed{\sqrt{3}}}{2\sqrt{3}\times\boxed{\sqrt{3}}}=\frac{5\sqrt{\boxed{3}}}{2(\boxed{\sqrt{3}})^2}=\frac{5\sqrt{\boxed{3}}}{\boxed{6}}$

(5) $\frac{\sqrt{3}}{2\sqrt{5}}=\frac{\sqrt{3}\times\boxed{\sqrt{5}}}{2\sqrt{5}\times\boxed{\sqrt{5}}}=\frac{\sqrt{\boxed{15}}}{2(\boxed{\sqrt{5}})^2}=\frac{\sqrt{\boxed{15}}}{\boxed{10}}$

(6) $\frac{3}{\sqrt{8}}=\frac{3}{\sqrt{\boxed{2}^2\times2}}=\frac{3}{\boxed{2}\sqrt{2}}=\frac{3\times\boxed{\sqrt{2}}}{\boxed{2}\sqrt{2}\times\sqrt{2}}$

$=\frac{3\sqrt{\boxed{2}}}{\boxed{4}}$

3 (1) $\frac{\sqrt{3}}{\sqrt{2}}=\frac{\sqrt{3}\times\sqrt{2}}{\sqrt{2}\times\sqrt{2}}=\frac{\sqrt{6}}{2}$

(2) $\frac{\sqrt{5}}{\sqrt{3}}=\frac{\sqrt{5}\times\sqrt{3}}{\sqrt{3}\times\sqrt{3}}=\frac{\sqrt{15}}{3}$

(3) $\frac{\sqrt{2}}{\sqrt{7}}=\frac{\sqrt{2}\times\sqrt{7}}{\sqrt{7}\times\sqrt{7}}=\frac{\sqrt{14}}{7}$

(4) $\frac{\sqrt{3}}{\sqrt{5}}=\frac{\sqrt{3}\times\sqrt{5}}{\sqrt{5}\times\sqrt{5}}=\frac{\sqrt{15}}{5}$

(5) $-\frac{\sqrt{5}}{\sqrt{6}}=-\frac{\sqrt{5}\times\sqrt{6}}{\sqrt{6}\times\sqrt{6}}=-\frac{\sqrt{30}}{6}$

(6) $-\frac{\sqrt{7}}{\sqrt{11}}=-\frac{\sqrt{7}\times\sqrt{11}}{\sqrt{11}\times\sqrt{11}}=-\frac{\sqrt{77}}{11}$

4 (1) $\frac{1}{2\sqrt{5}}=\frac{\sqrt{5}}{2\sqrt{5}\times\sqrt{5}}=\frac{\sqrt{5}}{10}$

(2) $\frac{2}{3\sqrt{3}}=\frac{2\times\sqrt{3}}{3\sqrt{3}\times\sqrt{3}}=\frac{2\sqrt{3}}{9}$

(3) $-\frac{3}{2\sqrt{2}}=-\frac{3\times\sqrt{2}}{2\sqrt{2}\times\sqrt{2}}=-\frac{3\sqrt{2}}{4}$

(4) $\frac{\sqrt{5}}{2\sqrt{3}}=\frac{\sqrt{5}\times\sqrt{3}}{2\sqrt{3}\times\sqrt{3}}=\frac{\sqrt{15}}{6}$

(5) $-\frac{\sqrt{3}}{3\sqrt{5}}=-\frac{\sqrt{2}\times\sqrt{5}}{3\sqrt{5}\times\sqrt{5}}=-\frac{\sqrt{10}}{15}$

(6) $\frac{2\sqrt{3}}{5\sqrt{5}}=\frac{2\sqrt{3}\times\sqrt{5}}{5\sqrt{5}\times\sqrt{5}}=\frac{2\sqrt{15}}{25}$

5 (1) $\frac{1}{\sqrt{12}}=\frac{1}{\sqrt{2^2\times3}}=\frac{1}{2\sqrt{3}}=\frac{\sqrt{3}}{2\sqrt{3}\times\sqrt{3}}=\frac{\sqrt{3}}{6}$

(2) $\frac{3}{\sqrt{20}}=\frac{3}{\sqrt{2^2\times5}}=\frac{3}{2\sqrt{5}}=\frac{3\times\sqrt{5}}{2\sqrt{5}\times\sqrt{5}}=\frac{3\sqrt{5}}{10}$

(3) $\frac{3}{\sqrt{45}}=\frac{3}{\sqrt{3^2\times5}}=\frac{3}{3\sqrt{5}}=\frac{1}{\sqrt{5}}=\frac{\sqrt{5}}{\sqrt{5}\times\sqrt{5}}=\frac{\sqrt{5}}{5}$

(4) $\frac{\sqrt{3}}{\sqrt{50}}=\frac{\sqrt{3}}{\sqrt{5^2\times2}}=\frac{\sqrt{3}}{5\sqrt{2}}=\frac{\sqrt{3}\times\sqrt{2}}{5\sqrt{2}\times\sqrt{2}}=\frac{\sqrt{6}}{10}$

(5) $\frac{\sqrt{12}}{\sqrt{18}}=\frac{\sqrt{2^2\times3}}{\sqrt{3^2\times2}}=\frac{2\sqrt{3}}{3\sqrt{2}}=\frac{2\sqrt{3}\times\sqrt{2}}{3\sqrt{2}\times\sqrt{2}}=\frac{2\sqrt{6}}{6}=\frac{\sqrt{6}}{3}$

(6) $\frac{\sqrt{20}}{\sqrt{28}}=\frac{\sqrt{2^2\times5}}{\sqrt{2^2\times7}}=\frac{2\sqrt{5}}{2\sqrt{7}}=\frac{\sqrt{5}}{\sqrt{7}}=\frac{\sqrt{5}\times\sqrt{7}}{\sqrt{7}\times\sqrt{7}}=\frac{\sqrt{35}}{7}$

17 제곱근의 곱셈, 나눗셈의 혼합 계산 41~42쪽

1 (1) $\sqrt{6}$, $\frac{1}{6}$, 1 (2) $\sqrt{5}$, $\frac{1}{5}$, $\sqrt{6}$

(3) $2\sqrt{2}$, $\frac{1}{2}$, $\frac{1}{2}$, 9, 3 (4) 3, $\frac{1}{2}$, $\frac{1}{3}$, 3, 10

2 (1) $\sqrt{6}$ (2) $\sqrt{10}$ (3) $\sqrt{7}$ (4) $\sqrt{14}$ (5) 1

3 (1) $\frac{\sqrt{7}}{2}$ (2) 2 (3) $-\frac{3}{2}$ (4) $\frac{\sqrt{6}}{4}$

(5) 4 (6) $4\sqrt{10}$ (7) 2 (8) $5\sqrt{6}$

4 (1) 10 / 2, 10 / 5, 5, 5, 5 / 5, 15

(2) -24 (3) $15\sqrt{2}$ (4) $\frac{5\sqrt{6}}{6}$

2 (1) (주어진 식)$=\sqrt{3}\times\sqrt{14}\times\frac{1}{\sqrt{7}}$

$=\sqrt{3\times14\times\frac{1}{7}}=\sqrt{6}$

(2) (주어진 식)$=\sqrt{6}\times\frac{1}{\sqrt{3}}\times\sqrt{5}$

$=\sqrt{6\times\frac{1}{3}\times5}=\sqrt{10}$

(3) (주어진 식)$=\sqrt{2}\times\sqrt{21}\times\frac{1}{\sqrt{6}}$

$=\sqrt{2\times21\times\frac{1}{6}}=\sqrt{7}$

(4) (주어진 식)$=\sqrt{6}\times\frac{1}{\sqrt{15}}\times\sqrt{35}$

$=\sqrt{6\times\frac{1}{15}\times35}=\sqrt{14}$

(5) (주어진 식)$=\sqrt{33}\times\frac{1}{\sqrt{3}}\times\frac{1}{\sqrt{11}}$

$=\sqrt{33\times\frac{1}{3}\times\frac{1}{11}}=1$

3 (1) (주어진 식)$=\sqrt{7}\times\sqrt{3}\times\frac{1}{2\sqrt{3}}$

$=\frac{1}{2}\times\sqrt{7\times3\times\frac{1}{3}}=\frac{\sqrt{7}}{2}$

(2) (주어진 식)$=2\sqrt{2}\times\sqrt{7}\times\frac{1}{\sqrt{14}}$

$=2\times\sqrt{2\times7\times\frac{1}{14}}=2$

(3) (주어진 식)$=\sqrt{15}\times(-\sqrt{3})\times\frac{1}{2\sqrt{5}}$

$=(-1)\times\frac{1}{2}\times\sqrt{15\times3\times\frac{1}{5}}$

$=-\frac{3}{2}$

(4) (주어진 식)$=3\sqrt{3}\times\frac{1}{6\sqrt{6}}\times\sqrt{3}$

$=3\times\frac{1}{6}\times\sqrt{3\times\frac{1}{6}\times3}$

$=\frac{1}{2}\sqrt{\frac{3}{2}}=\frac{\sqrt{3}}{2\sqrt{2}}=\frac{\sqrt{6}}{4}$

(5) (주어진 식)$=4\sqrt{6}\times\sqrt{2}\times\frac{1}{2\sqrt{3}}$

$=4\times\frac{1}{2}\times\sqrt{6\times2\times\frac{1}{3}}$

$=2\sqrt{4}=4$

(6) (주어진 식)$=2\sqrt{15}\times\frac{1}{2\sqrt{3}}\times4\sqrt{2}$

$=2\times\frac{1}{2}\times4\times\sqrt{15\times\frac{1}{3}\times2}$

$=4\sqrt{10}$

(7) (주어진 식)$=3\sqrt{2}\times\sqrt{6}\times\frac{1}{3\sqrt{3}}$

$=3\times\frac{1}{3}\times\sqrt{2\times6\times\frac{1}{3}}$

$=\sqrt{4}=2$

(8) (주어진 식)$=5\sqrt{3}\times\frac{1}{2\sqrt{3}}\times2\sqrt{6}$

$=5\times\frac{1}{2}\times2\times\sqrt{3\times\frac{1}{3}\times6}$

$=5\sqrt{6}$

4 (2) (주어진 식)$=(-2\sqrt{6})\times\frac{2}{\sqrt{3}}\times3\sqrt{2}$

$=(-2)\times2\times3\times\sqrt{6\times\frac{1}{3}\times2}$

$=-24$

(3) (주어진 식)$=\frac{5}{\sqrt{6}}\times\frac{3}{\sqrt{5}}\times2\sqrt{15}$

$=5\times3\times2\times\sqrt{\frac{1}{6}\times\frac{1}{5}\times15}$

$=\frac{30}{\sqrt{2}}=15\sqrt{2}$

(4) (주어진 식)$=2\sqrt{5}\times\frac{1}{\sqrt{2}}\times\frac{\sqrt{5}}{2\sqrt{3}}$

$=2\times\frac{1}{2}\times\sqrt{5\times\frac{1}{2}\times\frac{5}{3}}$

$=\frac{5}{\sqrt{6}}=\frac{5\sqrt{6}}{6}$

18 제곱근의 덧셈과 뺄셈 43~45쪽

1 (1) 5, 8 (2) 8, 9 (3) 4, 3
(4) 1, 10, -10, 10 (5) 4, 3, 3 (6) 5, -2, 7
(7) 4, 3, 3, 5 (8) 3, 3, 3, 3, 10, 5

2 (1) 4, 3, 4, 3, 7 (2) 5, 2, 5, 2, 3
(3) 3, 4, 3, 4, 5

3 (1) $6\sqrt{2}$ (2) $7\sqrt{6}$ (3) $9\sqrt{3}$ (4) $3\sqrt{7}$
(5) $\sqrt{5}$ (6) $3\sqrt{11}$ (7) $-3\sqrt{10}$
(8) $-20\sqrt{13}$

4 (1) $6\sqrt{2}$ (2) $3\sqrt{3}$ (3) $5\sqrt{7}$ (4) $\sqrt{5}$
(5) $5\sqrt{6}$ (6) $-7\sqrt{10}$ (7) $3\sqrt{11}$ (8) $10\sqrt{13}$

5 (1) $2\sqrt{2}+7\sqrt{3}$ (2) $\sqrt{3}+5\sqrt{5}$
(3) $10\sqrt{5}-10\sqrt{10}$ (4) $7\sqrt{6}+\sqrt{7}$
(5) $-\sqrt{6}+4\sqrt{11}$ (6) $3\sqrt{5}-2\sqrt{13}$
(7) $12\sqrt{5}-2\sqrt{7}$ (8) $-\sqrt{11}-6\sqrt{13}$

6 (1) $5\sqrt{3}$ (2) $5\sqrt{6}$ (3) $\sqrt{7}$
(4) $2\sqrt{5}$ (5) $6\sqrt{2}$ (6) $6\sqrt{3}$

4 (1) (주어진 식)$=(4+5-3)\sqrt{2}=6\sqrt{2}$
(2) (주어진 식)$=(6-7+4)\sqrt{3}=3\sqrt{3}$
(3) (주어진 식)$=(-5+2+8)\sqrt{7}=5\sqrt{7}$
(4) (주어진 식)$=(2+4-5)\sqrt{5}=\sqrt{5}$
(5) (주어진 식)$=(7-6+4)\sqrt{6}=5\sqrt{6}$
(6) (주어진 식)$=(7-4-10)\sqrt{10}=-7\sqrt{10}$
(7) (주어진 식)$=(9+9-15)\sqrt{11}=3\sqrt{11}$
(8) (주어진 식)$=(7-6+9)\sqrt{13}=10\sqrt{13}$

5 (1) (주어진 식)$=(3-1)\sqrt{2}+(5+2)\sqrt{3}$
$=2\sqrt{2}+7\sqrt{3}$
(2) (주어진 식)$=(3-2)\sqrt{3}+(-2+7)\sqrt{5}$
$=\sqrt{3}+5\sqrt{5}$
(3) (주어진 식)$=(8+2)\sqrt{5}+(-7-3)\sqrt{10}$
$=10\sqrt{5}-10\sqrt{10}$
(4) (주어진 식)$=(2+5)\sqrt{6}+(5-4)\sqrt{7}$
$=7\sqrt{6}+\sqrt{7}$
(5) (주어진 식)$=(-4+3)\sqrt{6}+(7-3)\sqrt{11}$
$=-\sqrt{6}+4\sqrt{11}$
(6) (주어진 식)$=(4-1)\sqrt{5}+(1-3)\sqrt{13}$
$=3\sqrt{5}-2\sqrt{13}$
(7) (주어진 식)$=(13-1)\sqrt{5}+(2-4)\sqrt{7}$
$=12\sqrt{5}-2\sqrt{7}$
(8) (주어진 식)$=(5-6)\sqrt{11}+(-4-2)\sqrt{13}$
$=-\sqrt{11}-6\sqrt{13}$

6 (1) (주어진 식)$=2\sqrt{3}+3\sqrt{3}=5\sqrt{3}$
(2) (주어진 식)$=3\sqrt{6}+2\sqrt{6}=5\sqrt{6}$
(3) (주어진 식)$=3\sqrt{7}-2\sqrt{7}=\sqrt{7}$
(4) (주어진 식)$=5\sqrt{5}-3\sqrt{5}=2\sqrt{5}$
(5) (주어진 식)$=5\sqrt{2}-2\sqrt{2}+3\sqrt{2}=6\sqrt{2}$
(6) (주어진 식)$=3\sqrt{3}+5\sqrt{3}-2\sqrt{3}=6\sqrt{3}$

19 근호를 포함한 복잡한 식의 계산 46~47쪽

1 (1) $\sqrt{3}$, $\sqrt{5}$, $\sqrt{6}+\sqrt{10}$
(2) $\sqrt{10}$, $2\sqrt{5}$, 20, 10, 2, 10
(3) $\sqrt{6}$, $\sqrt{2}$, $\sqrt{18}$, $\sqrt{6}$, 3, $2\sqrt{2}$
(4) 6, 2, 2 / 6, 2, 2 / 2, 2 / $4\sqrt{2}+2\sqrt{3}$
2 (1) 2, -3 (2) 1, 2 (3) 2, 3, 2, 3
3 0, 1, 3, 0, 3
4 (1) $-3+3\sqrt{2}$ (2) $6\sqrt{15}+4\sqrt{30}$ (3) $2\sqrt{3}+\sqrt{14}$
(4) $6-3\sqrt{39}$ (5) $3\sqrt{6}-\sqrt{15}$ (6) $5\sqrt{2}$
(7) $3\sqrt{6}$
5 (1) 9, 2 (2) -4, 8
6 (1) -4 (2) -8 (3) 4 (4) -4

4 (1) (주어진 식)$=\sqrt{3}\times\sqrt{6}-\sqrt{3}\times\sqrt{3}$
$=\sqrt{18}-3$
$=-3+3\sqrt{2}$
(2) (주어진 식)$=2\sqrt{5}\times3\sqrt{3}+2\sqrt{5}\times2\sqrt{6}$
$=6\sqrt{15}+4\sqrt{30}$
(3) (주어진 식)$=\sqrt{12}+\sqrt{14}=2\sqrt{3}+\sqrt{14}$
(4) (주어진 식)$=2\sqrt{9}-3\sqrt{39}=6-3\sqrt{39}$
(5) (주어진 식)$=\sqrt{6}-2\sqrt{15}+\sqrt{15}+2\sqrt{6}$
$=3\sqrt{6}-\sqrt{15}$
(6) (주어진 식)$=2\sqrt{2}-3\sqrt{2}+12\times\frac{1}{\sqrt{2}}$
$=-\sqrt{2}+6\sqrt{2}$
$=5\sqrt{2}$
(7) (주어진 식)$=\sqrt{2}(3\sqrt{3}-2)+2\sqrt{3}\times\frac{2}{\sqrt{6}}$
$=3\sqrt{6}-2\sqrt{2}+2\sqrt{2}$
$=3\sqrt{6}$

5 (1) (좌변)$=(a-4)+(2+b)\sqrt{3}$이므로
$a-4=5$, $2+b=4$ $\therefore a=9$, $b=2$
(2) (좌변)$=(b-5)+(a-1)\sqrt{5}$이므로
$b-5=3$, $a-1=-5$ $\therefore a=-4$, $b=8$

6 (1) (주어진 식)$=(-3+a)+(4+a)\sqrt{5}$
이므로 $4+a=0$ $\therefore a=-4$
(2) (주어진 식)$=(2-3a)+(8+a)\sqrt{6}$
이므로 $8+a=0$ $\therefore a=-8$
(3) (주어진 식)$=5+(a-1-3)\sqrt{3}=5+(a-4)\sqrt{3}$
이므로 $a-4=0$ $\therefore a=4$
(4) (주어진 식)$=-1+(2+a+2)\sqrt{2}$
$=-1+(a+4)\sqrt{2}$
이므로 $a+4=0$ $\therefore a=-4$

16-19 스스로 점검 문제 48쪽

1 ① **2** $\frac{2}{15}$ **3** ② **4** 7

5 $6\sqrt{2}-\sqrt{5}$ **6** ① **7** 5 **8** $-\frac{5}{3}$

1 $\frac{\sqrt{3}}{\sqrt{8}}=\frac{\sqrt{3}}{2\sqrt{2}}=\frac{\sqrt{3}\times\sqrt{2}}{2\sqrt{2}\times\sqrt{2}}=\frac{\sqrt{6}}{4}$

따라서 곱해야 할 가장 작은 무리수는 $\sqrt{2}$이다.

2 $\frac{2}{\sqrt{45}}=\frac{2}{3\sqrt{5}}=\frac{2\times\sqrt{5}}{3\sqrt{5}\times\sqrt{5}}=\frac{2\sqrt{5}}{15}$

3 (주어진 식)$=\frac{3}{\sqrt{5}}\times\frac{5}{\sqrt{6}}\times 2\sqrt{15}=\frac{30}{\sqrt{2}}=\frac{30\sqrt{2}}{2}$

$=15\sqrt{2}$

4 (주어진 식)$=(4-2)\sqrt{6}+(-1+6)\sqrt{7}$

$=2\sqrt{6}+5\sqrt{7}$

따라서 $a=2$, $b=5$이므로 $a+b=7$

5 (주어진 식)$=-4\sqrt{5}+12\sqrt{2}+3\sqrt{5}-6\sqrt{2}$

$=(12-6)\sqrt{2}+(-4+3)\sqrt{5}$

$=6\sqrt{2}-\sqrt{5}$

6 (주어진 식)$=\sqrt{15}-\sqrt{18}-\sqrt{15}-\sqrt{18}$

$=-2\sqrt{18}=-6\sqrt{2}$

7 (좌변)$=4\sqrt{2}+2\sqrt{15}\times\frac{1}{\sqrt{5}}-\sqrt{2}=3\sqrt{2}+2\sqrt{3}$

따라서 $a=3$, $b=2$이므로 $a+b=5$

8 $2a-3a\sqrt{2}-5\sqrt{2}+15=2a+15-(3a+5)\sqrt{2}$

$3a+5=0$이어야 하므로 $a=-\frac{5}{3}$

20 제곱근표 49쪽

1 5.8, 2, 2.412

2 (1) 2.490 (2) 2.514

3 (1) 6.12 (2) 6.14 (3) 6.23 (4) 6.30

21 제곱근표에 없는 수의 값 구하기 50~51쪽

1 (1) 100, 10 (2) 100, 10 (3) 10000, 100
(4) 100, 10 (5) 100, 10 (6) 10000, 100

2 (1) 100, 10, 17.32 (2) 100, 10, 54.77
(3) 10000, 100, 173.2 (4) 100, 10, 0.5477
(5) 100, 10, 0.1732 (6) 10000, 100, 0.05477

3 (1) 14.14 (2) 44.72 (3) 141.4
(4) 447.2 (5) 0.4472 (6) 0.1414
(7) 0.04472 (8) 0.01414

4 (1) 15.75 (2) 49.80
(3) 0.4980 (4) 0.1575

3 $\sqrt{2}=1.414$, $\sqrt{20}=4.472$이므로

(1) $\sqrt{200}=10\sqrt{2}=14.14$

(2) $\sqrt{2000}=10\sqrt{20}=44.72$

(4) $\sqrt{200000}=100\sqrt{20}=447.2$

(5) $\sqrt{0.2}=\frac{\sqrt{20}}{10}=0.4472$

(7) $\sqrt{0.002}=\frac{\sqrt{20}}{100}=0.04472$

(8) $\sqrt{0.0002}=\frac{\sqrt{2}}{100}=0.01414$

4 $\sqrt{2.48}=1.575$, $\sqrt{24.8}=4.980$이므로

(1) $\sqrt{248}=\sqrt{2.48\times100}=10\sqrt{2.48}=15.75$

(2) $\sqrt{2480}=\sqrt{24.8\times100}=10\sqrt{24.8}=49.80$

(3) $\sqrt{0.248}=\sqrt{\frac{24.8}{100}}=\frac{\sqrt{24.8}}{10}=0.4980$

(4) $\sqrt{0.0248}=\sqrt{\frac{2.48}{100}}=\frac{\sqrt{2.48}}{10}=0.1575$

22 무리수의 정수 부분과 소수 부분 52~53쪽

1 (1) 3, 2, 2 (2) 3, 3, 3 (3) 4, 4, 4 (4) 6, 6, 6

2 (1) 3, 2, 2, $\sqrt{2}-1$ (2) 2, 1, 1, 2
(3) -2, 1, 1, 1, 2

3 (1) 2, $\sqrt{5}-2$ (2) 2, $\sqrt{7}-2$
(3) 3, $\sqrt{13}-3$ (4) 4, $\sqrt{17}-4$
(5) 4, $\sqrt{19}-4$ (6) 4, $\sqrt{23}-4$
(7) 5, $\sqrt{26}-5$ (8) 6, $\sqrt{40}-6$

4 (1) 6, $\sqrt{7}-2$ (2) 1, $\sqrt{11}-3$ (3) 0, $\sqrt{12}-3$
(4) 6, $\sqrt{20}-4$ (5) 1, $2-\sqrt{3}$ (6) 2, $3-\sqrt{7}$

3 각각

(1) $2<\sqrt{5}<3$　　(2) $2<\sqrt{7}<3$

(3) $3<\sqrt{13}<4$　　(4) $4<\sqrt{17}<5$

(5) $4<\sqrt{19}<5$　　(6) $4<\sqrt{23}<5$

(7) $5<\sqrt{26}<6$　　(8) $6<\sqrt{40}<7$

을 이용한다.

4 (1) $2<\sqrt{7}<3$에서 $6<\sqrt{7}+4<7$이므로
$\sqrt{7}+4$의 정수 부분은 6이고,
소수 부분은 $\sqrt{7}+4-6=\sqrt{7}-2$이다.

(2) $3<\sqrt{11}<4$에서 $1<\sqrt{11}-2<2$이므로
$\sqrt{11}-2$의 정수 부분은 1이고,
소수 부분은 $\sqrt{11}-2-1=\sqrt{11}-3$이다.

(3) $3<\sqrt{12}<4$에서 $0<\sqrt{12}-3<1$이므로
$\sqrt{12}-3$의 정수 부분은 0이고,
소수 부분은 $\sqrt{12}-3$이다.

(4) $4<\sqrt{20}<5$에서 $6<2+\sqrt{20}<7$이므로
$2+\sqrt{20}$의 정수 부분은 6이고,
소수 부분은 $2+\sqrt{20}-6=\sqrt{20}-4$이다.

(5) $1<\sqrt{3}<2$에서 $-2<-\sqrt{3}<-1$이므로
$1<3-\sqrt{3}<2$
따라서 $3-\sqrt{3}$의 정수 부분은 1이고,
소수 부분은 $3-\sqrt{3}-1=2-\sqrt{3}$이다.

(6) $2<\sqrt{7}<3$에서 $-3<-\sqrt{7}<-2$이므로
$2<5-\sqrt{7}<3$
따라서 $5-\sqrt{7}$의 정수 부분은 2이고,
소수 부분은 $5-\sqrt{7}-2=3-\sqrt{7}$이다.

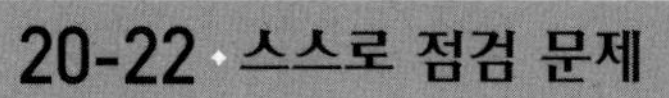

20-22 · 스스로 점검 문제　54쪽

1 ④　**2** 64.14　**3** ①　**4** ②　**5** ③
6 44.05　**7** ⑤　**8** $8\sqrt{3}-12$

1 $\sqrt{5.72}=2.392$, $\sqrt{5.93}=2.435$이므로
$a=2.392$, $b=2.435$
$\therefore a+b=2.392+2.435=4.827$

2 $\sqrt{5.82}=2.412$, $\sqrt{5.94}=2.437$이므로
$a=5.82$, $b=5.94$
$\therefore 10a+b=10\times5.82+5.94=64.14$

3 $\sqrt{6}=2.449$이므로
$\sqrt{600}=\sqrt{100\times6}=10\sqrt{6}=10\times2.449=24.49$

4 ② $\sqrt{50}=7.071$이므로 $\sqrt{0.5}=\frac{\sqrt{50}}{10}=0.7071$

5 $\sqrt{75}-\frac{6}{\sqrt{3}}=5\sqrt{3}-2\sqrt{3}=3\sqrt{3}=3\times1.732=5.196$

6 $\sqrt{4.15}=2.037$, $\sqrt{41.5}=6.442$이므로
$\sqrt{4150}=\sqrt{41.5\times100}=10\sqrt{41.5}=64.42$
$\sqrt{415}=\sqrt{4.15\times100}=10\sqrt{4.15}=20.37$
$\therefore \sqrt{4150}-\sqrt{415}=64.42-20.37=44.05$

7 $2<\sqrt{7}<3$에서 $a=2$, $b=\sqrt{7}-2$이므로
$2a+b=4+(\sqrt{7}-2)=2+\sqrt{7}$

8 $2\sqrt{3}=\sqrt{12}$이고 $3<\sqrt{12}<4$이므로 $4<2\sqrt{3}+1<5$
따라서 $a=4$, $b=2\sqrt{3}+1-4=2\sqrt{3}-3$이므로
$ab=4(2\sqrt{3}-3)=8\sqrt{3}-12$

Ⅱ. 인수분해와 이차방정식

1 다항식의 곱셈

01 다항식의 곱셈 56~57쪽

1 (1) $a\times5$, 3×5, $5a$, $3a$, $a^2+8a+15$
(2) $3x$, x, y, $3x^2$, xy, $3x^2-5xy-2y^2$
(3) 2, 2, $2a^2+ab+a-b^2+b$

2 (1) $ab+3a+2b+6$ (2) $xy-x+4y-4$
(3) $2ac+ad-2bc-bd$
(4) $2ax-10ay-3bx+15by$

3 (1) $a^2+9a+20$ (2) $x^2-4x-21$
(3) $y^2-3y-54$

4 (1) $6a^2+a-12$ (2) $4x^2+21xy+5y^2$
(3) $12a^2+16ab-3b^2$
(4) $-63x^2+25xy-2y^2$

5 (1) $2x^2+7xy+5x+3y^2+15y$
(2) $8a^2-22ab+16a+5b^2-40b$
(3) $-15x^2+14xy+18x+8y^2-24y$
(4) $18a^2-69a+3ab-7b+63$

6 (1) $2y$, 4, 11, 11 (2) 15
(3) 65 (4) -19

3 (1) (주어진 식)$=a^2+4a+5a+20=a^2+9a+20$
(2) (주어진 식)$=x^2+3x-7x-21=x^2-4x-21$
(3) (주어진 식)$=y^2-9y+6y-54=y^2-3y-54$

4 (1) (주어진 식)$=6a^2-8a+9a-12=6a^2+a-12$
(2) (주어진 식)$=4x^2+20xy+xy+5y^2$
$=4x^2+21xy+5y^2$
(3) (주어진 식)$=12a^2+18ab-2ab-3b^2$
$=12a^2+16ab-3b^2$
(4) (주어진 식)$=-63x^2+7xy+18xy-2y^2$
$=-63x^2+25xy-2y^2$

5 (1) (주어진 식)$=2x^2+xy+5x+6xy+3y^2+15y$
$=2x^2+7xy+5x+3y^2+15y$
(2) (주어진 식)
$=8a^2-2ab+16a-20ab+5b^2-40b$
$=8a^2-22ab+16a+5b^2-40b$
(3) (주어진 식)
$=-15x^2-6xy+18x+20xy+8y^2-24y$
$=-15x^2+14xy+18x+8y^2-24y$
(4) (주어진 식)$=18a^2-42a+3ab-7b-27a+63$
$=18a^2-69a+3ab-7b+63$

6 (2) $4x\times4y+y\times(-x)=16xy-xy=15xy$
(3) $-2x\times(-y)+7y\times9x=2xy+63xy=65xy$
(4) $x\times(-3y)-8y\times2x=-3xy-16xy=-19xy$

02 곱셈 공식 (1) 58~59쪽

1 (1) ab, b^2, $a^2+2ab+b^2$
(2) ab, b^2, $a^2-2ab+b^2$

2 (1) a, 5, 10, 25 (2) x^2, x, 6, 12, 36
(3) x, $2y$, $x^2+4xy+4y^2$

3 (1) a^2+6a+9 (2) $9x^2+12x+4$
(3) $a^2-10a+25$ (4) $x^2-18x+81$
(5) $16a^2-40a+25$ (6) $25x^2-80x+64$

4 (1) $a^2+8ab+16b^2$ (2) $x^2+18xy+81y^2$
(3) $4a^2+4ab+b^2$ (4) $25x^2+30xy+9y^2$
(5) $9x^2+48xy+64y^2$ (6) $a^2-6ab+9b^2$
(7) $x^2-12xy+36y^2$ (8) $16x^2-8xy+y^2$
(9) $49x^2-28xy+4y^2$ (10) $81x^2-90xy+25y^2$

5 (1) $a^2+a+\frac{1}{4}$
(2) $x^2-\frac{1}{2}x+\frac{1}{16}$
(3) $\frac{9}{16}a^2+3a+4$
(4) $\frac{25}{4}x^2-20xy+16y^2$
(5) $36a^2-8ab+\frac{4}{9}b^2$
(6) $a^2+a+\frac{1}{4}$

3 (1) $(a+3)^2=a^2+2\times a\times3+3^2=a^2+6a+9$
(2) $(3x+2)^2=(3x)^2+2\times3x\times2+2^2$
$=9x^2+12x+4$
(3) $(a-5)^2=a^2-2\times a\times5+5^2=a^2-10a+25$
(4) $(x-9)^2=x^2-2\times x\times9+9^2=x^2-18x+81$
(5) $(4a-5)^2=(4a)^2-2\times4a\times5+5^2$
$=16a^2-40a+25$
(6) $(-5x+8)^2=(-5x)^2+2\times(-5x)\times8+8^2$
$=25x^2-80x+64$

4 (1) $(a+4b)^2=a^2+2\times a\times 4b+(4b)^2$
$=a^2+8ab+16b^2$
(2) $(x+9y)^2=x^2+2\times x\times 9y+(9y)^2$
$=x^2+18xy+81y^2$
(3) $(2a+b)^2=(2a)^2+2\times 2a\times b+b^2$
$=4a^2+4ab+b^2$
(4) $(5x+3y)^2=(5x)^2+2\times 5x\times 3y+(3y)^2$
$=25x^2+30xy+9y^2$
(5) $(3x+8y)^2=(3x)^2+2\times 3x\times 8y+(8y)^2$
$=9x^2+48xy+64y^2$
(6) $(a-3b)^2=a^2-2\times a\times 3b+(3b)^2$
$=a^2-6ab+9b^2$
(7) $(x-6y)^2=x^2-2\times x\times 6y+(6y)^2$
$=x^2-12xy+36y^2$
(8) $(4x-y)^2=(4x)^2-2\times 4x\times y+y^2$
$=16x^2-8xy+y^2$
(9) $(7x-2y)^2=(7x)^2-2\times 7x\times 2y+(2y)^2$
$=49x^2-28xy+4y^2$
(10) $(9x-5y)^2=(9x)^2-2\times 9x\times 5y+(5y)^2$
$=81x^2-90xy+25y^2$

5 (1) $\left(a+\frac{1}{2}\right)^2=a^2+2\times a\times\frac{1}{2}+\left(\frac{1}{2}\right)^2$
$=a^2+a+\frac{1}{4}$
(2) $\left(x-\frac{1}{4}\right)^2=x^2-2\times x\times\frac{1}{4}+\left(\frac{1}{4}\right)^2$
$=x^2-\frac{1}{2}x+\frac{1}{16}$
(3) $\left(\frac{3}{4}a+2\right)^2=\left(\frac{3}{4}a\right)^2+2\times\frac{3}{4}a\times 2+2^2$
$=\frac{9}{16}a^2+3a+4$
(4) $\left(\frac{5}{2}x-4y\right)^2=\left(\frac{5}{2}x\right)^2-2\times\frac{5}{2}x\times 4y+(4y)^2$
$=\frac{25}{4}x^2-20xy+16y^2$
(5) $\left(6a-\frac{2}{3}b\right)^2=(6a)^2-2\times 6a\times\frac{2}{3}b+\left(\frac{2}{3}b\right)^2$
$=36a^2-8ab+\frac{4}{9}b^2$
(6) $\left(-a-\frac{1}{2}\right)^2=(-a)^2-2\times(-a)\times\frac{1}{2}+\left(\frac{1}{2}\right)^2$
$=a^2+a+\frac{1}{4}$

03 곱셈 공식 (2) 60~61쪽

1 ab, b^2, a^2-b^2

2 (1) 5, a^2-25 (2) 7, $49-x^2$
(3) $3a$, $9a^2-b^2$ (4) $2x$, $3y$, $4x^2-9y^2$

3 (1) a^2-1 (2) $64-x^2$ (3) a^2-36
(4) $4x^2-1$ (5) $25a^2-49$ (6) $9x^2-16$

4 (1) a^2-4b^2 (2) x^2-25y^2 (3) $16a^2-b^2$
(4) $49x^2-y^2$ (5) $4a^2-81b^2$ (6) $9x^2-49y^2$
(7) a^2-64b^2 (8) $25x^2-y^2$ (9) $100b^2-36a^2$
(10) $49y^2-4x^2$

5 (1) $a^2-\frac{1}{16}$ (2) $\frac{1}{9}x^2-25$
(3) $a^2-\frac{1}{4}b^2$ (4) $4x^2-\frac{1}{49}y^2$
(5) $\frac{4}{25}y^2-\frac{9}{16}x^2$

3 (3) $(-a+6)(-a-6)=(-a)^2-6^2=a^2-36$
(6) $(-3x-4)(-3x+4)=(-3x)^2-4^2$
$=9x^2-16$

4 (5) $(2a-9b)(2a+9b)=(2a)^2-(9b)^2$
$=4a^2-81b^2$
(6) $(3x+7y)(3x-7y)=(3x)^2-(7y)^2$
$=9x^2-49y^2$
(7) $(-a+8b)(-a-8b)=(-a)^2-(8b)^2$
$=a^2-64b^2$
(8) $(-5x-y)(-5x+y)=(-5x)^2-y^2$
$=25x^2-y^2$
(9) $(6a+10b)(-6a+10b)$
$=(10b+6a)(10b-6a)$
$=(10b)^2-(6a)^2$
$=100b^2-36a^2$
(10) $(2x+7y)(-2x+7y)$
$=(7y+2x)(7y-2x)$
$=(7y)^2-(2x)^2$
$=49y^2-4x^2$

5 (1) $\left(a+\frac{1}{4}\right)\left(a-\frac{1}{4}\right)=a^2-\left(\frac{1}{4}\right)^2=a^2-\frac{1}{16}$
(2) $\left(\frac{1}{3}x-5\right)\left(\frac{1}{3}x+5\right)=\left(\frac{1}{3}x\right)^2-5^2=\frac{1}{9}x^2-25$
(3) $\left(a+\frac{1}{2}b\right)\left(a-\frac{1}{2}b\right)=a^2-\left(\frac{1}{2}b\right)^2=a^2-\frac{1}{4}b^2$
(4) $\left(2x+\frac{1}{7}y\right)\left(2x-\frac{1}{7}y\right)=(2x)^2-\left(\frac{1}{7}y\right)^2$
$=4x^2-\frac{1}{49}y^2$

(5) $\left(-\frac{3}{4}x+\frac{2}{5}y\right)\left(\frac{3}{4}x+\frac{2}{5}y\right)$

$=\left(\frac{2}{5}y-\frac{3}{4}x\right)\left(\frac{2}{5}y+\frac{3}{4}x\right)$

$=\left(\frac{2}{5}y\right)^2-\left(\frac{3}{4}x\right)^2=\frac{4}{25}y^2-\frac{9}{16}x^2$

04 곱셈 공식 (3) 62~63쪽

1 b, ab, $x^2+(a+b)x+ab$

2 (1) 3, 3, 4, 3 (2) -2, -2, $x^2+4x-12$
(3) -5, -5, $x^2-9x+20$
(4) $2b$, $2b$, $a^2+3ab+2b^2$

3 (1) x^2+7x+6 (2) $x^2+7x+10$
(3) $x^2+11x+24$ (4) $a^2+9a+14$
(5) $a^2+13a+36$ (6) $x^2+\frac{5}{6}x+\frac{1}{6}$

4 (1) $x^2-4x-12$ (2) $a^2-2a-15$
(3) x^2+x-72 (4) $a^2+\frac{1}{12}a-\frac{1}{2}$

5 (1) x^2-6x+8 (2) $a^2-14a+45$
(3) x^2-9x+8 (4) $a^2-\frac{7}{10}a+\frac{1}{10}$

6 (1) $x^2+7xy+12y^2$ (2) $a^2+7ab+6b^2$
(3) $x^2-3xy-10y^2$ (4) $a^2+2ab-63b^2$
(5) $x^2-12xy+32y^2$ (6) $x^2-\frac{5}{12}xy+\frac{1}{24}y^2$

3 (1) $(x+1)(x+6)=x^2+(1+6)x+1\times6$
$=x^2+7x+6$

(2) $(x+2)(x+5)=x^2+(2+5)x+2\times5$
$=x^2+7x+10$

(3) $(x+8)(x+3)=x^2+(8+3)x+8\times3$
$=x^2+11x+24$

(4) $(a+7)(a+2)=a^2+(7+2)a+7\times2$
$=a^2+9a+14$

(5) $(a+4)(a+9)=a^2+(4+9)a+4\times9$
$=a^2+13a+36$

(6) $\left(x+\frac{1}{2}\right)\left(x+\frac{1}{3}\right)=x^2+\left(\frac{1}{2}+\frac{1}{3}\right)x+\frac{1}{2}\times\frac{1}{3}$
$=x^2+\frac{5}{6}x+\frac{1}{6}$

4 (1) $(x+2)(x-6)=x^2+(2-6)x+2\times(-6)$
$=x^2-4x-12$

(2) $(a-5)(a+3)=a^2+(-5+3)a+(-5)\times3$
$=a^2-2a-15$

(3) $(x-8)(x+9)=x^2+(-8+9)x+(-8)\times9$
$=x^2+x-72$

(4) $\left(a+\frac{3}{4}\right)\left(a-\frac{2}{3}\right)$
$=a^2+\left(\frac{3}{4}-\frac{2}{3}\right)a+\frac{3}{4}\times\left(-\frac{2}{3}\right)$
$=a^2+\frac{1}{12}a-\frac{1}{2}$

5 (1) $(x-2)(x-4)$
$=x^2+(-2-4)x+(-2)\times(-4)$
$=x^2-6x+8$

(2) $(a-9)(a-5)$
$=a^2+(-9-5)a+(-9)\times(-5)$
$=a^2-14a+45$

(3) $(x-8)(x-1)$
$=x^2+(-8-1)x+(-8)\times(-1)$
$=x^2-9x+8$

(4) $\left(a-\frac{1}{5}\right)\left(a-\frac{1}{2}\right)$
$=a^2+\left(-\frac{1}{5}-\frac{1}{2}\right)a+\left(-\frac{1}{5}\right)\times\left(-\frac{1}{2}\right)$
$=a^2-\frac{7}{10}a+\frac{1}{10}$

6 (1) $(x+3y)(x+4y)=x^2+(3y+4y)x+3y\times4y$
$=x^2+7xy+12y^2$

(2) $(a+6b)(a+b)=a^2+(6b+b)a+6b\times b$
$=a^2+7ab+6b^2$

(3) $(x+2y)(x-5y)$
$=x^2+(2y-5y)x+2y\times(-5y)$
$=x^2-3xy-10y^2$

(4) $(a-7b)(a+9b)$
$=a^2+(-7b+9b)a+(-7b)\times9b$
$=a^2+2ab-63b^2$

(5) $(x-4y)(x-8y)$
$=x^2+(-4y-8y)x+(-4y)\times(-8y)$
$=x^2-12xy+32y^2$

(6) $\left(x-\frac{1}{6}y\right)\left(x-\frac{1}{4}y\right)$
$=x^2+\left(-\frac{1}{6}y-\frac{1}{4}y\right)x+\left(-\frac{1}{6}y\right)\times\left(-\frac{1}{4}y\right)$
$=x^2-\frac{5}{12}xy+\frac{1}{24}y^2$

05 곱셈 공식 (4)

64~65쪽

1 ac, bc, $acx^2+(ad+bc)x+bd$

2 (1) 2, 5, 2, 15, 11, 2
(2) 2, -3, 2, -3, $8x^2-10x-3$
(3) 5, 4, -3, -7, $20x^2-47x+21$
(4) 3, $2y$, 3, $2y$, $6x^2+13xy+6y^2$

3 (1) $10x^2+11x+3$ (2) $12x^2+23x+5$
(3) $6x^2+29x+35$ (4) $54x^2+57x+10$
(5) $16x^2+26x+3$ (6) $24x^2+3x+\frac{1}{12}$

4 (1) $12x^2-11x+2$ (2) $16x^2-62x+21$
(3) $20x^2-57x+27$ (4) $18x^2-3x+\frac{1}{8}$

5 (1) $6x^2+11x-35$ (2) $20x^2+11x-3$
(3) $28x^2+27x-10$ (4) $18x^2+33x-40$
(5) $-12x^2+36x-15$
(6) $-27x^2+51x-20$

6 (1) $8x^2+26xy+21y^2$
(2) $24x^2-46xy+10y^2$
(3) $20x^2+37xy-18y^2$
(4) $-54x^2+33xy-4y^2$
(5) $20x^2-9xy-18y^2$
(6) $\frac{1}{6}x^2-\frac{1}{72}xy-\frac{1}{12}y^2$

3 (1) (주어진 식)
$=(5\times2)x^2+(5\times1+3\times2)x+3\times1$
$=10x^2+11x+3$

(2) (주어진 식)
$=(4\times3)x^2+(4\times5+1\times3)x+1\times5$
$=12x^2+23x+5$

(3) (주어진 식)
$=(3\times2)x^2+(3\times5+7\times2)x+7\times5$
$=6x^2+29x+35$

(4) (주어진 식)
$=(6\times9)x^2+(6\times2+5\times9)x+5\times2$
$=54x^2+57x+10$

(5) (주어진 식)
$=(2\times8)x^2+(2\times1+3\times8)x+3\times1$
$=16x^2+26x+3$

(6) (주어진 식)
$=(4\times6)x^2+\left(4\times\frac{1}{4}+\frac{1}{3}\times6\right)x+\frac{1}{3}\times\frac{1}{4}$
$=24x^2+3x+\frac{1}{12}$

4 (1) (주어진 식)
$=(3\times4)x^2+\{3\times(-1)+(-2)\times4\}x$
$+(-2)\times(-1)$
$=12x^2-11x+2$

(2) (주어진 식)
$=(2\times8)x^2+\{2\times(-3)+(-7)\times8\}x$
$+(-7)\times(-3)$
$=16x^2-62x+21$

(3) (주어진 식)
$=(5\times4)x^2+\{5\times(-9)+(-3)\times4\}x$
$+(-3)\times(-9)$
$=20x^2-57x+27$

(4) (주어진 식)
$=(9\times2)x^2+\left\{9\times\left(-\frac{1}{6}\right)+\left(-\frac{3}{4}\right)\times2\right\}x$
$+\left(-\frac{3}{4}\right)\times\left(-\frac{1}{6}\right)$
$=18x^2-3x+\frac{1}{8}$

5 (1) (주어진 식)
$=(2\times3)x^2+\{2\times(-5)+7\times3\}x+7\times(-5)$
$=6x^2+11x-35$

(2) (주어진 식)
$=(4\times5)x^2+\{4\times(-1)+3\times5\}x+3\times(-1)$
$=20x^2+11x-3$

(3) (주어진 식)
$=(7\times4)x^2+\{7\times5+(-2)\times4\}x+(-2)\times5$
$=28x^2+27x-10$

(4) (주어진 식)
$=(6\times3)x^2+\{6\times8+(-5)\times3\}x+(-5)\times8$
$=18x^2+33x-40$

(5) (주어진 식)
$=\{(-2)\times6\}x^2+\{(-2)\times(-3)+5\times6\}x$
$+5\times(-3)$
$=-12x^2+36x-15$

(6) (주어진 식)
$=\{9\times(-3)\}x^2+\{9\times4+(-5)\times(-3)\}x$
$+(-5)\times4$
$=-27x^2+51x-20$

6 (1) (주어진 식)
$=(4\times2)x^2+(4\times3y+7y\times2)x+7y\times3y$
$=8x^2+26xy+21y^2$

(2) (주어진 식)
$=(3\times8)x^2+\{3\times(-2y)+(-5y)\times8\}x$
$+(-5y)\times(-2y)$
$=24x^2-46xy+10y^2$

(3) (주어진 식)

$=(5\times4)x^2+\{5\times9y+(-2y)\times4\}x$
$\qquad+(-2y)\times9y$

$=20x^2+37xy-18y^2$

(4) (주어진 식)

$=\{(-9)\times6\}x^2+\{(-9)\times(-y)+4y\times6\}x$
$\qquad+4y\times(-y)$

$=-54x^2+33xy-4y^2$

(5) (주어진 식)

$=\{(-4)\times(-5)\}x^2+\{(-4)\times6y$
$\qquad+(-3y)\times(-5)\}x+(-3y)\times6y$

$=20x^2-9xy-18y^2$

(6) (주어진 식)

$=\left(\frac{1}{2}\times\frac{1}{3}\right)x^2+\left\{\frac{1}{2}\times\left(-\frac{1}{4}y\right)+\frac{1}{3}y\times\frac{1}{3}\right\}x$
$\qquad+\frac{1}{3}y\times\left(-\frac{1}{4}y\right)$

$=\frac{1}{6}x^2-\frac{1}{72}xy-\frac{1}{12}y^2$

01-05 · 스스로 점검 문제 66쪽

1 -13	2 ③	3 ⑤	4 ④
5 ④	6 $\frac{1}{4}$	7 1	8 ②

1 xy항이 나오는 부분만 전개하면

$2x\times4y-7y\times3x=8xy-21xy=-13xy$

따라서 xy의 계수는 -13이다.

2 ③ $(-4-3x)(4-3x)=(-3x-4)(-3x+4)$
$=(-3x)^2-4^2$
$=9x^2-16$

3 $\left(-\frac{1}{3}x-1\right)^2=\left\{-\frac{1}{3}(x+3)\right\}^2=\frac{1}{9}(x+3)^2$

4 ① $(a+2)(a-2)=a^2-4$

② $(-2+a)(2+a)=(a-2)(a+2)=a^2-4$

③ $-(2+a)(2-a)=-(4-a^2)=a^2-4$

④ $(a-2)(-a+2)=-(a-2)^2=-(a^2-4a+4)$
$=-a^2+4a-4$

⑤ $(2-a)(-2-a)=(-a+2)(-a-2)$
$=(-a)^2-2^2=a^2-4$

5 $(1-x)(1+x)(1+x^2)=(1-x^2)(1+x^2)=1-x^4$

6 $\left(x-\frac{1}{2}\right)\left(x+\frac{1}{6}\right)=x^2+\left(-\frac{1}{2}+\frac{1}{6}\right)x+\left(-\frac{1}{2}\right)\times\frac{1}{6}$
$=x^2-\frac{1}{3}x-\frac{1}{12}$

따라서 $a=-\frac{1}{3}$, $b=-\frac{1}{12}$이므로

$b-a=-\frac{1}{12}-\left(-\frac{1}{3}\right)=-\frac{1}{12}+\frac{1}{3}=\frac{1}{4}$

7 $(2x-y)(6x+7y)=12x^2+8xy-7y^2$

따라서 xy의 계수는 8, y^2의 계수는 -7이므로

$8+(-7)=1$

8 ① $2x^2+7x+3$ ➔ 7

② $27x^2-3x-14$ ➔ -3

③ $6x^2+13x-5$ ➔ 13

④ $20x^2+7x-6$ ➔ 7

⑤ $42x^2+10x-12$ ➔ 10

06 곱셈 공식을 이용한 수의 계산 67~68쪽

1 100, 100, 100, 100, 400, 10404

2 (1) 11025 (2) $(50+3)^2$, 2809 (3) $(3+0.2)^2$, 10.24

3 50, 50, 50, 50, 100, 2401

4 (1) 9801 (2) $(70-2)^2$, 4624 (3) $(3-0.3)^2$, 7.29

5 3, 3, 3, 3, 3, 9, 9991

6 (1) 2499 (2) $(100+2)(100-2)$, 9996 (3) $(3-0.2)(3+0.2)$, 8.96

7 3, 1, 3, 1, 3, 1, 200, 2703

8 (1) 10506 (2) $(90-2)(90-1)$, 7832 (3) $(3+0.3)(3+0.5)$, 11.55

9 (1)-(다) (2)-(라) (3)-(가) (4)-(나)

2 (1) $(100+5)^2=100^2+2\times100\times5+5^2$
$=10000+1000+25=11025$

(2) $(50+3)^2=50^2+2\times50\times3+3^2$
$=2500+300+9=2809$

(3) $(3+0.2)^2=3^2+2\times3\times0.2+0.2^2$
$=9+1.2+0.04=10.24$

4 (1) $(100-1)^2=100^2-2\times100\times1+1^2$
$=10000-200+1=9801$
(2) $(70-2)^2=70^2-2\times70\times2+2^2$
$=4900-280+4=4624$
(3) $(3-0.3)^2=3^2-2\times3\times0.3+0.3^2$
$=9-1.8+0.09=7.29$

6 (1) $(50+1)(50-1)=50^2-1^2=2500-1=2499$
(2) $(100+2)(100-2)=100^2-2^2$
$=10000-4=9996$
(3) $(3-0.2)(3+0.2)=3^2-0.2^2=9-0.04=8.96$

8 (1) $(100+2)(100+3)$
$=100^2+(2+3)\times100+2\times3$
$=10000+500+6=10506$
(2) $(90-2)(90-1)$
$=90^2+\{(-2)+(-1)\}\times90+(-2)\times(-1)$
$=8100-270+2=7832$
(3) $(3+0.3)(3+0.5)$
$=3^2+(0.3+0.5)\times3+0.3\times0.5$
$=9+2.4+0.15=11.55$

9 (1) $73\times67=(70+3)(70-3)$
(2) $6.9\times7.2=(7-0.1)(7+0.2)$
(3) $51^2=(50+1)^2$
(4) $98^2=(100-2)^2$

07 곱셈 공식을 이용한 분모의 유리화 69쪽

1 (1) $2-\sqrt{3}$, $2-\sqrt{3}$, $8-4\sqrt{3}$, 3, $8-4\sqrt{3}$
(2) $2\sqrt{5}+4$ (3) $\frac{3\sqrt{7}-3\sqrt{5}}{2}$
(4) $5\sqrt{3}+5\sqrt{2}$ (5) $-12\sqrt{2}+18$

2 (1) $2-\sqrt{3}$, $7-4\sqrt{3}$, 3, $7-4\sqrt{3}$
(2) $-5-2\sqrt{6}$ (3) $\frac{29+12\sqrt{5}}{11}$ (4) $\frac{25-4\sqrt{6}}{23}$

1 (1) $\frac{4}{2+\sqrt{3}}=\frac{4(\boxed{2-\sqrt{3}})}{(2+\sqrt{3})(\boxed{2-\sqrt{3}})}$
$=\frac{\boxed{8-4\sqrt{3}}}{4-\boxed{3}}=\boxed{8-4\sqrt{3}}$

(2) (주어진 식)$=\frac{2(\sqrt{5}+2)}{(\sqrt{5}-2)(\sqrt{5}+2)}=\frac{2\sqrt{5}+4}{5-4}$
$=2\sqrt{5}+4$

(3) (주어진 식)$=\frac{3(\sqrt{7}-\sqrt{5})}{(\sqrt{7}+\sqrt{5})(\sqrt{7}-\sqrt{5})}$
$=\frac{3\sqrt{7}-3\sqrt{5}}{2}$

(4) (주어진 식)$=\frac{5(\sqrt{3}+\sqrt{2})}{(\sqrt{3}-\sqrt{2})(\sqrt{3}+\sqrt{2})}$
$=5\sqrt{3}+5\sqrt{2}$

(5) (주어진 식)$=\frac{6(2\sqrt{2}-3)}{(2\sqrt{2}+3)(2\sqrt{2}-3)}$
$=\frac{12\sqrt{2}-18}{8-9}=-12\sqrt{2}+18$

2 (1) $\frac{2-\sqrt{3}}{2+\sqrt{3}}=\frac{(2-\sqrt{3})^2}{(2+\sqrt{3})(\boxed{2-\sqrt{3}})}$
$=\frac{\boxed{7-4\sqrt{3}}}{4-\boxed{3}}=\boxed{7-4\sqrt{3}}$

(2) (주어진 식)$=\frac{(\sqrt{2}+\sqrt{3})^2}{(\sqrt{2}-\sqrt{3})(\sqrt{2}+\sqrt{3})}$
$=\frac{5+2\sqrt{6}}{-1}=-5-2\sqrt{6}$

(3) (주어진 식)$=\frac{(2\sqrt{5}+3)^2}{(2\sqrt{5}-3)(2\sqrt{5}+3)}$
$=\frac{29+12\sqrt{5}}{20-9}=\frac{29+12\sqrt{5}}{11}$

(4) (주어진 식)$=\frac{(4\sqrt{3}-\sqrt{2})^2}{(4\sqrt{3}+\sqrt{2})(4\sqrt{3}-\sqrt{2})}$
$=\frac{50-8\sqrt{6}}{48-2}=\frac{25-4\sqrt{6}}{23}$

08 곱셈 공식의 변형 70~71쪽

1 (1) $a^2+2ab+b^2$, $2ab$ (2) $a^2-2ab+b^2$, $2ab$
2 (1) $2ab$, $2ab$, $4ab$ (2) $2ab$, $2ab$, $4ab$
3 (1) $2xy$, 2, 10 (2) $4xy$, 4, 4
4 (1) $2xy$, 2, 13 (2) $4xy$, 4, 17
5 (1) 39 (2) 29
6 (1) 29 (2) 33
7 (1) 42 (2) 48
8 (1) 2 (2) 0
9 (1) x^2+y^2, 56, 8, 4 (2) xy, 4, 2
10 (1) 2 (2) 28 (3) 3 (4) 16
11 (1) -3 (2) 69 (3) 3 (4) -25

5 $x+y=7$, $xy=5$이므로

(1) $x^2+y^2=(x+y)^2-2xy=7^2-2\times5$
$=49-10=39$

(2) $(x-y)^2=(x+y)^2-4xy=7^2-4\times5$
$=49-20=29$

7 $x-y=6$, $xy=3$이므로

(1) $x^2+y^2=(x-y)^2+2xy=6^2+2\times3$
$=36+6=42$

(2) $(x+y)^2=(x-y)^2+4xy=6^2+4\times3$
$=36+12=48$

8 $x-y=2$, $xy=-1$이므로

(1) $x^2+y^2=(x-y)^2+2xy=2^2+2\times(-1)$
$=4-2=2$

(2) $(x+y)^2=(x-y)^2+4xy=2^2+4\times(-1)$
$=4-4=0$

10 $x+y=6$, $x^2+y^2=32$이고

(1) $(x+y)^2=x^2+y^2+2xy$이므로
$6^2=32+2xy$, $2xy=4$ $\quad\therefore xy=2$

(2) $(x-y)^2=(x+y)^2-4xy=6^2-4\times2$
$=36-8=28$

(3) $\frac{1}{x}+\frac{1}{y}=\frac{x+y}{xy}=\frac{6}{2}=3$

(4) $\frac{y}{x}+\frac{x}{y}=\frac{x^2+y^2}{xy}=\frac{32}{2}=16$

11 $x-y=9$, $x^2+y^2=75$이고

(1) $(x-y)^2=x^2+y^2-2xy$이므로
$9^2=75-2xy$, $2xy=-6$ $\quad\therefore xy=-3$

(2) $(x+y)^2=(x-y)^2+4xy=9^2+4\times(-3)$
$=81-12=69$

(3) $\frac{1}{x}-\frac{1}{y}=\frac{y-x}{xy}=\frac{-(x-y)}{xy}=\frac{-9}{-3}=3$

(4) $\frac{y}{x}+\frac{x}{y}=\frac{x^2+y^2}{xy}=\frac{75}{-3}=-25$

09 곱셈 공식을 이용하여 식의 값 구하기 72쪽

1 (1) 4 (2) 3, 1 (3) 4 (4) 14 (5) 14 (6) 5 (7) $2\sqrt{3}$

2 (1) 3 (2) -2 (3) 3 (4) 31

1 $x=2+\sqrt{3}$, $y=2-\sqrt{3}$이고, $x+y=4$, $xy=1$이므로

(3) $\frac{1}{x}+\frac{1}{y}=\frac{x+y}{xy}=\frac{4}{1}=4$

(4) $x^2+y^2=(x+y)^2-2xy=4^2-2\times1=14$

(5) $\frac{y}{x}+\frac{x}{y}=\frac{x^2+y^2}{xy}=\frac{14}{1}=14$

(6) $(x+1)(y+1)-xy=xy+x+y+1-xy$
$=x+y+1$
$=4+1=5$

(7) $x(y+1)-y(x+1)=xy+x-xy-y$
$=x-y$
$=2+\sqrt{3}-(2-\sqrt{3})=2\sqrt{3}$

2 (1) $x-1=\sqrt{2}$이므로 $(x-1)^2=(\sqrt{2})^2$
$x^2-2x+1=2$ $\quad\therefore x^2-2x=1$
$\therefore x^2-2x+2=1+2=3$

(2) $x-2=\sqrt{3}$이므로 $(x-2)^2=(\sqrt{3})^2$
$x^2-4x+4=3$ $\quad\therefore x^2-4x=-1$
$\therefore x^2-4x-1=-1-1=-2$

(3) $x+3=\sqrt{5}$이므로 $(x+3)^2=(\sqrt{5})^2$
$x^2+6x+9=5$ $\quad\therefore x^2+6x=-4$
$\therefore x^2+6x+7=-4+7=3$

(4) $x-2=-2\sqrt{7}$이므로 $(x-2)^2=(-2\sqrt{7})^2$
$x^2-4x+4=28$ $\quad\therefore x^2-4x=24$
$\therefore x^2-4x+7=24+7=31$

06-09 스스로 점검 문제 73쪽

1 ⑤	2 105	3 ⑤	4 ④
5 ④	6 ③	7 $\frac{5}{2}$	8 ⑤

1 ① $203^2=(200+3)^2$
② $98^2=(100-2)^2$
③ $95\times105=(100-5)(100+5)$
④ $47\times51=(50-3)(50+1)$
⑤ $1001\times999=(1000+1)(1000-1)$
➜ $(a+b)(a-b)=a^2-b^2$

2 $51^2-52\times48=(50+1)^2-(50+2)(50-2)$
$=50^2+2\times50\times1+1^2-(50^2-2^2)$
$=2500+100+1-(2500-4)$
$=105$

3 ① $\frac{2}{\sqrt{3}-1}=\frac{2(\sqrt{3}+1)}{(\sqrt{3}-1)(\sqrt{3}+1)}$
$=\frac{2(\sqrt{3}+1)}{3-1}=\sqrt{3}+1$

② $\frac{4}{\sqrt{7}+\sqrt{3}}=\frac{4(\sqrt{7}-\sqrt{3})}{(\sqrt{7}+\sqrt{3})(\sqrt{7}-\sqrt{3})}$
$=\frac{4(\sqrt{7}-\sqrt{3})}{7-3}=\sqrt{7}-\sqrt{3}$

③ $\frac{2}{3+2\sqrt{2}}=\frac{2(3-2\sqrt{2})}{(3+2\sqrt{2})(3-2\sqrt{2})}$
$=\frac{2(3-2\sqrt{2})}{9-8}=6-4\sqrt{2}$

④ $\frac{2}{3+\sqrt{5}}=\frac{2(3-\sqrt{5})}{(3+\sqrt{5})(3-\sqrt{5})}$
$=\frac{2(3-\sqrt{5})}{9-5}=\frac{3-\sqrt{5}}{2}$

⑤ $\frac{1}{4-\sqrt{2}}=\frac{4+\sqrt{2}}{(4-\sqrt{2})(4+\sqrt{2})}$
$=\frac{4+\sqrt{2}}{16-2}=\frac{4+\sqrt{2}}{14}$

4 $x=\frac{\sqrt{7}+3}{\sqrt{7}-3}=\frac{(\sqrt{7}+3)^2}{(\sqrt{7}-3)(\sqrt{7}+3)}=-8-3\sqrt{7}$
$y=\frac{6(\sqrt{7}-2)}{(\sqrt{7}+2)(\sqrt{7}-2)}=2\sqrt{7}-4$
$\therefore x-y=-8-3\sqrt{7}-(2\sqrt{7}-4)=-4-5\sqrt{7}$

5 $a^2+b^2=(a+b)^2-2ab=6^2-2\times9$
$=36-18=18$

6 $(x+y)^2=(x-y)^2+4xy=5^2+4\times3$
$=25+12=37$

7 $(x+y)^2=x^2+y^2+2xy$이므로
$9^2=45+2xy$, $2xy=81-45=36$ $\quad\therefore xy=18$
$\therefore \frac{y}{x}+\frac{x}{y}=\frac{x^2+y^2}{xy}=\frac{45}{18}=\frac{5}{2}$

8 $x=\frac{\sqrt{5}+2}{\sqrt{5}-2}=\frac{(\sqrt{5}+2)^2}{(\sqrt{5}-2)(\sqrt{5}+2)}=9+4\sqrt{5}$이므로
$x-9=4\sqrt{5}$, $(x-9)^2=(4\sqrt{5})^2$,
$x^2-18x+81=80$
$\therefore x^2-18x=-1$
$\therefore x^2-18x+6=-1+6=5$

2 인수분해

10 인수와 인수분해의 뜻 74쪽

1 (1) $x-1$ (2) $x-1$, $x+1$, $x-1$
2 (1) ○ (2) ○ (3) × (4) × (5) ○
3 (1) x^2+6x+9 (2) $16x^2-56x+49$
(3) $4x^2-25$ (4) $x^2-2x-15$
(5) $10x^2-11x-6$

11 공통인수를 이용한 인수분해 75~76쪽

1 인수, m, 공통인수
2 (1) a (2) $3x^2$ (3) $3xy^2$ (4) $4x$
3 (1) $2y$ (2) a^2 (3) $3a$ (4) a (5) $2a^2b$
4 (1) $3a(2ab-1)$ (2) $-2a(a+2)$
(3) $a(b-x+2y)$ (4) $3y^2(x-2)$
(5) $a(ab-a+2b)$ (6) $3x(x+y-3)$
(7) $ab(a-3+2b)$
5 (1) $(a-b)(x-y)$
(2) $(x+y)(a-b)$
(3) $(a-2b)(2x-y)$
(4) $(x+y)(1+2a+b)$
(5) $(a-2b)(x-2y)$

5 (5) $x(a-2b)+2y(2b-a)$
$=x(a-2b)-2y(a-2b)$
$=(a-2b)(x-2y)$

10-11 스스로 점검 문제 77쪽

1 ⑤ **2** x^2-2x-3 **3** ④ **4** ①
5 ③ **6** ④ **7** $(x-5)(x-1)$

1 다항식 $xy(x+2y)$의 인수는 1, x, y, $x+2y$, xy, $x(x+2y)$, $y(x+2y)$, $xy(x+2y)$이다.

2 $(x+1)(x-3)=x^2+(-3+1)x-3=x^2-2x-3$
따라서 $(x+1)(x-3)$은 다항식 x^2-2x-3을 인수분해한 것이다.

3 (주어진 식)$=2xy(2x-1)$

따라서 $4x^2y-2xy$의 인수가 아닌 것은 ④이다.

4 $a(x-y)+b(y-x)=a(x-y)-b(x-y)$
$=(a-b)(x-y)$

5 ① $2x^2y-4xy^2+8x^2y^2=2xy(x-2y+4xy)$
② $ax+ay=a(x+y)$
④ $2ab^2+ab-a^2b=ab(2b+1-a)$
⑤ $6xy+3y^2=3y(2x+y)$

6 ④ $5a^3x$와 $10a^2y$의 공통인수는 $5a^2$이다.

7 (주어진 식)$=(x-5)(x+2-3)$
$=(x-5)(x-1)$

12 인수분해 공식 (1) 78~79쪽

1 (1) 3, 3, 3 (2) 5, 5, 5
(3) 2, 2, 3, 3, 2, 3 (4) a, a, 3, 3, a, 3

2 (1) $(x+2)^2$ (2) $(x-4)^2$ (3) $(x+6)^2$
(4) $(x-7)^2$ (5) $\left(x+\frac{1}{4}\right)^2$ (6) $(3x-1)^2$
(7) $(2x+1)^2$ (8) $\left(\frac{1}{2}x-1\right)^2$ (9) $(3x-4y)^2$
(10) $(5x+2y)^2$

3 (1) $4(x+1)^2$ (2) $a(x-1)^2$
(3) $3(x-3y)^2$ (4) $2(x+5)^2$
(5) $a(2x+1)^2$ (6) $a(5x-2y)^2$

4 (1) ○ (2) × (3) ○ (4) × (5) ○ (6) ×

2 (5) (주어진 식)$=x^2+2\times x\times\frac{1}{4}+\left(\frac{1}{4}\right)^2=\left(x+\frac{1}{4}\right)^2$
(6) (주어진 식)$=(3x)^2-2\times3x\times1+1^2=(3x-1)^2$
(7) (주어진 식)$=(2x)^2+2\times2x\times1+1^2=(2x+1)^2$
(8) (주어진 식)$=\left(\frac{1}{2}x\right)^2-2\times\frac{1}{2}x\times1+1^2$
$=\left(\frac{1}{2}x-1\right)^2$
(9) (주어진 식)$=(3x)^2-2\times3x\times4y+(4y)^2$
$=(3x-4y)^2$
(10) (주어진 식)$=(5x)^2+2\times5x\times2y+(2y)^2$
$=(5x+2y)^2$

3 (1) (주어진 식)$=4(x^2+2x+1)=4(x+1)^2$
(2) (주어진 식)$=a(x^2-2x+1)=a(x-1)^2$
(3) (주어진 식)$=3(x^2-6xy+9y^2)=3(x-3y)^2$
(4) (주어진 식)$=2(x^2+10x+25)=2(x+5)^2$
(5) (주어진 식)$=a(4x^2+4x+1)=a(2x+1)^2$
(6) (주어진 식)$=a(25x^2-20xy+4y^2)$
$=a(5x-2y)^2$

4 (2) $4x^2-4x+1=(2x)^2-2\times2x\times1+1^2$
$=(2x-1)^2$
(4) $x^2-20x+100=x^2-2\times x\times10+10^2$
$=(x-10)^2$
(6) $2x^2+28x+98=2(x^2+14x+49)$
$=2(x^2+2\times x\times7+7^2)$
$=2(x+7)^2$

13 완전제곱식이 될 조건 80쪽

1 (1) 4, 4, 4, 16 (2) 9 (3) 1 (4) 4
(5) y^2 (6) $16y^2$

2 (1) ±4 (2) ±8 (3) ±6 (4) ±12

1 (3) (주어진 식)$=(2x)^2+2\times2x\times1+1^2$
$\therefore \square=1^2=1$
(4) (주어진 식)$=(3x)^2-2\times3x\times2+2^2$
$\therefore \square=2^2=4$
(5) (주어진 식)$=(2x)^2+2\times2x\times y+y^2$
$\therefore \square=y^2$
(6) (주어진 식)$=(3x)^2-2\times3x\times4y+(4y)^2$
$\therefore \square=(4y)^2=16y^2$

2 (1) $4=(\pm2)^2$이므로
(주어진 식)$=x^2+2\times x\times(\pm2)+(\pm2)^2$
$\therefore \square=\pm4$
(2) $16y^2=(\pm4y)^2$이므로
(주어진 식)$=x^2+2\times x\times(\pm4y)+(\pm4y)^2$
$\therefore \square=\pm8$
(3) $1=(\pm1)^2$이므로
(주어진 식)$=(3x)^2+2\times3x\times(\pm1)+(\pm1)^2$
$\therefore \square=\pm6$
(4) $9y^2=(\pm3y)^2$이므로
(주어진 식)$=(2x)^2+2\times2x\times(\pm3y)+(\pm3y)^2$
$\therefore \square=\pm12$

14 인수분해 공식 (2)

81~82쪽

1 (1) 4, 4, 4 (2) $3y$, $3y$, $3y$

(3) $\frac{1}{2}$, $\frac{1}{2}$, $3x$, $\frac{1}{2}$ (4) $3y$, $3y$, $3y$

(5) $4x$, 5, $4x$, 5, $4x$, 5

2 (1) $(x+3)(x-3)$ (2) $(x+5)(x-5)$

(3) $(4+x)(4-x)$ (4) $\left(x+\frac{3}{2}\right)\left(x-\frac{3}{2}\right)$

(5) $(x+8y)(x-8y)$ (6) $(5x+4y)(5x-4y)$

(7) $(3x+8y)(3x-8y)$

(8) $-(2x+7y)(2x-7y)$

3 (1) $3(x+4)(x-4)$ (2) $4(x+3)(x-3)$

(3) $5(x+5)(x-5)$ (4) $3(x+2y)(x-2y)$

(5) $-2(x+6y)(x-6y)$

4 (1) ○ (2) × (3) ○ (4) ○ (5) ×

2 (3) (주어진 식)$=4^2-x^2=(4+x)(4-x)$

(4) (주어진 식)$=x^2-\left(\frac{3}{2}\right)^2=\left(x+\frac{3}{2}\right)\left(x-\frac{3}{2}\right)$

(5) (주어진 식)$=x^2-(8y)^2=(x+8y)(x-8y)$

(6) (주어진 식)$=(5x)^2-(4y)^2$

$=(5x+4y)(5x-4y)$

(7) (주어진 식)$=(3x)^2-(8y)^2$

$=(3x+8y)(3x-8y)$

(8) (주어진 식)

$=-(4x^2-49y^2)=-\{(2x)^2-(7y)^2\}$

$=-(2x+7y)(2x-7y)$

3 (1) (주어진 식)$=3(x^2-16)=3(x+4)(x-4)$

(2) (주어진 식)$=4(x^2-9)=4(x+3)(x-3)$

(3) (주어진 식)$=5(x^2-25)=5(x+5)(x-5)$

(4) (주어진 식)$=3(x^2-4y^2)=3(x+2y)(x-2y)$

(5) (주어진 식)$=-2(x^2-36y^2)$

$=-2(x+6y)(x-6y)$

4 (2) $-x^2-1=-(x^2+1)$

이므로 더 이상 인수분해되지 않는다.

(5) $-49x^2+25y^2=-(49x^2-25y^2)$

$=-(7x+5y)(7x-5y)$

12-14 스스로 점검 문제

83쪽

1 ④ **2** $(6x+5y)^2$ **3** ③ **4** ②

5 $\left(2x+\frac{1}{3}\right)\left(2x-\frac{1}{3}\right)$ **6** ⑤ **7** 21

8 5

1 ① $x^2-4x+4=(x-2)^2$

② $x^2-\frac{3}{2}x+\frac{9}{16}=\left(x-\frac{3}{4}\right)^2$

③ $4x^2-4x+1=(2x-1)^2$

⑤ $x^2-2x+1=(x-1)^2$

2 (주어진 식)$=(6x)^2+2\times6x\times5y+(5y)^2$

$=(6x+5y)^2$

3 $\square=\left(\frac{-14}{2}\right)^2=49$

4 $\frac{1}{16}=\left(\pm\frac{1}{4}\right)^2$이므로

(주어진 식)$=x^2+2\times x\times\left(\pm\frac{1}{4}\right)+\left(\pm\frac{1}{4}\right)^2$

$\therefore \square=\pm\frac{1}{2}$

5 (주어진 식)$=(2x)^2-\left(\frac{1}{3}\right)^2=\left(2x+\frac{1}{3}\right)\left(2x-\frac{1}{3}\right)$

6 (주어진 식)$=(5a)^2-(8b)^2=(5a+8b)(5a-8b)$

7 $-49x^2+9y^2=-(49x^2-9y^2)$

$=-\{(7x)^2-(3y)^2\}$

$=-(7x+3y)(7x-3y)$

따라서 $A=7$, $B=3$이므로 $AB=21$

8 $-75x^2+27y^2=-3(25x^2-9y^2)$

$=-3(5x+3y)(5x-3y)$

이므로 $A=-3$, $B=5$, $C=3$

$\therefore A+B+C=(-3)+5+3=5$

15 인수분해 공식 (3)　84~85쪽

1 (1) a, b, 8　(2) -8, 4, -2, 2, 4　(3) 4, 4, 4

2 (1) 1, 2　(2) 1, 4　(3) -3, 4
(4) -4, -2　(5) -2, 4　(6) -6, 4
(7) -5, -3

3 (1) 1과 6, 2와 3, -1과 -6, -2와 -3
(2) -2, -3　(3) $(x-2)(x-3)$

4 (1) $(x+1)(x+4)$　(2) $(x-2)(x-4)$
(3) $(x-3)(x+2)$　(4) $(x+2)(x+5)$
(5) $(x+4y)(x+6y)$　(6) $(x-4y)(x-10y)$
(7) $(x-3y)(x-5y)$　(8) $(x-7y)(x+4y)$

5 (1) $5(x-3)(x+4)$　(2) $2(x-4)(x-7)$
(3) $3(x+1)(x+5)$　(4) $2(x-3y)(x-4y)$
(5) $4(x-y)(x+3y)$　(6) $3(x+3y)(x+6y)$

4 (1) 합이 5, 곱이 4인 두 수는 1, 4이므로
(주어진 식)$=(x+1)(x+4)$
(2) 합이 -6, 곱이 8인 두 수는 -2, -4이므로
(주어진 식)$=(x-2)(x-4)$
(3) 합이 -1, 곱이 -6인 두 수는 -3, 2이므로
(주어진 식)$=(x-3)(x+2)$
(4) 합이 7, 곱이 10인 두 수는 2, 5이므로
(주어진 식)$=(x+2)(x+5)$
(5) 합이 10, 곱이 24인 두 수는 4, 6이므로
(주어진 식)$=(x+4y)(x+6y)$
(6) 합이 -14, 곱이 40인 두 수는 -4, -10이므로
(주어진 식)$=(x-4y)(x-10y)$
(7) 합이 -8, 곱이 15인 두 수는 -3, -5이므로
(주어진 식)$=(x-3y)(x-5y)$
(8) 합이 -3, 곱이 -28인 두 수는 -7, 4이므로
(주어진 식)$=(x-7y)(x+4y)$

5 (1) (주어진 식)$=5(x^2+x-12)=5(x-3)(x+4)$
(2) (주어진 식)$=2(x^2-11x+28)$
$=2(x-4)(x-7)$
(3) (주어진 식)$=3(x^2+6x+5)=3(x+1)(x+5)$
(4) (주어진 식)$=2(x^2-7xy+12y^2)$
$=2(x-3y)(x-4y)$
(5) (주어진 식)$=4(x^2+2xy-3y^2)$
$=4(x-y)(x+3y)$
(6) (주어진 식)$=3(x^2+9xy+18y^2)$
$=3(x+3y)(x+6y)$

16 인수분해 공식 (4)　86~88쪽

1 (1) 7, 3　(2) 3, 풀이 참조　(3) 1, 3, 2, 1
(4) 3, 2, 1

2 풀이 참조

3 (1) $(x+1)(2x+1)$　(2) $(x-2)(2x+1)$
(3) $(x-1)(3x-2)$　(4) $(x+1)(5x-3)$
(5) $(2x+3)(3x+2)$　(6) $(2x+1)(2x-3)$
(7) $(2x-1)(3x-2)$　(8) $(x-y)(2x-y)$
(9) $(x+2y)(2x+y)$　(10) $(x-3y)(2x-y)$
(11) $(x-2y)(3x+2y)$
(12) $(x+2y)(5x-2y)$
(13) $(2x+y)(3x+2y)$
(14) $(3x+y)(4x-5y)$

4 (1) $2(x+1)(3x+1)$　(2) $2(x+4)(2x+3)$
(3) $2(2x-3)(3x-2)$　(4) $3(2x+3)(2x-1)$
(5) $4(x+3)(2x-1)$　(6) $5(x+2)(2x-3)$
(7) $2(2x+1)(3x-4)$
(8) $2(2x-3y)(4x+5y)$
(9) $4(x-4y)(2x-3y)$
(10) $3(x+3y)(3x+2y)$
(11) $7(x-3y)(2x+y)$
(12) $4(2x+y)(2x-3y)$

1 (2) ①
x ↘ 1 → $2x$
$2x$ ↗ 3 → $3x$ (+
[5]x

②
x ↘ [3] → [6]x
$2x$ ↗ 1 → x (+
[7]x

③
x ↘ -1 → $-2x$
$2x$ ↗ [-3] → [-3]x (+
[-5]x

④
x ↘ [-3] → [-6]x
$2x$ ↗ -1 → $-x$ (+
[-7]x

2 (1) $3x^2-x-10=(x-\boxed{2})(\boxed{3}x+5)$

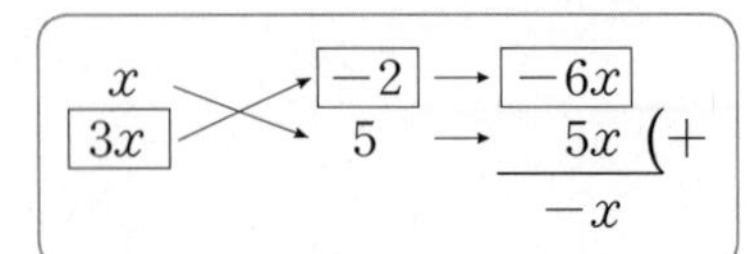

(2) $6x^2+5x+1=(2x+1)(\boxed{3}x+\boxed{1})$

$2x \quad 1 \rightarrow \boxed{3x}$
$\boxed{3x} \quad \boxed{1} \rightarrow \boxed{2x}$ (+
$5x$

(3) $8x^2-6xy+y^2=(2x-y)(\boxed{4}x-\boxed{y})$

$2x \quad -y \rightarrow \boxed{-4xy}$
$\boxed{4x} \quad \boxed{-y} \rightarrow \boxed{-2xy}$ (+
$-6xy$

3 (1) $2x^2+3x+1$

$x \quad 1 \rightarrow 2x$
$2x \quad 1 \rightarrow x$ (+
$3x$

$\therefore$ (주어진 식)$=(x+1)(2x+1)$

(2) $2x^2-3x-2$

$x \quad -2 \rightarrow -4x$
$2x \quad 1 \rightarrow x$ (+
$-3x$

$\therefore$ (주어진 식)$=(x-2)(2x+1)$

(3) $3x^2-5x+2$

$x \quad -1 \rightarrow -3x$
$3x \quad -2 \rightarrow -2x$ (+
$-5x$

$\therefore$ (주어진 식)$=(x-1)(3x-2)$

(4) $5x^2+2x-3$

$x \quad 1 \rightarrow 5x$
$5x \quad -3 \rightarrow -3x$ (+
$2x$

$\therefore$ (주어진 식)$=(x+1)(5x-3)$

(5) $6x^2+13x+6$

$2x \quad 3 \rightarrow 9x$
$3x \quad 2 \rightarrow 4x$ (+
$13x$

$\therefore$ (주어진 식)$=(2x+3)(3x+2)$

(6) $4x^2-4x-3$

$2x \quad 1 \rightarrow 2x$
$2x \quad -3 \rightarrow -6x$ (+
$-4x$

$\therefore$ (주어진 식)$=(2x+1)(2x-3)$

(7) $6x^2-7x+2$

$2x \quad -1 \rightarrow -3x$
$3x \quad -2 \rightarrow -4x$ (+
$-7x$

$\therefore$ (주어진 식)$=(2x-1)(3x-2)$

(8) $2x^2-3xy+y^2$

$x \quad -y \rightarrow -2xy$
$2x \quad -y \rightarrow -xy$ (+
$-3xy$

$\therefore$ (주어진 식)$=(x-y)(2x-y)$

(9) $2x^2+5xy+2y^2$

$x \quad 2y \rightarrow 4xy$
$2x \quad y \rightarrow xy$ (+
$5xy$

$\therefore$ (주어진 식)$=(x+2y)(2x+y)$

(10) $2x^2-7xy+3y^2$

$x \quad -3y \rightarrow -6xy$
$2x \quad -y \rightarrow -xy$ (+
$-7xy$

$\therefore$ (주어진 식)$=(x-3y)(2x-y)$

(11) $3x^2-4xy-4y^2$

$x \quad -2y \rightarrow -6xy$
$3x \quad 2y \rightarrow 2xy$ (+
$-4xy$

$\therefore$ (주어진 식)$=(x-2y)(3x+2y)$

(12) $5x^2+8xy-4y^2$

$x \quad 2y \rightarrow 10xy$
$5x \quad -2y \rightarrow -2xy$ (+
$8xy$

$\therefore$ (주어진 식)$=(x+2y)(5x-2y)$

(13) $6x^2+7xy+2y^2$

$2x \quad y \rightarrow 3xy$
$3x \quad 2y \rightarrow 4xy$ (+
$7xy$

$\therefore$ (주어진 식)$=(2x+y)(3x+2y)$

(14) $12x^2-11xy-5y^2$

$3x \quad y \rightarrow 4xy$
$4x \quad -5y \rightarrow -15xy$ (+
$-11xy$

$\therefore$ (주어진 식)$=(3x+y)(4x-5y)$

4 (1) (주어진 식)$=2(3x^2+4x+1)$
$=2(x+1)(3x+1)$

(2) (주어진 식)$=2(2x^2+11x+12)$
$=2(x+4)(2x+3)$

(3) (주어진 식)$=2(6x^2-13x+6)$
$=2(2x-3)(3x-2)$

(4) (주어진 식)$=3(4x^2+4x-3)$
$=3(2x+3)(2x-1)$

(5) (주어진 식)$=4(2x^2+5x-3)$
$=4(x+3)(2x-1)$

(6) (주어진 식)$=5(2x^2+x-6)$
$=5(x+2)(2x-3)$

(7) (주어진 식)$=2(6x^2-5x-4)$
$=2(2x+1)(3x-4)$

(8) (주어진 식)$=2(8x^2-2xy-15y^2)$
$=2(2x-3y)(4x+5y)$

(9) (주어진 식)$=4(2x^2-11xy+12y^2)$
$=4(x-4y)(2x-3y)$

(10) (주어진 식)$=3(3x^2+11xy+6y^2)$
$=3(x+3y)(3x+2y)$

(11) (주어진 식)$=7(2x^2-5xy-3y^2)$
$=7(x-3y)(2x+y)$

(12) (주어진 식)$=4(4x^2-4xy-3y^2)$
$=4(2x+y)(2x-3y)$

15-16 스스로 점검 문제

89쪽

1 ③ 2 ④ 3 ④
4 $3(x-6y)(x-4y)$ 5 ③ 6 ①, ⑤
7 $a(3x-5)(4x-3)$ 8 ⑤

1 $x^2+ax-8=x^2+(b-1)x-b$이므로
$a=b-1$, $8=b$
따라서 $a=7$, $b=8$이므로 $a-b=-1$

2 $x^2+3x-18=(x+6)(x-3)$
이므로 두 일차식의 합은
$x+6+x-3=2x+3$

3 두 다항식을 인수분해하면
$x^2-6x-16=(x-8)(x+2)$
$x^2-3x-10=(x-5)(x+2)$
따라서 공통인수는 $x+2$이다.

4 $3x^2-30xy+72y^2=3(x^2-10xy+24y^2)$
$=3(x-6y)(x-4y)$

5 $8x^2+2x-15=(2x+3)(4x-5)$
따라서 $a=2$, $b=4$이므로
$a+b=6$

6 $4x^2-11x-3=(4x+1)(x-3)$
이므로 다항식 $4x^2-11x-3$의 인수는
① $x-3$, ⑤ $4x+1$이다.

7 (주어진 식)$=a(12x^2-29x+15)$
$=a(3x-5)(4x-3)$

8 ⑤ $12x^2-7x-12=(4x+3)(3x-4)$

17 복잡한 식의 인수분해 (1)

90쪽

1 (1) 2, 2, 4 (2) 2, $x+y-2$
2 (1) $(x+7)^2$ (2) $(x-2)(3x+7)$
(3) $x(x+6)$ (4) $(x+2y-1)(x+2y-3)$
(5) $(a+b+3)(a+b-4)$ (6) $(x-2y+1)^2$
(7) $(3a+b+2)(3a+b-5)$

2 (1) $x+2=A$로 놓으면
(주어진 식)$=A^2+10A+25$
$=(A+5)^2$
$=(x+7)^2$

(2) $x-1=A$로 놓으면
(주어진 식)$=3A^2+7A-10$
$=(A-1)(3A+10)$
$=\{(x-1)-1\}\{3(x-1)+10\}$
$=(x-2)(3x+7)$

(3) $x+3=A$로 놓으면
(주어진 식)$=A^2-9$
$=(A+3)(A-3)$
$=x(x+6)$

(4) $x+2y=A$로 놓으면
(주어진 식)$=A^2-4A+3$
$=(A-1)(A-3)$
$=(x+2y-1)(x+2y-3)$

(5) $a+b=A$로 놓으면
(주어진 식)$=A(A-1)-12$
$=A^2-A-12$
$=(A+3)(A-4)$
$=(a+b+3)(a+b-4)$

(6) $x-2y=A$로 놓으면
(주어진 식)$=A(A+2)+1$
$=A^2+2A+1$
$=(A+1)^2$
$=(x-2y+1)^2$

(7) $3a+b=A$로 놓으면
(주어진 식)$=A(A-3)-10$
$=A^2-3A-10$
$=(A+2)(A-5)$
$=(3a+b+2)(3a+b-5)$

18 복잡한 식의 인수분해 (2) 91~92쪽

1 (1) $x+1$, $x+1$, $x+1$
(2) $a-b$, $a-b$, $a-b$
(3) $x+3$, $x+3$, $x+3$
(4) $b+2$, $b+2$, $b+2$, $(a+b+2)(a-b-2)$

2 (1) $(x-1)(y-1)$ (2) $(a-b)(x+y)$
(3) $(x+2)(y+1)$ (4) $(x-3)(y-3)$
(5) $(a+c)(b-a)$

3 (1) $(x+y)(x-y+1)$
(2) $(x+3y)(x-3y-1)$
(3) $(a-b)(a+b+c)$

4 (1) $(x+y+3)(x+y-3)$
(2) $(x+y-4)(x-y-4)$
(3) $(a+b+3)(a-b-3)$
(4) $(x+2y+1)(x-2y-1)$
(5) $(z+x+y)(z-x-y)$

5 (1) ○ (2) × (3) ○ (4) ○ (5) × (6) ○

2 (1) (주어진 식)$=(xy-x)-(y-1)$
$=x(y-1)-(y-1)$
$=(x-1)(y-1)$
(2) (주어진 식)$=(ax+ay)-(bx+by)$
$=a(x+y)-b(x+y)$
$=(a-b)(x+y)$
(3) (주어진 식)$=(xy+2y)+(x+2)$
$=y(x+2)+(x+2)$
$=(x+2)(y+1)$
(4) (주어진 식)$=(xy-3x)-(3y-9)$
$=x(y-3)-3(y-3)$
$=(x-3)(y-3)$
(5) (주어진 식)$=(ab+bc)-(a^2+ac)$
$=b(a+c)-a(a+c)$
$=(a+c)(b-a)$

3 (1) (주어진 식)$=(x^2-y^2)+(x+y)$
$=(x+y)(x-y)+(x+y)$
$=(x+y)(x-y+1)$
(2) (주어진 식)$=(x^2-9y^2)-(x+3y)$
$=(x+3y)(x-3y)-(x+3y)$
$=(x+3y)(x-3y-1)$
(3) (주어진 식)$=(a^2-b^2)+(ac-bc)$
$=(a+b)(a-b)+c(a-b)$
$=(a-b)(a+b+c)$

4 (1) (주어진 식)$=(x^2+2xy+y^2)-9$
$=(x+y)^2-3^2$
$=(x+y+3)(x+y-3)$
(2) (주어진 식)$=(x^2-8x+16)-y^2$
$=(x-4)^2-y^2$
$=(x-4+y)(x-4-y)$
$=(x+y-4)(x-y-4)$
(3) (주어진 식)$=a^2-(b^2+6b+9)$
$=a^2-(b+3)^2$
$=(a+b+3)(a-b-3)$
(4) (주어진 식)$=x^2-(4y^2+4y+1)$
$=x^2-(2y+1)^2$
$=(x+2y+1)(x-2y-1)$
(5) (주어진 식)$=z^2-(x^2+y^2+2xy)$
$=z^2-(x+y)^2$
$=(z+x+y)(z-x-y)$

5 (2) $xy-xz-y+z=(xy-xz)-(y-z)$
(5) $x^2-6xy+9y^2-9=(x^2-6xy+9y^2)-9$

19 인수분해 공식의 활용 (1) 93~94쪽

1 (1) 63, 37, 100, 1300
(2) 58, 58, −16, −1600
(3) 3, 3, 35, 35, 3, 30, 9000
(4) 2, 100, 10000

2 (1) 230 (2) 1000 (3) 2100 (4) 25

3 (1) 10000 (2) 100 (3) 400 (4) 2500

4 (1) 199 (2) 9600 (3) −600 (4) 300

5 (1) ㄴ (2) ㄱ (3) ㄹ (4) ㄱ, ㄹ

2 (1) (주어진 식)$=23(45-35)=23\times10=230$
(2) (주어진 식)$=10(75+25)=10\times100=1000$
(3) (주어진 식)$=21(98+2)=21\times100=2100$
(4) (주어진 식)$=25(98-97)=25\times1=25$

3 (1) (주어진 식)$=85^2+2\times85\times15+15^2$
$=(85+15)^2=100^2=10000$
(2) (주어진 식)$=12^2-2\times12\times2+2^2$
$=(12-2)^2=10^2=100$

(3) (주어진 식)$=25^2-2\times25\times5+5^2$
$=(25-5)^2=20^2=400$

(4) (주어진 식)$=26^2+2\times26\times24+24^2$
$=(26+24)^2=50^2=2500$

4 (1) (주어진 식)$=(100+99)(100-99)$
$=199\times1=199$

(2) (주어진 식)$=(98+2)(98-2)$
$=100\times96=9600$

(3) (주어진 식)$=(47+53)(47-53)$
$=100\times(-6)=-600$

(4) (주어진 식)$=3(26^2-24^2)$
$=3(26+24)(26-24)$
$=3\times50\times2=300$

5 (1) (주어진 식)$=97^2+2\times97\times3+3^2$
$=(97+3)^2=100^2=10000$

(2) (주어진 식)$=45(37-35)=45\times2=90$

(3) (주어진 식)$=(70+30)(70-30)$
$=100\times40=4000$

(4) (주어진 식)$=24(51^2-49^2)$
$=24(51+49)(51-49)$
$=24\times100\times2=4800$

20 인수분해 공식의 활용 (2) 95~96쪽

1 (1) 5, 5, 20, 400
(2) 2, $\sqrt{2}-1$, $\sqrt{2}$, $\sqrt{2}+1$, $2+\sqrt{2}$
(3) $3-\sqrt{5}$, 6, 36
(4) y, $3+\sqrt{2}$, $3-\sqrt{2}$, $2\sqrt{2}$, $12\sqrt{2}$

2 (1) $x=\sqrt{2}-1$, $y=\sqrt{2}+1$ (2) $(x-y)^2$ (3) 4

3 (1) 10000 (2) 10000 (3) 190 (4) $\sqrt{2}$
(5) $\sqrt{3}$ (6) 2 (7) 5

4 (1) 8 (2) 12 (3) $8\sqrt{3}$ (4) 3 (5) $8\sqrt{5}$

2 (3) (주어진 식)$=(x-y)^2=\{(\sqrt{2}-1)-(\sqrt{2}+1)\}^2$
$=(-2)^2=4$

3 (1) (주어진 식)$=(x+4)^2=(96+4)^2$
$=100^2=10000$

(2) (주어진 식)$=(x-5)^2=(105-5)^2$
$=100^2=10000$

(3) (주어진 식)$=(x-7)(x+2)=10\times19=190$

(4) (주어진 식)$=\sqrt{(x+1)^2}=\sqrt{(\sqrt{2}-1+1)^2}=\sqrt{2}$

(5) (주어진 식)$=\sqrt{(x-3)^2}=\sqrt{(\sqrt{3}+3-3)^2}=\sqrt{3}$

(6) $x-4=A$로 놓으면
(주어진 식)$=A^2+4A+4=(A+2)^2$
$=(x-2)^2=(\sqrt{2})^2=2$

(7) $x+9=A$로 놓으면
(주어진 식)$=A^2-12A+36=(A-6)^2$
$=(x+3)^2=(\sqrt{5})^2=5$

4 (1) (주어진 식)$=(x+y)^2$
$=(2\sqrt{2})^2=8$

(2) (주어진 식)$=(x-y)^2$
$=(2\sqrt{3})^2=12$

(3) (주어진 식)$=(x+y)(x-y)$
$=4\times2\sqrt{3}=8\sqrt{3}$

(4) $x=\dfrac{\sqrt{3}-1}{2}$, $y=\dfrac{\sqrt{3}+1}{2}$이므로
(주어진 식)$=(x+y)^2=(\sqrt{3})^2=3$

(5) $x=\sqrt{5}+2$, $y=\sqrt{5}-2$이므로
(주어진 식)$=(x+y)(x-y)$
$=2\sqrt{5}\times4=8\sqrt{5}$

17-20 스스로 점검 문제 97쪽

1 ④ **2** $2x-2y-3$ **3** ⑤ **4** ②, ⑤
5 10000 **6** 1 **7** 40000 **8** $2\sqrt{6}$

1 $x+3=A$로 놓으면
(주어진 식)$=A^2+A-12$
$=(A+4)(A-3)$
$=(x+3+4)(x+3-3)$
$=x(x+7)$
따라서 주어진 식의 인수인 것은 ④ $(x+7)$이다.

2 $x-y=A$로 치환하면
(주어진 식)$=A(A-3)-28=A^2-3A-28$
$=(A+4)(A-7)$
$=(x-y+4)(x-y-7)$
따라서 두 일차식의 합은
$(x-y+4)+(x-y-7)=2x-2y-3$

3 $3xy+6x+y+2=3x(y+2)+(y+2)$
$=(3x+1)(y+2)$
따라서 $a=3$, $b=1$, $c=2$이므로
$a+b+c=6$

4 $x^2+2xy+y^2-16=(x+y)^2-4^2$
$=(x+y+4)(x+y-4)$
따라서 주어진 식의 인수인 것을 모두 고르면 ②, ⑤이다.

5 (주어진 식)$=101^2-2\times101\times1+1^2$
$=(101-1)^2$
$=100^2$
$=10000$

6 $\frac{2998\times2999+2998}{2999^2-1}=\frac{2998(2999+1)}{(2999+1)(2999-1)}$
$=\frac{2998\times3000}{3000\times2998}$
$=1$

7 (주어진 식)$=(x+3)^2$
$=(197+3)^2$
$=200^2$
$=40000$

8 $a=\frac{1}{\sqrt{6}-2}=\frac{\sqrt{6}+2}{(\sqrt{6}-2)(\sqrt{6}+2)}=\frac{\sqrt{6}+2}{2}$,
$b=\frac{1}{\sqrt{6}+2}=\frac{\sqrt{6}-2}{(\sqrt{6}+2)(\sqrt{6}-2)}=\frac{\sqrt{6}-2}{2}$
$\therefore a^2-b^2=(a+b)(a-b)=\frac{2\sqrt{6}}{2}\times2=2\sqrt{6}$

3 이차방정식

21 이차방정식의 뜻과 일반형 98~99쪽

1 (1) 이 아니다 (2) 이 아니다 (3) 이다
(4) 이다 (5) $3x^2+2x+5$, 이다
(6) $3x+1$, 이 아니다

2 (1) × (2) ○ (3) × (4) ○
(5) × (6) ○ (7) × (8) ○

3 (1) $x^2+x-12=0$ (2) $2x^2-2x-4=0$
(3) $x^2+x+3=0$ (4) $2x^2-3x-2=0$
(5) $2x^2-4x-1=0$ (6) $x^2+x+8=0$

4 7, 6, $a+2$, 7, 6 / 0, 0, -2, -2

5 (1) 0 (2) 0 (3) 4 (4) -1 (5) 3 (6) 2

2 (3) $x+7=0$ (4) $x^2+4x+3=0$
(5) $-7x=0$ (6) $x^2-3x+1=0$
(7) $-2x=0$ (8) $3x^2-1=0$

5 (5) $(a-3)x^2+2x+3=0$ $\therefore a\neq3$
(6) $(a-2)x^2-2x+6=0$ $\therefore a\neq2$

22 이차방정식의 해 100~101쪽

1 (1) -2, -2, 0 (2) -1, 2, -1, 2

2 (1) ○, 0, 0 (2) × (3) ○ (4) × (5) ○
(6) × (7) × (8) ○ (9) ○ (10) ×

3 (1) 8, 3, 0, 1, -1, 2, 2, 0 / 0, 2, 0, 2
(2) $x=-1$ (3) $x=-1$
(4) $x=-1$ 또는 $x=0$
(5) $x=1$ (6) $x=2$
(7) $x=-2$ (8) $x=1$
(9) $x=1$ (10) $x=2$
(11) $x=0$ 또는 $x=2$ (12) $x=1$
(13) $x=-1$ (14) $x=1$

23 이차방정식의 해가 주어질 때의 미지수 구하기 102쪽

1 4, 4, 4

2 (1) -3 (2) 3 (3) 2 (4) -2

3 (1) m, m, m, m, -8 (2) -12 (3) $\frac{5}{2}$

2 (1) $3^2-2\times3+a=0$ $\therefore a=-3$

(2) $(-1)^2+a\times(-1)+2=0$ $\therefore a=3$

(3) $(-3)^2=a\times(-3)+15$, $3a=6$ $\therefore a=2$

(4) $a\times2^2+2+6=0$, $4a=-8$ $\therefore a=-2$

3 (2) $x^2-4x+12=0$에 $x=m$을 대입하면

$m^2-4m+12=0$ $\therefore m^2-4m=-12$

(3) $2x^2+8x-5=0$에 $x=m$을 대입하면

$2m^2+8m-5=0$, $2(m^2+4m)=5$

$\therefore m^2+4m=\frac{5}{2}$

21-23 스스로 점검 문제 103쪽

1 ③, ⑤ 2 ④ 3 ② 4 ⑤ 5 ⑤

6 ④ 7 $\frac{4}{3}$

1 ① $x+2=0$ (일차방정식)

② $5x+2=0$ (일차방정식)

③ $x^2-16=0$ (이차방정식)

④ $x^2+4x=x^2+4x$ (항등식)

⑤ $x^2+x=0$ (이차방정식)

따라서 이차방정식인 것은 ③, ⑤이다.

2 $ax^2+4=x^2-x+3$에서 $(a-1)x^2+x+1=0$이므로

$a\neq1$

3 ㄱ. $0^2-0=0$ $\therefore$ 해이다.

ㄴ. $(-1)^2-2\times(-1)+3\neq0$ $\therefore$ 해가 아니다.

ㄷ. $2^2-4\times2+4=0$ $\therefore$ 해이다.

ㄹ. $5\times(5-5)=0$ $\therefore$ 해이다.

ㅁ. $2\times3^2-3\times3+1\neq0$ $\therefore$ 해가 아니다.

이상에서 [ ] 안의 수가 주어진 이차방정식의 해인 것은 ㄱ, ㄷ, ㄹ이다.

4 ① $3^2\neq3$ $\therefore$ 해가 아니다.

② $3^2+5\times3+6\neq0$ $\therefore$ 해가 아니다.

③ $3^2-6\times3+3\neq0$ $\therefore$ 해가 아니다.

④ $3^2-3\times3+9\neq0$ $\therefore$ 해가 아니다.

⑤ $(3-2)(3+2)=5$ $\therefore$ 해이다.

따라서 $x=3$이 해가 되는 것은 ⑤이다.

5 ① $4(4-4)=0$ $\therefore x=4$

② $2^2+2-6=0$ $\therefore x=2$

③ $3^2-9=0$ $\therefore x=3$

④ $2\times1^2+1-3=0$ $\therefore x=1$

따라서 해가 없는 것은 ⑤이다.

6 $x=-2$를 $x^2+2ax+3a=0$에 대입하면

$(-2)^2+2a\times(-2)+3a=0$

$4-4a+3a=0$ $\therefore a=4$

7 $3x^2-6x-4=0$에 $x=m$을 대입하면

$3m^2-6m-4=0$, $3m^2-6m=4$, $3(m^2-2m)=4$

$\therefore m^2-2m=\frac{4}{3}$

24 $AB=0$의 성질 104쪽

1 $A=0$, $B=0$, 2, 2

2 (1) $x=2$ 또는 $x=4$

(2) $x=0$ 또는 $x=-3$

(3) $x=-2$ 또는 $x=5$

(4) $x=3$ 또는 $x=-7$

(5) $x=-3$ 또는 $x=-1$

(6) $x=1$ 또는 $x=\frac{3}{2}$

(7) $x=-2$ 또는 $x=\frac{1}{2}$

(8) $x=2$ 또는 $x=\frac{2}{3}$

25 인수분해를 이용한 이차방정식의 풀이 105~107쪽

1 (1) 1, 3　(2) 1, $x-3$, 1, 3

2 (1) $2x+1$　(2) $2x+1$, 2, $-\frac{1}{2}$

3 (1) $x=-3$ 또는 $x=2$　(2) $x=2$ 또는 $x=3$
(3) $x=-3$ 또는 $x=1$　(4) $x=-4$ 또는 $x=6$
(5) $x=0$ 또는 $x=3$

4 (1) $x=-\frac{3}{2}$ 또는 $x=-1$
(2) $x=1$ 또는 $x=2$
(3) $x=-2$ 또는 $x=\frac{1}{3}$
(4) $x=-2$ 또는 $x=-\frac{4}{3}$
(5) $x=-\frac{3}{2}$ 또는 $x=\frac{3}{2}$
(6) $x=0$ 또는 $x=3$
(7) $x=-\frac{1}{3}$ 또는 $x=\frac{3}{2}$

5 (1) 3, 2, 3, 1, 3, -1, 3　(2) $x=-4$ 또는 $x=6$
(3) $x=-1$ 또는 $x=3$　(4) $x=0$ 또는 $x=1$
(5) $x=-1$ 또는 $x=5$　(6) $x=1$

6 (1) $x=-4$ 또는 $x=5$, $x=-4$ 또는 $x=\frac{1}{2}$, -4
(2) $x=-4$ 또는 $x=2$, $x=-\frac{1}{2}$ 또는 $x=2$, 2

7 (1) -1, -2, -2, 3, 3, 3　(2) $x=1$
(3) $x=-\frac{4}{3}$　(4) $x=0$

8 (1) -2, 1, -2, -2, -2, 2　(2) 2

9 (1) -3, 4, 4, 8　(2) 2, 14

3 (1) $(x+3)(x-2)=0$　$\therefore x=-3$ 또는 $x=2$
(2) $(x-2)(x-3)=0$　$\therefore x=2$ 또는 $x=3$
(3) $(x+3)(x-1)=0$　$\therefore x=-3$ 또는 $x=1$
(4) $(x+4)(x-6)=0$　$\therefore x=-4$ 또는 $x=6$
(5) $x(x-3)=0$　$\therefore x=0$ 또는 $x=3$

4 (1) $(2x+3)(x+1)=0$　$\therefore x=-\frac{3}{2}$ 또는 $x=-1$
(2) $2(x-1)(x-2)=0$　$\therefore x=1$ 또는 $x=2$
(3) $(x+2)(3x-1)=0$　$\therefore x=-2$ 또는 $x=\frac{1}{3}$
(4) $(x+2)(3x+4)=0$　$\therefore x=-2$ 또는 $x=-\frac{4}{3}$
(5) $(2x+3)(2x-3)=0$　$\therefore x=-\frac{3}{2}$ 또는 $x=\frac{3}{2}$
(6) $4x(x-3)=0$　$\therefore x=0$ 또는 $x=3$
(7) $(3x+1)(2x-3)=0$　$\therefore x=-\frac{1}{3}$ 또는 $x=\frac{3}{2}$

5 (2) $x^2-2x-24=0$, $(x+4)(x-6)=0$
$\therefore x=-4$ 또는 $x=6$
(3) $x^2-2x-3=0$, $(x+1)(x-3)=0$
$\therefore x=-1$ 또는 $x=3$
(4) $x^2-x=0$, $x(x-1)=0$
$\therefore x=0$ 또는 $x=1$
(5) $x^2-4x-5=0$, $(x+1)(x-5)=0$
$\therefore x=-1$ 또는 $x=5$
(6) $x^2-2x+1=0$, $(x-1)^2=0$　$\therefore x=1$

6 (1) $x^2-x-20=0$에서 $(x+4)(x-5)=0$
$\therefore x=-4$ 또는 $x=5$
$2x^2+7x-4=0$에서 $(x+4)(2x-1)=0$
$\therefore x=-4$ 또는 $x=\frac{1}{2}$
따라서 두 이차방정식의 공통인 근은 $x=-4$이다.
(2) $x^2+2x-8=0$에서 $(x+4)(x-2)=0$
$\therefore x=-4$ 또는 $x=2$
$2x^2-3x-2=0$에서 $(2x+1)(x-2)=0$
$\therefore x=-\frac{1}{2}$ 또는 $x=2$
따라서 두 이차방정식의 공통인 근은 $x=2$이다.

7 (2) $x^2+3x+a=0$에 $x=-4$를 대입하면
$(-4)^2+3\times(-4)+a=0$
$\therefore a=-4$
$x^2+3x-4=0$이므로
$(x+4)(x-1)=0$
$\therefore x=-4$ 또는 $x=1$
따라서 다른 한 근은 $x=1$이다.
(3) $3x^2-5x+a=0$에 $x=3$을 대입하면
$3\times3^2-5\times3+a=0$
$\therefore a=-12$
$3x^2-5x-12=0$이므로
$(3x+4)(x-3)=0$
$\therefore x=-\frac{4}{3}$ 또는 $x=3$
따라서 다른 한 근은 $x=-\frac{4}{3}$이다.
(4) $2x^2+ax+a-6=0$에 $x=-3$을 대입하면
$2\times(-3)^2+a\times(-3)+a-6=0$
$-2a=-12$
$\therefore a=6$
$2x^2+6x=0$이므로
$2x(x+3)=0$
$\therefore x=-3$ 또는 $x=0$
따라서 다른 한 근은 $x=0$이다.

8 (2) $x^2-3x-4=0$에서
$(x+1)(x-4)=0$
$\therefore x=-1$ 또는 $x=4$
따라서 $x^2-ax-3=0$에 $x=-1$을 대입하면
$(-1)^2-a\times(-1)-3=0$
$\therefore a=2$

9 (2) 두 이차방정식 $x^2+ax=0$, $x^2+9x+b=0$에
$x=-2$를 각각 대입하면
$(-2)^2+a\times(-2)=0$
$\therefore a=2$
$(-2)^2+9\times(-2)+b=0$
$\therefore b=14$

26 이차방정식의 중근 108~109쪽

1 1, 1, 1, 중근
2 (1) 1, -1 (2) $x=-3$ (중근)
(3) $x=5$ (중근) (4) $x=-8$ (중근)
(5) $x=\frac{1}{2}$ (중근) (6) $x=\frac{1}{2}$ (중근)
(7) $x=-\frac{5}{2}$ (중근) (8) $x=\frac{3}{5}$ (중근)
3 ㄱ, ㄴ, ㄷ
4 (1) 8, 16 (2) 9 (3) 25 (4) 8 (5) 11
5 (1) 49, 14 (2) 8 (3) 18 (4) 9, 24 (5) 20

2 (2) $(x+3)^2=0$ $\therefore x=-3$ (중근)
(3) $(x-5)^2=0$ $\therefore x=5$ (중근)
(4) $(x+8)^2=0$ $\therefore x=-8$ (중근)
(5) $\left(x-\frac{1}{2}\right)^2=0$ $\therefore x=\frac{1}{2}$ (중근)
(6) $(2x-1)^2=0$ $\therefore x=\frac{1}{2}$ (중근)
(7) $(2x+5)^2=0$ $\therefore x=-\frac{5}{2}$ (중근)
(8) $(5x-3)^2=0$ $\therefore x=\frac{3}{5}$ (중근)

3 ㄱ. $(x+2)^2=0$에서 $x=-2$ (중근)
ㄴ. $(x-6)^2=0$에서 $x=6$ (중근)
ㄷ. $(5x+1)^2=0$에서 $x=-\frac{1}{5}$ (중근)
따라서 중근을 갖는 것은 ㄱ, ㄴ, ㄷ이다.

4 (2) $a=\left(\frac{-6}{2}\right)^2=9$
(3) $a=\left(\frac{10}{2}\right)^2=25$
(4) $2a=\left(\frac{8}{2}\right)^2=16$ $\therefore a=8$
(5) $a-7=\left(\frac{4}{2}\right)^2=4$ $\therefore a=11$

5 (2) $a=2\times\sqrt{16}=8$
(3) $a=2\times\sqrt{81}=18$
(5) $a=2\times\sqrt{4}\times\sqrt{25}=20$

24-26 스스로 점검 문제 110쪽

1 ㄱ, ㄴ, ㄷ **2** ② **3** ③ **4** $x=-3$
5 $x=\frac{3}{2}$ **6** 2개 **7** ④ **8** ③

2 $x+5=0$ 또는 $3x-2=0$
$\therefore x=-5$ 또는 $x=\frac{2}{3}$

3 $6x^2+5x-6=0$, $(2x+3)(3x-2)=0$
$\therefore x=-\frac{3}{2}$ 또는 $x=\frac{2}{3}$
$\therefore pq=-1$

4 $x^2-x-12=0$에서
$(x+3)(x-4)=0$
$\therefore x=-3$ 또는 $x=4$
$3x^2+10x+3=0$에서
$(x+3)(3x+1)=0$
$\therefore x=-3$ 또는 $x=-\frac{1}{3}$
따라서 두 이차방정식의 공통인 근은 $x=-3$이다.

5 $2\times1^2-a\times1+3=0$ $\therefore a=5$
$2x^2-5x+3=0$, $(x-1)(2x-3)=0$
$\therefore x=1$ 또는 $x=\frac{3}{2}$
따라서 다른 한 근은 $x=\frac{3}{2}$이다.

6 ㄱ. $(x+5)^2=0$에서 $x=-5$ (중근)
ㄷ. $(2x-3)^2=0$에서 $x=\frac{3}{2}$ (중근)
따라서 중근을 갖는 것은 ㄱ, ㄷ으로 2개이다.

7 $2(x^2-12x+4a)=0$에서

$4a=\left(\frac{-12}{2}\right)^2=36 \quad \therefore a=9$

8 주어진 이차방정식이 중근을 가지려면

$4a=2\times\sqrt{4}\times\sqrt{9}=12$

$\therefore a=3$

27 제곱근을 이용한 이차방정식의 풀이 111~112쪽

1 (1) 5, 5, 5, 5 (2) $\frac{4}{9}$, $\frac{4}{9}$, $\frac{2}{3}$
(3) 3, 2, 3 (4) 3, 3, 3, 3

2 (1) $x=\pm\sqrt{3}$ (2) $x=\pm2$
(3) $x=\pm\sqrt{11}$ (4) $x=\pm2\sqrt{2}$

3 (1) $x=\pm\sqrt{7}$ (2) $x=\pm3$
(3) $x=\pm\frac{4}{5}$ (4) $x=\pm\frac{\sqrt{5}}{2}$

4 (1) $x=1\pm\sqrt{2}$ (2) $x=-2\pm\sqrt{3}$
(3) $x=2\pm\sqrt{5}$ (4) $x=-3\pm\sqrt{7}$
(5) $x=-7\pm\sqrt{5}$ (6) $x=1$ 또는 $x=7$
(7) $x=3$ 또는 $x=7$ (8) $x=-8$ 또는 $x=2$

5 (1) $x=2\pm\sqrt{6}$ (2) $x=1\pm\sqrt{5}$
(3) $x=5\pm\sqrt{6}$ (4) $x=-3$ 또는 $x=1$
(5) $x=-5$ 또는 $x=-1$

2 (4) $x^2=8 \quad \therefore x=\pm\sqrt{8}=\pm2\sqrt{2}$

3 (1) $x^2=7 \quad \therefore x=\pm\sqrt{7}$
(2) $x^2=9 \quad \therefore x=\pm3$
(3) $x^2=\frac{16}{25} \quad \therefore x=\pm\frac{4}{5}$
(4) $4x^2=5$, $x^2=\frac{5}{4} \quad \therefore x=\pm\sqrt{\frac{5}{4}}=\pm\frac{\sqrt{5}}{2}$

4 (1) $x-1=\pm\sqrt{2} \quad \therefore x=1\pm\sqrt{2}$
(2) $x+2=\pm\sqrt{3} \quad \therefore x=-2\pm\sqrt{3}$
(3) $x-2=\pm\sqrt{5} \quad \therefore x=2\pm\sqrt{5}$
(4) $x+3=\pm\sqrt{7} \quad \therefore x=-3\pm\sqrt{7}$
(5) $x+7=\pm\sqrt{5} \quad \therefore x=-7\pm\sqrt{5}$
(6) $x-4=\pm3 \quad \therefore x=1$ 또는 $x=7$
(7) $x-5=\pm2 \quad \therefore x=3$ 또는 $x=7$
(8) $x+3=\pm5 \quad \therefore x=-8$ 또는 $x=2$

5 (1) $(x-2)^2=6$이므로 $x-2=\pm\sqrt{6}$
$\therefore x=2\pm\sqrt{6}$
(2) $(x-1)^2=5$이므로 $x-1=\pm\sqrt{5}$
$\therefore x=1\pm\sqrt{5}$
(3) $(x-5)^2=6$이므로 $x-5=\pm\sqrt{6}$
$\therefore x=5\pm\sqrt{6}$
(4) $(x+1)^2=4$이므로 $x+1=\pm2$
$\therefore x=-3$ 또는 $x=1$
(5) $(x+3)^2=4$이므로 $x+3=\pm2$
$\therefore x=-5$ 또는 $x=-1$

28 완전제곱식을 이용한 이차방정식의 풀이 113~114쪽

1 (1) 9, 9, 9, 3, 11 (2) 11, -3, 11

2 (1) 4 (2) 9 (3) 25

3 (1) $p=1$, $q=5$ (2) $p=-3$, $q=14$
(3) $p=-4$, $q=3$ (4) $p=5$, $q=15$

4 (1) $x=3\pm\sqrt{10}$ (2) $x=-2\pm\sqrt{3}$
(3) $x=5\pm\sqrt{5}$ (4) $x=\frac{-3\pm\sqrt{5}}{2}$
(5) $x=-1\pm2\sqrt{3}$ (6) $x=4\pm\sqrt{10}$
(7) $x=4\pm\sqrt{19}$ (8) $x=1$ 또는 $x=\frac{5}{3}$

5 (1) 6, 6, 1, 7, -1, 7 (2) $x=2\pm\sqrt{5}$
(3) $x=2\pm\sqrt{7}$ (4) $x=\frac{1\pm\sqrt{5}}{2}$
(5) $x=3\pm\sqrt{6}$

2 (1) $\left(\frac{-4}{2}\right)^2=4$
(2) $\left(\frac{6}{2}\right)^2=9$
(3) $\left(\frac{10}{2}\right)^2=25$

3 (1) $x^2+2x=4$, $x^2+2x+1=4+1$
$(x+1)^2=5$
$\therefore p=1$, $q=5$
(2) $x^2-6x=5$, $x^2-6x+9=5+9$
$(x-3)^2=14$
$\therefore p=-3$, $q=14$

(3) $x^2-8x=-13$, $x^2-8x+16=-13+16$
$(x-4)^2=3$
$\therefore p=-4$, $q=3$
(4) $x^2+10x=-10$, $x^2+10x+25=-10+25$
$(x+5)^2=15$
$\therefore p=5$, $q=15$

4 (1) $x^2-6x+9=1+9$, $(x-3)^2=10$
$\therefore x=3\pm\sqrt{10}$
(2) $x^2+4x+4=-1+4$, $(x+2)^2=3$
$\therefore x=-2\pm\sqrt{3}$
(3) $x^2-10x+25=-20+25$, $(x-5)^2=5$
$\therefore x=5\pm\sqrt{5}$
(4) $x^2+3x+\left(\frac{3}{2}\right)^2=-1+\left(\frac{3}{2}\right)^2$
$\left(x+\frac{3}{2}\right)^2=\frac{5}{4}$, $x+\frac{3}{2}=\pm\frac{\sqrt{5}}{2}$
$\therefore x=\frac{-3\pm\sqrt{5}}{2}$
(5) $x^2+2x-3=8$, $x^2+2x+1=11+1$
$(x+1)^2=12$
$\therefore x=-1\pm2\sqrt{3}$
(6) $x^2-5x+6=3x$, $x^2-8x+6=0$
$x^2-8x+16=-6+16$
$(x-4)^2=10$
$\therefore x=4\pm\sqrt{10}$
(7) $x^2-8x=3$, $x^2-8x+16=3+16$
$(x-4)^2=19$
$\therefore x=4\pm\sqrt{19}$
(8) $x^2-\frac{8}{3}x+\left(\frac{4}{3}\right)^2=-\frac{5}{3}+\left(\frac{4}{3}\right)^2$
$\left(x-\frac{4}{3}\right)^2=\frac{1}{9}$, $x-\frac{4}{3}=\pm\frac{1}{3}$
$\therefore x=1$ 또는 $x=\frac{5}{3}$

5 (2) $x^2-4x-1=0$, $(x-2)^2=5$
$\therefore x=2\pm\sqrt{5}$
(3) $x^2-4x-3=0$, $(x-2)^2=7$
$\therefore x=2\pm\sqrt{7}$
(4) $x^2-x-1=0$, $\left(x-\frac{1}{2}\right)^2=\frac{5}{4}$
$\therefore x=\frac{1\pm\sqrt{5}}{2}$
(5) $x^2-6x+3=0$, $(x-3)^2=6$
$\therefore x=3\pm\sqrt{6}$

29 근의 공식을 이용한 이차방정식의 풀이 115~116쪽

1 ❶ a ❷ $-\frac{c}{a}$
❸ $\left(\frac{b}{2a}\right)^2$, $\left(\frac{b}{2a}\right)^2$, $-\frac{c}{a}$, $\left(\frac{b}{2a}\right)^2$
❹ $\frac{b}{2a}$, b^2-4ac ❺ $\sqrt{b^2-4ac}$

2 ❶ 2 ❷ $-\frac{1}{2}$
❸ $\left(\frac{5}{4}\right)^2$, $\left(\frac{5}{4}\right)^2$, $-\frac{1}{2}$, $\left(\frac{5}{4}\right)^2$
❹ $\frac{5}{4}$, $\frac{17}{16}$ ❺ $\frac{5}{4}$, $\pm\frac{\sqrt{17}}{4}$, $\frac{-5\pm\sqrt{17}}{4}$

3 (1) 1, 1, 1, −4, 1, 17 (2) $x=\frac{1\pm\sqrt{13}}{2}$
(3) $x=\frac{3\pm\sqrt{5}}{2}$ (4) $x=\frac{-3\pm\sqrt{29}}{2}$

4 (1) −3, −1 / 3, −3, 2, −1, 2 / 3, 17, 4
(2) $x=\frac{-5\pm\sqrt{37}}{6}$ (3) $x=\frac{-1\pm\sqrt{33}}{8}$
(4) $x=\frac{5\pm\sqrt{5}}{10}$

5 (1) 4, −4, 4, 1, 6, −4, 10 (2) $x=\frac{3\pm\sqrt{11}}{2}$
(3) $x=\frac{2\pm\sqrt{13}}{3}$ (4) $x=\frac{-3\pm\sqrt{21}}{4}$

3 (2) $x=\frac{1\pm\sqrt{(-1)^2-4\times1\times(-3)}}{2\times1}=\frac{1\pm\sqrt{13}}{2}$
(3) $x=\frac{3\pm\sqrt{(-3)^2-4\times1\times1}}{2\times1}=\frac{3\pm\sqrt{5}}{2}$
(4) $x=\frac{-3\pm\sqrt{3^2-4\times1\times(-5)}}{2\times1}=\frac{-3\pm\sqrt{29}}{2}$

4 (2) $x=\frac{-5\pm\sqrt{5^2-4\times3\times(-1)}}{2\times3}=\frac{-5\pm\sqrt{37}}{6}$
(3) $x=\frac{-1\pm\sqrt{1^2-4\times4\times(-2)}}{2\times4}=\frac{-1\pm\sqrt{33}}{8}$
(4) $x=\frac{5\pm\sqrt{(-5)^2-4\times5\times1}}{2\times5}=\frac{5\pm\sqrt{5}}{10}$

5 (2) $x=\frac{3\pm\sqrt{(-3)^2-2\times(-1)}}{2}=\frac{3\pm\sqrt{11}}{2}$
(3) $x=\frac{2\pm\sqrt{(-2)^2-3\times(-3)}}{3}=\frac{2\pm\sqrt{13}}{3}$
(4) $x=\frac{-3\pm\sqrt{3^2-4\times(-3)}}{4}=\frac{-3\pm\sqrt{21}}{4}$

27-29 · 스스로 점검 문제 117쪽

1 ②	**2** 9	**3** 3	**4** ③	**5** 25
6 ⑤	**7** -3	**8** ②		

1 $(x+1)^2=8$ $\quad \therefore x=-1\pm2\sqrt{2}$
$\therefore p+q=-1-2\sqrt{2}+(-1+2\sqrt{2})=-2$

2 $x=a\pm\sqrt{b}$이므로 $a=2$, $b=7$
$\therefore a+b=9$

3 $(x-1)^2=3$
$\therefore x=1\pm\sqrt{3}$
따라서 $p=1$, $q=3$이므로 $pq=3$

4 $(x-3)^2=-3+9$, $(x-3)^2=6$
따라서 $p=-3$, $q=6$이므로
$p+q=3$

5 $2(x^2-4x-5)=8x$, $2x^2-16x-10=0$
$x^2-8x-5=0$, $x^2-8x=5$, $x^2-8x+16=21$
$(x-4)^2=21$ $\quad \therefore x=4\pm\sqrt{21}$
따라서 $p=4$, $q=21$이므로
$p+q=25$

6 $x^2+6x+a=0$에서 $(x+3)^2=-a+9$이므로
$x+3=\pm\sqrt{-a+9}$
즉, $x=-3\pm\sqrt{-a+9}$이므로 $-a+9=11$
$\therefore a=-2$

7 $x^2-x+a=0$에서
$x=\dfrac{1\pm\sqrt{(-1)^2-4\times1\times a}}{2\times1}=\dfrac{1\pm\sqrt{13}}{2}$이므로
$1-4a=13$
$\therefore a-{-3}$

8 $4x^2+6x-1=0$에서
$x=\dfrac{-3\pm\sqrt{3^2-4\times(-1)}}{4}=\dfrac{-3\pm\sqrt{13}}{4}$
따라서 $a=-3$, $b=13$이므로 $a+b=10$

30 복잡한 이차방정식의 풀이 (1) 118쪽

1 12, 11, 1, -1, -11, 1, 3, 5

2 (1) $x=-4$ 또는 $x=1$
(2) $x=\dfrac{-1\pm\sqrt{5}}{2}$ (3) $x=\dfrac{1\pm\sqrt{41}}{4}$

3 (1) $x=\dfrac{5\pm\sqrt{33}}{2}$ (2) $x=\dfrac{9\pm5\sqrt{5}}{2}$
(3) $x=\dfrac{-1\pm\sqrt{2}}{2}$

2 (1) $x^2+3x-4=0$, $(x+4)(x-1)=0$
$\therefore x=-4$ 또는 $x=1$
(2) $x^2+x-1=0$ $\quad \therefore x=\dfrac{-1\pm\sqrt{5}}{2}$
(3) $2x^2-x-5=0$ $\quad \therefore x=\dfrac{1\pm\sqrt{41}}{4}$

3 (1) $x^2-5x-2=0$ $\quad \therefore x=\dfrac{5\pm\sqrt{33}}{2}$
(2) $x^2-9x-11=0$ $\quad \therefore x=\dfrac{9\pm5\sqrt{5}}{2}$
(3) $4x^2+4x-1=0$
$\therefore x=\dfrac{-2\pm2\sqrt{2}}{4}=\dfrac{-1\pm\sqrt{2}}{2}$

31 복잡한 이차방정식의 풀이 (2) 119쪽

1 (1) 6, 3, 1, 2, 3, -1, $\dfrac{3}{2}$
(2) $x=-2$ 또는 $x=4$
(3) $x=-3$ 또는 $x=1$
(4) $x=\dfrac{15\pm\sqrt{105}}{20}$

2 (1) 10, 12, 6, 30 (2) $x=5$ (중근)
(3) $x=\dfrac{-1\pm\sqrt{33}}{4}$

1 (2) 등식의 양변에 4를 곱하면
$x^2-2x-8=0$, $(x+2)(x-4)=0$
$\therefore x=-2$ 또는 $x=4$
(3) 등식의 양변에 6을 곱하면
$x^2+2x-3=0$, $(x+3)(x-1)=0$
$\therefore x=-3$ 또는 $x=1$
(4) 등식의 양변에 10을 곱하면
$10x^2-15x+3=0$ $\quad \therefore x=\dfrac{15\pm\sqrt{105}}{20}$

2 (2) 등식의 양변에 10을 곱하면

$x^2-10x+25=0$, $(x-5)^2=0$

$\therefore x=5$ (중근)

(3) 등식의 양변에 10을 곱하면

$12x^2+6x-24=0$, $2x^2+x-4=0$

$\therefore x=\frac{-1\pm\sqrt{33}}{4}$

32 복잡한 이차방정식의 풀이 (3) 120쪽

1 (1) 4, 1, 5, −1, 5 / −1, 5, −2, 4

2 (1) $x=-6$ 또는 $x=-1$

(2) $x=-4$ (중근)

(3) $x=\frac{5\pm\sqrt{5}}{2}$

(4) $x=\frac{5}{2}$ 또는 $x=6$

(5) $x=\frac{7}{3}$ 또는 $x=\frac{3}{2}$

(6) $x=-\frac{3}{2}$ 또는 $x=\frac{11}{6}$

2 (1) $x+2=A$로 놓으면

$A^2+3A-4=0$, $(A+4)(A-1)=0$

$\therefore A=-4$ 또는 $A=1$

$x+2=-4$ 또는 $x+2=1$이므로

$x=-6$ 또는 $x=-1$

(2) $x+1=A$로 놓으면

$A^2+6A+9=0$, $(A+3)^2=0$

$\therefore A=-3$ (중근)

$x+1=-3$이므로 $x=-4$ (중근)

(3) $x-1=A$로 놓으면

$A^2-3A+1=0$

$\therefore A=\frac{3\pm\sqrt{(-3)^2-4\times1\times1}}{2}=\frac{3\pm\sqrt{5}}{2}$

$x-1=\frac{3\pm\sqrt{5}}{2}$이므로 $x=\frac{5\pm\sqrt{5}}{2}$

(4) $x-3=A$로 놓으면

$2A^2-5A-3=0$, $(2A+1)(A-3)=0$

$\therefore A=-\frac{1}{2}$ 또는 $A=3$

$x-3=-\frac{1}{2}$ 또는 $x-3=3$이므로

$x=\frac{5}{2}$ 또는 $x=6$

(5) $2-x=A$로 놓으면

$6A^2-A-1=0$, $(3A+1)(2A-1)=0$

$\therefore A=-\frac{1}{3}$ 또는 $A=\frac{1}{2}$

$2-x=-\frac{1}{3}$ 또는 $2-x=\frac{1}{2}$이므로

$x=\frac{7}{3}$ 또는 $x=\frac{3}{2}$

(6) $x-\frac{1}{2}=A$로 놓으면

$3A^2+2A-8=0$, $(A+2)(3A-4)=0$

$\therefore A=-2$ 또는 $A=\frac{4}{3}$

$x-\frac{1}{2}=-2$ 또는 $x-\frac{1}{2}=\frac{4}{3}$이므로

$x=-\frac{3}{2}$ 또는 $x=\frac{11}{6}$

30-32 스스로 점검 문제 121쪽

1 ④ **2** ② **3** ④ **4** 15

5 $x=\frac{1}{2}$ 또는 $x=3$ **6** ④ **7** ③ **8** 7

1 $x^2+x-\frac{3}{4}=6x-\frac{7}{4}$, $x^2-5x+1=0$

$\therefore x=\frac{5\pm\sqrt{21}}{2}$

2 $2x^2+x-3=x^2+2x+3$, $x^2-x-6=0$

$(x+2)(x-3)=0$, $x=-2$ 또는 $x=3$

$\therefore a+b=1$

3 등식의 양변에 6을 곱하면

$x^2-8x-6=0$ $\quad\therefore x=4\pm\sqrt{22}$

따라서 $p=4$, $q=22$이므로 $q-p=18$

4 등식의 양변에 10을 곱하면

$3x^2-10x+5=0$ $\quad\therefore x=\frac{5\pm\sqrt{10}}{3}$

따라서 $A=5$, $B=10$이므로 $A+B=15$

5 등식의 양변에 10을 곱하면

$2x^2-7x+3=0$, $(2x-1)(x-3)=0$

$\therefore x=\frac{1}{2}$ 또는 $x=3$

6 $x+1=A$로 놓으면
$A^2+7A-18=0$, $(A+9)(A-2)=0$
$\therefore A=-9$ 또는 $A=2$
따라서 $x+1=-9$ 또는 $x+1=2$이므로
$x=-10$ 또는 $x=1$

7 $2x-3=A$로 놓으면
$A^2-3A-10=0$, $(A+2)(A-5)=0$
$\therefore A=-2$ 또는 $A=5$
이때 $2x-3=-2$ 또는 $2x-3=5$이므로
$x=\frac{1}{2}$ 또는 $x=4$
따라서 두 근의 합은 $\frac{9}{2}$이다.

8 $x-2=A$로 놓으면
$A^2-4A-5=0$, $(A+1)(A-5)=0$
$\therefore A=-1$ 또는 $A=5$
이때 $x-2=-1$ 또는 $x-2=5$이므로
$x=1$ 또는 $x=7$
$\therefore ab=7$

33 이차방정식의 근의 개수 122~123쪽

1 (1) $\frac{-b-\sqrt{b^2-4ac}}{2a}$, 2 (2) $-\frac{b}{2a}$, $-\frac{b}{2a}$, 1
(3) 음수

2 -1, -3, -1, -3, 13, $>$, 2

3 (1) 2 (2) 1 (3) 0 (4) 2 (5) 0

4 (1) 1, 1 (2) $k<9$ (3) $k<\frac{4}{3}$
(4) $k>-\frac{1}{8}$

5 (1) -3, 9, $\frac{9}{4}$ (2) $k\geq-8$ (3) $k\leq\frac{49}{8}$
(4) $k\leq-5$

6 (1) 3, 9, $\frac{9}{4}$ (2) $k>\frac{25}{8}$ (3) $k>\frac{9}{4}$
(4) $k>-\frac{15}{16}$ (5) $k>\frac{1}{48}$ (6) $k<8$

3 (1) $1^2-1\times(-4)=5>0$ $\therefore$ 2개
(2) $(-1)^2-4\times1\times\frac{1}{4}=0$ $\therefore$ 1개
(3) $\left(-\frac{1}{3}\right)^2-4\times\frac{1}{2}\times4=-\frac{71}{9}<0$
$\therefore$ 0개
(4) $(-3)^2-4\times2\times(-3)=33>0$
$\therefore$ 2개
(5) $(-1)^2-3\times1=-2<0$
$\therefore$ 0개

4 (2) $(-3)^2-k>0$
$\therefore k<9$
(3) $(-2)^2-3\times k>0$
$\therefore k<\frac{4}{3}$
(4) $5^2-4\times2\times(3-k)>0$, $8k>-1$
$\therefore k>-\frac{1}{8}$

5 (2) $4^2-1\times(-2k)\geq0$, $2k\geq-16$
$\therefore k\geq-8$
(3) $7^2-4\times2\times k\geq0$, $8k\leq49$
$\therefore k\leq\frac{49}{8}$
(4) $(-2)^2-2\times(k+7)\geq0$, $2k\leq-10$
$\therefore k\leq-5$

6 (2) $5^2-4\times1\times2k<0$, $8k>25$
$\therefore k>\frac{25}{8}$
(3) $(-3)^2-4\times2\times\frac{k}{2}<0$, $4k>9$
$\therefore k>\frac{9}{4}$
(4) $(-7)^2-4\times4\times(k+4)<0$, $16k>-15$
$\therefore k>-\frac{15}{16}$
(5) $\left(-\frac{1}{6}\right)^2-4\times\frac{1}{3}\times k<0$, $\frac{4}{3}k>\frac{1}{36}$
$\therefore k>\frac{1}{48}$
(6) $x^2+2x+9-k=0$이므로 $1^2-1\times(9-k)<0$
$\therefore k<8$

34 이차방정식이 중근을 가질 조건 124쪽

1 (1) b^2, 2^2, 4, 1 (2) 16 (3) $\frac{25}{4}$
(4) -18 (5) 16 (6) $\frac{3}{2}$

2 (1) 1, 1, 4, 2, 2, 2 (2) ±8 (3) ±14
(4) ±12 (5) $\pm\frac{4}{3}$

1 (2) $(-4)^2-1\times m=0$ $\quad\therefore m=16$

(3) $5^2-4\times1\times m=0$ $\quad\therefore m=\frac{25}{4}$

(4) $(-6)^2-1\times(-2m)=0$ $\quad\therefore m=-18$

(5) $8^2-4\times m=0$ $\quad\therefore m=16$

(6) $(-3)^2-2\times3m=0$ $\quad\therefore m=\frac{3}{2}$

2 (2) $m^2-4\times1\times16=0$, $m^2=64$ $\quad\therefore m=\pm8$

(3) $m^2-4\times1\times49=0$, $m^2=196$ $\quad\therefore m=\pm14$

(4) $m^2-4\times4\times9=0$, $m^2=144$ $\quad\therefore m=\pm12$

(5) $m^2-4\times\frac{1}{9}\times4=0$, $m^2=\frac{16}{9}$ $\quad\therefore m=\pm\frac{4}{3}$

33-34 스스로 점검 문제 125쪽

1 ② **2** ㄴ, ㄹ **3** 2 **4** ① **5** ②
6 6 **7** ④ **8** -10

1 ① $(-3)^2-4\times1\times5=-11<0$ $\quad\therefore$ 근이 없다

② $(-4)^2-1\times5=11>0$ $\quad\therefore$ 서로 다른 두 근

③ $(-2)^2-2\times2=0$ $\quad\therefore$ 중근

④ $3^2-4\times7=-19<0$ $\quad\therefore$ 근이 없다

⑤ $15^2-9\times25=0$ $\quad\therefore$ 중근

2 ㄱ. $(-3)^2-4\times2\times1=1>0$ $\quad\therefore$ 2개

ㄴ. $1^2-1\times3=-2<0$ $\quad\therefore$ 0개

ㄷ. $(-4)^2-1\times16=0$ $\quad\therefore$ 1개

ㄹ. $(-6)^2-4\times11=-8<0$ $\quad\therefore$ 0개

따라서 근이 없는 것은 ㄴ, ㄹ이다.

3 $2^2-3\times3=-5<0$이므로 $a=0$

$(-3)^2-5\times1=4>0$이므로 $b=2$

$\therefore a+b=2$

4 $(-3)^2-1\times(k+6)>0$ $\quad\therefore k<3$

5 $3x^2-x+k+1=0$의 근이 존재하지 않으려면

$1^2-4\times3\times(k+1)<0$이어야 하므로

$1-12k-12<0$ $\quad\therefore k>-\frac{11}{12}$

6 $\{-(k-1)\}^2-1\times25=0$, $(k-1)^2=25$

$k-1=-5$ 또는 $k-1=5$

$\therefore k=-4$ 또는 $k=6$

따라서 양수 k의 값은 6이다.

7 $(-2m)^2-1\times(2m+6)=0$이어야 하므로

$4m^2-2m-6=0$, $2m^2-m-3=0$

$(2m-3)(m+1)=0$ $\quad\therefore m=\frac{3}{2}$ 또는 $m=-1$

따라서 모든 m의 값의 합은 $\frac{1}{2}$이다.

8 $(a-1)^2-4\times1\times(a-1)=0$이어야 하므로

$a^2-6a+5=0$, $(a-1)(a-5)=0$

$\therefore a=1$ 또는 $a=5$

그런데 $a\neq1$이므로 $a=5$

$a=5$를 주어진 방정식에 대입하면

$4x^2+4x+1=0$, $(2x+1)^2=0$

따라서 $x=-\frac{1}{2}$(중근)이므로 $b=-\frac{1}{2}$

$\therefore 4ab=-10$

35 두 근이 주어진 이차방정식 구하기 126~127쪽

1 2, 2, 2, 2 / 2, 3, 2, 2, 6, 4

2 (1) $x^2-2x-3=0$ (2) $x^2-9x+20=0$
(3) $x^2+10x+24=0$ (4) $-x^2-4x+5=0$
(5) $2x^2-6x-36=0$ (6) $-2x^2-16x-24=0$
(7) $3x^2-9x-12=0$ (8) $\frac{1}{2}x^2+7x+24=0$

3 (1) $x^2-2x+1=0$ (2) $x^2+4x+4=0$
(3) $2x^2-8x+8=0$ (4) $-2x^2-12x-18=0$
(5) $3x^2-24x+48=0$ (6) $\frac{1}{2}x^2+x+\frac{1}{2}=0$
(7) $4x^2-4x+1=0$

4 (1) $a+1$, $a+1$, $2a+1$, a, $2a+1$, 1, a, 2
(2) 8 (3) -2 (4) -3

2 (1) $(x+1)(x-3)=0$ $\therefore x^2-2x-3=0$
(2) $(x-4)(x-5)=0$ $\therefore x^2-9x+20=0$
(3) $(x+6)(x+4)=0$ $\therefore x^2+10x+24=0$
(4) $-(x+5)(x-1)=0$ $\therefore -x^2-4x+5=0$
(5) $2(x+3)(x-6)=0$ $\therefore 2x^2-6x-36=0$
(6) $-2(x+6)(x+2)=0$ $\therefore -2x^2-16x-24=0$
(7) $3(x+1)(x-4)=0$ $\therefore 3x^2-9x-12=0$
(8) $\frac{1}{2}(x+8)(x+6)=0$ $\therefore \frac{1}{2}x^2+7x+24=0$

3 (1) $(x-1)^2=0$ $\therefore x^2-2x+1=0$
(2) $(x+2)^2=0$ $\therefore x^2+4x+4=0$
(3) $2(x-2)^2=0$ $\therefore 2x^2-8x+8=0$
(4) $-2(x+3)^2=0$ $\therefore -2x^2-12x-18=0$
(5) $3(x-4)^2=0$ $\therefore 3x^2-24x+48=0$
(6) $\frac{1}{2}(x+1)^2=0$ $\therefore \frac{1}{2}x^2+x+\frac{1}{2}=0$
(7) $4\left(x-\frac{1}{2}\right)^2=0$ $\therefore 4x^2-4x+1=0$

4 (2) 두 근을 각각 a, $a+2$라 하면
주어진 이차방정식은 $(x-a)\{x-(a+2)\}=0$
$x^2-(2a+2)x+a^2+2a=0$
$-(2a+2)=6$이므로 $a=-4$
$\therefore m=a^2+2a=8$
(3) 두 근을 각각 a, $a+3$이라 하면
주어진 이차방정식은 $(x-a)\{x-(a+3)\}=0$
$x^2-(2a+3)x+a^2+3a=0$
$2a+3=1$이므로 $a=-1$
$\therefore m=a^2+3a=-2$
(4) 두 근을 각각 a, $a+2$라 하면
주어진 이차방정식은 $4(x-a)\{x-(a+2)\}=0$
$4x^2-4(2a+2)x+4a^2+8a=0$
$-4(2a+2)=4$이므로 $a=-\frac{3}{2}$
$\therefore m=4a^2+8a=-3$

36 한 근이 무리수인 이차방정식 구하기 128~129쪽

1 $2+m$, $3+m+n$, $2+m$, -2, -1, 2, 1, $1\pm\sqrt{2}$, $1-\sqrt{2}$

2 (1) $1-\sqrt{3}$ (2) $\sqrt{5}$ (3) $-2\sqrt{3}$
(4) $5+\sqrt{7}$ (5) $-3-\sqrt{10}$ (6) $-2+\sqrt{11}$
(7) $-1-3\sqrt{5}$ (8) $4+3\sqrt{2}$ (9) $\frac{2+\sqrt{6}}{3}$

3 (1) $2-\sqrt{3}$, $2-\sqrt{3}$, $\sqrt{3}$, $\sqrt{3}$, 3, 1

4 (1) $x^2-2x-2=0$ (2) $x^2-4x-1=0$
(3) $x^2+6x+6=0$ (4) $x^2+10x+19=0$
(5) $x^2+4x-14=0$

5 (1) $2+\sqrt{3}$, $2+\sqrt{3}$, $\sqrt{3}$, $\sqrt{3}$, 3, 1, x^2-4x+1, $2x^2-8x+2$
(2) $-x^2+4x+2=0$
(3) $3x^2-18x+6=0$
(4) $-2x^2-4x+14=0$

4 (1) 한 근이 $1-\sqrt{3}$이므로 다른 한 근은 $1+\sqrt{3}$
$\{x-(1-\sqrt{3})\}\{x-(1+\sqrt{3})\}=0$
$\{(x-1)+\sqrt{3}\}\{(x-1)-\sqrt{3}\}=0$
$(x-1)^2-3=0$
따라서 구하는 이차방정식은 $x^2-2x-2=0$
(2) 한 근이 $2+\sqrt{5}$이므로 다른 한 근은 $2-\sqrt{5}$
$\{x-(2+\sqrt{5})\}\{x-(2-\sqrt{5})\}=0$
$\{(x-2)-\sqrt{5}\}\{(x-2)+\sqrt{5}\}=0$
$(x-2)^2-5=0$
따라서 구하는 이차방정식은 $x^2-4x-1=0$

(3) 한 근이 $-3+\sqrt{3}$이므로 다른 한 근은 $-3-\sqrt{3}$

$\{x-(-3+\sqrt{3})\}\{x-(-3-\sqrt{3})\}=0$

$\{(x+3)-\sqrt{3}\}\{(x+3)+\sqrt{3}\}=0$

$(x+3)^2-3=0$

따라서 구하는 이차방정식은 $x^2+6x+6=0$

(4) 한 근이 $-5-\sqrt{6}$이므로 다른 한 근은 $-5+\sqrt{6}$

$\{x-(-5-\sqrt{6})\}\{x-(-5+\sqrt{6})\}=0$

$\{(x+5)+\sqrt{6}\}\{(x+5)-\sqrt{6}\}=0$

$(x+5)^2-6=0$

따라서 구하는 이차방정식은 $x^2+10x+19=0$

(5) 한 근이 $-2+3\sqrt{2}$이므로 다른 한 근은 $-2-3\sqrt{2}$

$\{x-(-2+3\sqrt{2})\}\{x-(-2-3\sqrt{2})\}=0$

$\{(x+2)-3\sqrt{2}\}\{(x+2)+3\sqrt{2}\}=0$

$(x+2)^2-18=0$

따라서 구하는 이차방정식은 $x^2+4x-14=0$

5 (2) 한 근이 $2+\sqrt{6}$이므로 다른 한 근은 $2-\sqrt{6}$

$\{x-(2+\sqrt{6})\}\{x-(2-\sqrt{6})\}=0$

$\{(x-2)-\sqrt{6}\}\{(x-2)+\sqrt{6}\}=0$

$(x-2)^2-6=0$

$x^2-4x-2=0$

따라서 x^2의 계수가 -1이므로

$-(x^2-4x-2)=0$

$\therefore -x^2+4x+2=0$

(3) 한 근이 $3-\sqrt{7}$이므로 다른 한 근은 $3+\sqrt{7}$

$\{x-(3-\sqrt{7})\}\{x-(3+\sqrt{7})\}=0$

$\{(x-3)+\sqrt{7}\}\{(x-3)-\sqrt{7}\}=0$

$(x-3)^2-7=0$

$x^2-6x+2=0$

따라서 x^2의 계수가 3이므로

$3(x^2-6x+2)=0$

$\therefore 3x^2-18x+6=0$

(4) 한 근이 $-1+2\sqrt{2}$이므로 다른 한 근은 $-1-2\sqrt{2}$

$\{x-(-1+2\sqrt{2})\}\{x-(-1-2\sqrt{2})\}=0$

$\{(x+1)-2\sqrt{2}\}\{(x+1)+2\sqrt{2}\}=0$

$(x+1)^2-8=0$

$x^2+2x-7=0$

따라서 x^2의 계수가 -2이므로

$-2(x^2+2x-7)=0$

$\therefore -2x^2-4x+14=0$

37 이차방정식의 활용 130~132쪽

1 ❶ $x+1$ ❷ $x+1$ ❸ x, 5, 4, -5, 4 ❹ 4, 4, 5

2 (1) $x+1$ (2) $x^2+(x+1)^2=25$ (3) $x=-4$ 또는 $x=3$ (4) 3, 4

3 ❶ $x+1$ ❷ $x+1$ ❸ x, 420, 21, 20, -21, 20 ❹ 20, 20, 21

4 (1) $x-2$ (2) $x^2+(x-2)^2=452$ (3) $x=-14$ 또는 $x=16$ (4) 16살

5 ❶ 200, $10+x$ ❷ $10+x$, 200 ❸ 400, 40, 10, -40, 10 ❹ 10, 10

6 (1) $(10+x)$ cm, $(10-x)$ cm (2) $(10+x)(10-x)=50$ (3) $x=\pm5\sqrt{2}$ (4) $5\sqrt{2}$ cm

7 0, 8, 8, 0, 8, 8

8 (1) $-5x^2+20x=15$ (2) $x=1$ 또는 $x=3$ (3) 1초 후 또는 3초 후

9 (1) $50+45x-5x^2=0$ (2) $x=-1$ 또는 $x=10$ (3) 10초 후

2 (3) $x^2+(x+1)^2=25$에서

$2x^2+2x-24=0$, $x^2+x-12=0$

$(x+4)(x-3)=0$

$\therefore x=-4$ 또는 $x=3$

(4) x는 자연수이므로 $x=3$

따라서 제곱의 합이 25인 연속하는 두 자연수는 3, 4이다.

4 (3) $x^2+(x-2)^2=452$에서

$2x^2-4x+4=452$, $x^2-2x-224=0$

$(x+14)(x-16)=0$

$\therefore x=-14$ 또는 $x=16$

(4) x는 자연수이므로 $x=16$

따라서 민규의 나이는 16살이다.

6 (3) $(10+x)(10-x)=50$에서

$100-x^2=50$, $x^2=50$ $\therefore x=\pm5\sqrt{2}$

(4) $x>0$이므로 $x=5\sqrt{2}$

따라서 처음 정사각형의 한 변의 길이는 $5\sqrt{2}$ cm이다.

8 (2) $-5x^2+20x=15$에서

$(x-1)(x-3)=0 \quad \therefore x=1$ 또는 $x=3$

(3) 구한 해는 모두 0보다 크므로 1초 후 또는 3초 후에 공의 높이가 15 m가 된다.

9 (2) $50+45x-5x^2=0$에서

$5x^2-45x-50=0$, $x^2-9x-10=0$

$(x+1)(x-10)=0 \quad \therefore x=-1$ 또는 $x=10$

(3) $x>0$이므로 $x=10$

따라서 10초 후에 지면에 떨어진다.

35-37 스스로 점검 문제 133~134쪽

1 ④	**2** 3	**3** $\frac{1}{2}x^2+3x+\frac{9}{2}=0$	**4** ⑤	
5 ④	**6** 24	**7** 10	**8** 4	**9** 7
10 ③	**11** 6명	**12** ②	**13** ④	**14** ③
15 ②	**16** $(3+3\sqrt{2})$ cm			

1 $2(x-3)(x-4)=0$, $2x^2-14x+24=0$

따라서 $m=-14$, $n=-24$이므로

$m-n=10$

2 두 근이 $\frac{1}{2}$, $-\frac{1}{3}$이므로 $6\left(x-\frac{1}{2}\right)\left(x+\frac{1}{3}\right)=0$

$6\left(x^2-\frac{1}{6}x-\frac{1}{6}\right)=0$, $6x^2-x-1=0$이므로

$a=-1$, $b=-1$

즉, $-x^2-x+2=0$에서

$x^2+x-2=0$, $(x+2)(x-1)=0$

따라서 두 근은 -2와 1이므로 그 차는 3이다.

3 $\frac{1}{2}(x+3)^2=0$이므로 $\frac{1}{2}x^2+3x+\frac{9}{2}=0$

4 두 근을 각각 α, $\alpha+2$라 하면 주어진 이차방정식은

$(x-\alpha)\{x-(\alpha+2)\}=0$

$x^2-(2\alpha+2)x+\alpha^2+2\alpha=0$

$2\alpha+2=6$에서 $\alpha=2$이므로 $3k+2=\alpha^2+2\alpha=8$

$\therefore k=2$

5 두 근을 각각 α, 2α라 하면 주어진 이차방정식은

$(x-\alpha)(x-2\alpha)=0$, $x^2-3\alpha x+2\alpha^2=0$

$3\alpha=9$에서 $\alpha=3$이므로 $k=2\alpha^2=18$

6 두 근을 각각 3α, 4α라 하면 주어진 이차방정식은

$2(x-3\alpha)(x-4\alpha)=0$, $2x^2-14\alpha x+24\alpha^2=0$

$14\alpha=14$에서 $\alpha=1$이므로 $k=24\alpha^2=24$

7 다른 한 근이 $-1-\sqrt{5}$이므로

$\{x-(-1+\sqrt{5})\}\{x-(-1-\sqrt{5})\}=0$

$\{(x+1)-\sqrt{5}\}\{(x+1)+\sqrt{5}\}=0$

$(x+1)^2-5=0$, $x^2+2x-4=0$

그런데 x의 계수가 4이므로 주어진 이차방정식은

$2x^2+4x-8=0 \quad \therefore a=2$, $b=-8$

$\therefore a-b=2-(-8)=10$

8 $\frac{1}{2-\sqrt{3}}=\frac{2+\sqrt{3}}{(2-\sqrt{3})(2+\sqrt{3})}=2+\sqrt{3}$에서

다른 한 근은 $2-\sqrt{3}$이므로

$\{x-(2+\sqrt{3})\}\{x-(2-\sqrt{3})\}=0$

$\{(x-2)-\sqrt{3}\}\{(x-2)+\sqrt{3}\}=0$,

$(x-2)^2-3=0$

$x^2-4x+1=0$

그런데 x의 계수가 -8이므로

$2(x^2-4x+1)=0$에서 $2x^2-8x+2=0$

따라서 $a=2$, $b=2$이므로 $ab=4$

9 두 홀수 중 작은 수를 x라 하면 큰 수는 $x+2$이다.

두 홀수의 곱이 63이므로

$x(x+2)=63$, $x^2+2x-63=0$

$(x+9)(x-7)=0$

$\therefore x=7(\because x>0)$

따라서 두 홀수는 7, 9이므로 작은 수는 7이다.

10 연속하는 세 자연수를 각각 $x-1$, x, $x+1$이라 하면

$(x+1)^2=x^2+(x-1)^2-32$, $x^2-4x-32=0$

$(x+4)(x-8)=0 \quad \therefore x=8(\because x$는 자연수$)$

따라서 연속하는 세 자연수는 7, 8, 9이고, 그중 가장 큰 수는 9이다.

11 친구가 모두 x명이라 하면 한 친구가 받는 사탕의 개수는 $(x+4)$개이므로
$x(x+4)=60$, $x^2+4x-60=0$
$(x+10)(x-6)=0$ $\therefore x=6$($\because$ x는 자연수)
따라서 친구는 모두 6명이다.

12 동생의 나이를 x살이라 하면 언니의 나이는 $(x+5)$살이므로
$(x+5)^2=5x^2+1$, $2x^2-5x-12=0$
$(2x+3)(x-4)=0$ $\therefore x=4$($\because$ x는 자연수)
따라서 동생의 나이는 4살이다.

13 $\frac{n(n-3)}{2}=54$에서 $n^2-3n-108=0$
$(n+9)(n-12)=0$ $\therefore x=12$($\because$ x는 자연수)
따라서 모든 대각선의 개수가 54개인 정다각형은 정십이각형이다.

14 $-5x^2+60x+15=15$, $x^2-12x=0$
$x(x-12)=0$
$\therefore x=12(\because x>0)$
따라서 물체의 높이가 다시 15 m가 되는 것은 12초 후이다.

15 처음 정사각형의 한 변의 길이를 x cm라 하면 직사각형의 가로의 길이는 $(x-4)$ cm, 세로의 길이는 $(x+7)$ cm이므로
$(x-4)(x+7)=60$
$x^2+3x-88=0$
$(x+11)(x-8)=0$
$\therefore x=8(\because x>0)$
따라서 처음 정사각형의 한 변의 길이는 8 cm이다.

16 작은 원의 반지름을 x cm라 하면
$\pi(x+3)^2=\pi x^2\times 2$, $x^2-6x-9=0$
$\therefore x=3+3\sqrt{2}(\because x>0)$
따라서 작은 원의 반지름의 길이는 $(3+3\sqrt{2})$ cm이다.

Ⅲ. 이차함수

1 이차함수의 그래프 (1)

01 이차함수의 뜻과 함숫값 136~137쪽

1 (1) 3, 5, 6, 이차식 (2) y, 함수 (3) 이차함수

2 -1, 4, 4

3 (1) × (2) × (3) ○ (4) × (5) ○ (6) ○

4 (1) $y=x^2$, 이차함수이다.
(2) $y=\pi x^2$, 이차함수이다.
(3) $y=x^3$, 이차함수가 아니다.
(4) $y=2\pi x$, 이차함수가 아니다.
(5) $y=2x^2$, 이차함수이다.
(6) $y=4x+2$, 이차함수가 아니다.
(7) $y=60x$, 이차함수가 아니다.
(8) $y=\frac{10}{x}$, 이차함수가 아니다.

5 (1) 6 (2) 3 (3) 2 (4) 3

6 (1) 4 (2) 3 (3) 9 (4) 6 (5) 0 (6) -7

4 (5) $y=\frac{1}{2}\times x\times 4x=2x^2$
(6) $y=2x+2(x+1)=4x+2$
(8) $xy=10$ $\quad\therefore y=\frac{10}{x}$

5 (1) $y=(-1)^2-2\times(-1)+3=6$
(2) $y=0^2-2\times 0+3=3$
(3) $y=1^2-2\times 1+3=2$
(4) $y=2^2-2\times 2+3=3$

6 (2) $f(2)=2^2-1=3$
(3) $f(2)=2^2+2\times 2+1=9$
(4) $f(2)=2\times 2^2+2-4=6$
(5) $f(2)=-2^2+2+2=0$
(6) $f(2)=-2\times 2^2-2+3=-7$

02 이차함수 $y=x^2$의 그래프 138쪽

1 (1) 4, 1, 0, 1, 4, 9 (2) 풀이 참조 (3) 아래, y

2 (1) $(0, 0)$ (2) $x=0$ (3) $x<0$
(4) $x>0$ (5) 제1, 2사분면

1 (2)

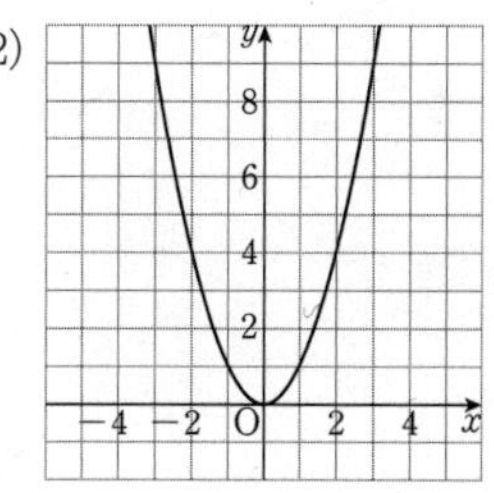

03 이차함수 $y=-x^2$의 그래프 139쪽

1 (1) -4, -1, 0, -1, -4, -9 (2) 풀이 참조
(3) 위, y (4) x

2 (1) $(0, 0)$ (2) $x=0$ (3) $x<0$
(4) $y=x^2$ (5) 제3, 4사분면

1 (2)

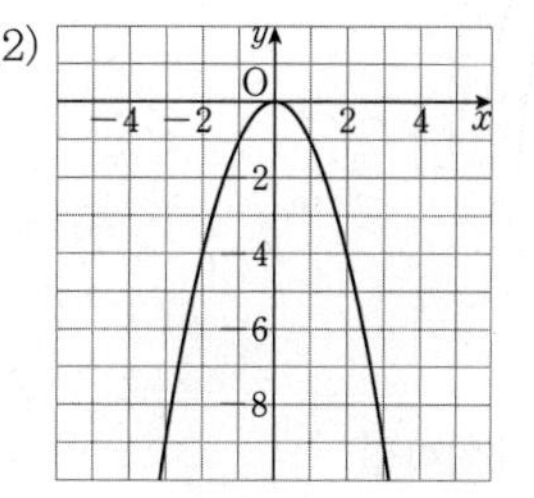

04 이차함수 $y=ax^2$의 그래프 140~141쪽

1 (1) 8, 2, 0, 2, 8 (2) 2 (3) 풀이 참조
(4) 0, 0, y, 아래, 1, 2

2 (1) -8, -2, 0, -2, -8 (2) 2, 2
(3) 풀이 참조 (4) 0, 0, y, 위, 3, 4

3 (1) 풀이 참조 (2) 풀이 참조

4 (1) 2 (2) 제1, 2사분면 (3) 제3, 4사분면
(4) 제1, 2사분면 (5) 제3, 4사분면

5 (1) 1, 3, 3, 1, 3 (2) 4 (3) $\frac{1}{4}$ (4) $-\frac{2}{3}$

1 (3)

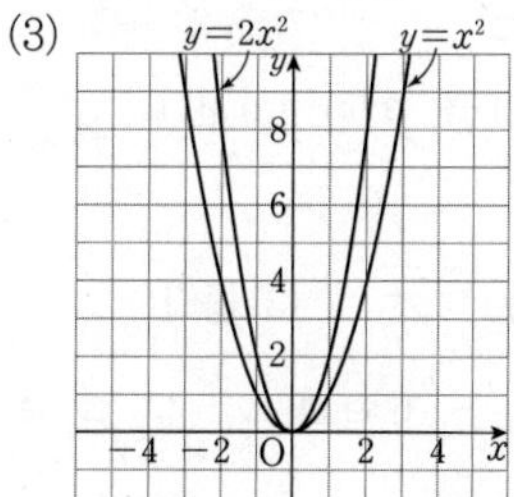

2 (3)

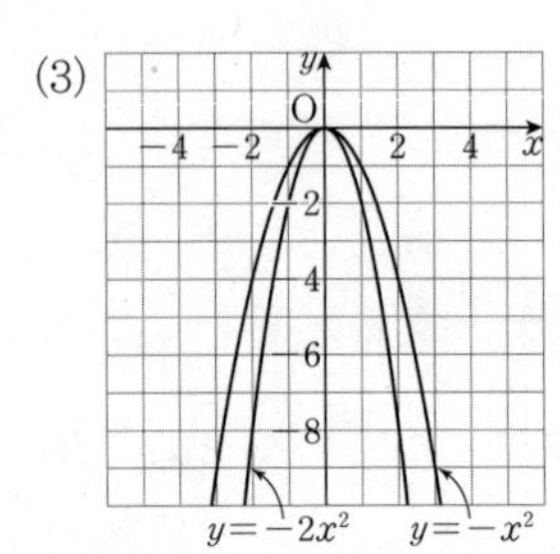

3 (1)

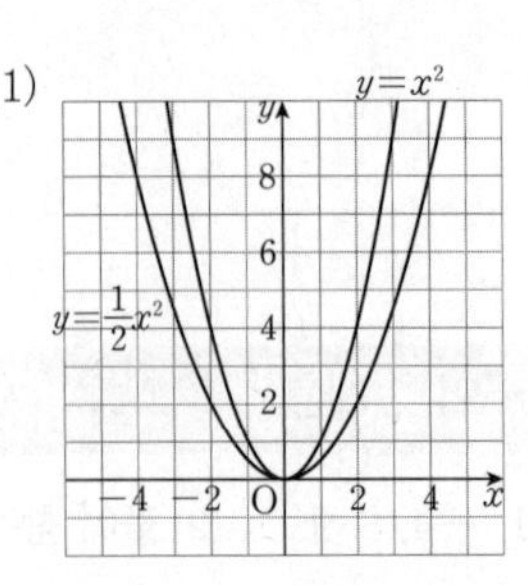

(2)

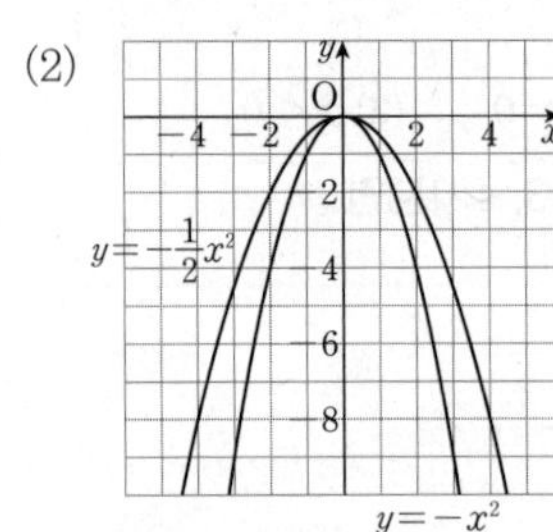

5 이차함수 $y=ax^2$에

(2) $x=-1$, $y=4$를 대입하면

$4=a\times(-1)^2 \qquad \therefore a=4$

(3) $x=-2$, $y=1$을 대입하면

$1=a\times(-2)^2 \qquad \therefore a=\frac{1}{4}$

(4) $x=-3$, $y=-6$을 대입하면

$-6=a\times(-3)^2 \qquad \therefore a=-\frac{2}{3}$

05 이차함수 $y=ax^2$의 그래프의 성질 142~143쪽

1 (1) 0, 0 (2) y (3) 아래 (4) 감소
(5) 1, 2 (6) x (7) 3, 3

2 (1) 0, 0 (2) y (3) 위 (4) 증가
(5) 3, 4 (6) $y=3x^2$ (7) -3, -3

3 (1) 아래, ㄷ, ㅁ (2) 클, ㄹ (3) x, ㄴ
(4) 넓고, ㅂ

4 (1) $y=\frac{1}{5}x^2$ (2) $y=4x^2$ (3) 좁다

5 (1) ㄴ, ㅁ, ㅂ (2) ㅁ (3) ㄹ과 ㅂ (4) ㄷ, ㄹ

01-05 스스로 점검 문제 144쪽

1 ④, ⑤ **2** ④ **3** -4 **4** ②
5 ① **6** ㄴ, ㄷ **7** ⑤ **8** ①

1 ⑤ $y=(x+3)(x-2)-1=x^2+x-7$

2 ① $y=4\pi x$, 이차함수가 아니다.
② $y=3x$, 이차함수가 아니다.
③ $y=4x$, 이차함수가 아니다.
④ $y=x^2$, 이차함수이다.
⑤ $y=70x$, 이차함수가 아니다.

3 $f(-1)=-(-1)^2-(-1)-1=-1$
$f(1)=-1^2-1-1=-3$
이므로 $f(-1)+f(1)=-4$

4 ② 축의 방정식은 $x=0$이다.

5 ① $y=-x^2$에 $x=-3$을 대입하면
$y=-(-3)^2=-9\neq 9$

6 $y=ax^2$의 그래프는 $a<0$일 때 위로 볼록하므로 ㄴ, ㄷ이다.

7 $y=ax^2$의 그래프는 a의 절댓값이 클수록 폭이 좁으므로 폭이 가장 좁은 것은 ⑤이다.

8 $y=ax^2$의 그래프에서 a의 값이 될 수 있는 범위는 $0<a<1$이므로 a의 값이 될 수 있는 것은 ①이다.

06 이차함수 $y=ax^2+q$의 그래프 145~148쪽

1 (1) 10, 5, 2, 1, 2, 5, 10 (2) 1 (3) 풀이 참조

2 (1) $x=0$ (2) $(0,\ 1)$ (3) 제1, 2사분면 (4) 1

3 (1) y, -2 (2) y, 3

4 (1) $y=x^2+2$ (2) $y=2x^2-4$
(3) $y=\frac{1}{2}x^2-3$ (4) $y=\frac{2}{3}x^2+\frac{4}{3}$
(5) $y=\frac{7}{4}x^2-2$ (6) $y=-2x^2+1$
(7) $y=-3x^2+\frac{1}{2}$ (8) $y=-4x^2-1$
(9) $y=-\frac{2}{3}x^2+5$ (10) $y=-\frac{5}{4}x^2-\frac{1}{4}$

5 (1) 2 (2) -5 (3) $\frac{4}{7}$ (4) $-\frac{2}{3}$

6 (1) 1 (2) -3 (3) $\frac{1}{2}$ (4) $-\frac{4}{5}$

7 (1) 풀이 참조 (2) 풀이 참조 (3) 풀이 참조
(4) 풀이 참조

8 (1) 풀이 참조 (2) 풀이 참조 (3) 풀이 참조
(4) 풀이 참조

9 (1) $(0,\ 3)$, $x=0$ (2) $(0,\ -1)$, $x=0$
(3) $(0,\ 4)$, $x=0$ (4) $\left(0,\ -\frac{1}{2}\right)$, $x=0$
(5) $(0,\ 1)$, $x=0$ (6) $\left(0,\ -\frac{1}{3}\right)$, $x=0$
(7) $(0,\ 2)$, $x=0$ (8) $\left(0,\ -\frac{6}{5}\right)$, $x=0$

10 (1) ○ (2) × (3) × (4) ○ (5) ○ (6) ×

1 (3)

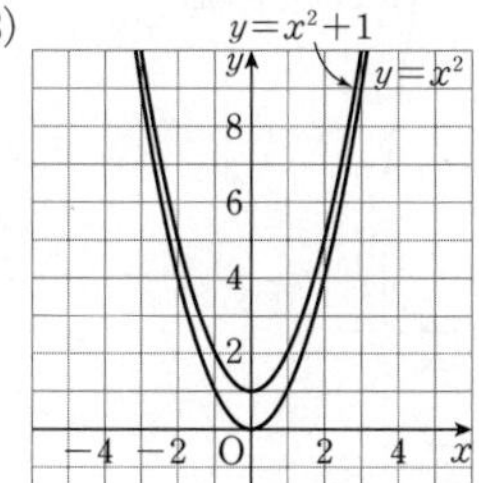

7 (1)

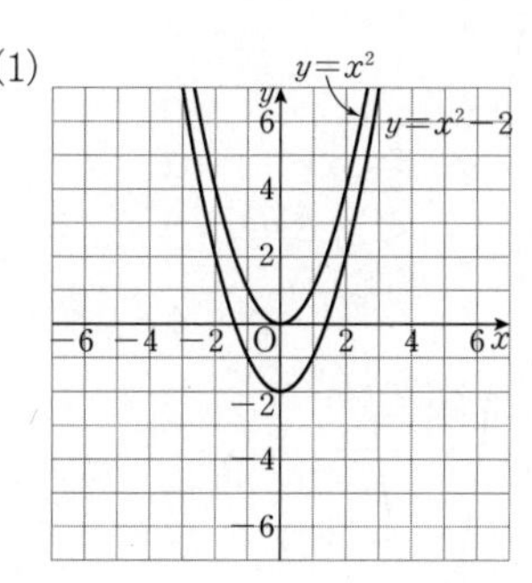

(2)

$y=\frac{1}{2}x^2+1$, $y=\frac{1}{2}x^2$

(3)

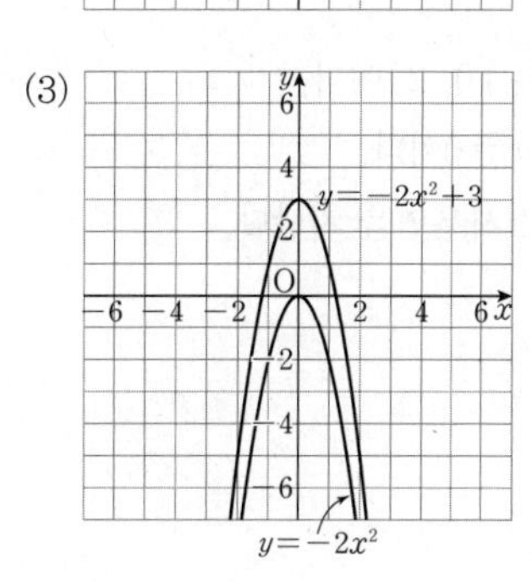

(4)

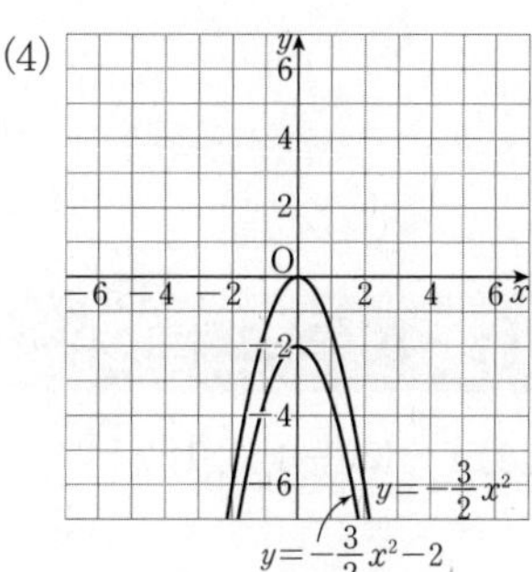

8 (1)

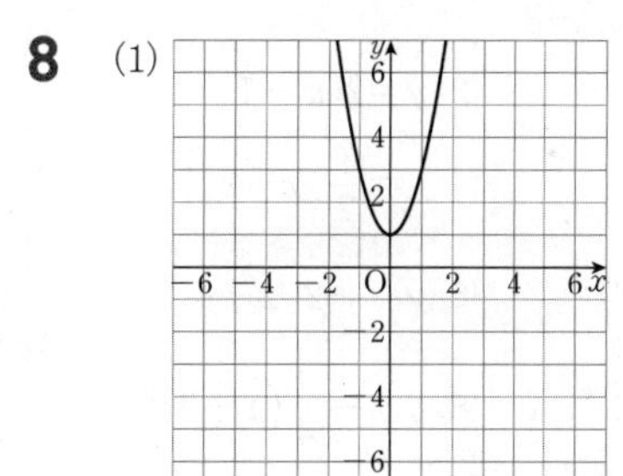

(2)

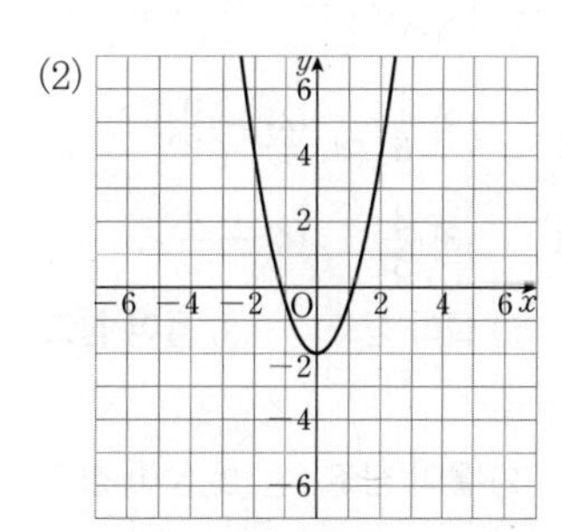

(3)

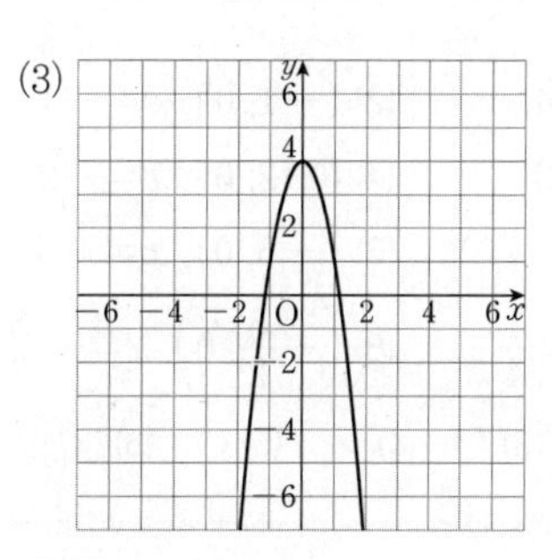

(4)

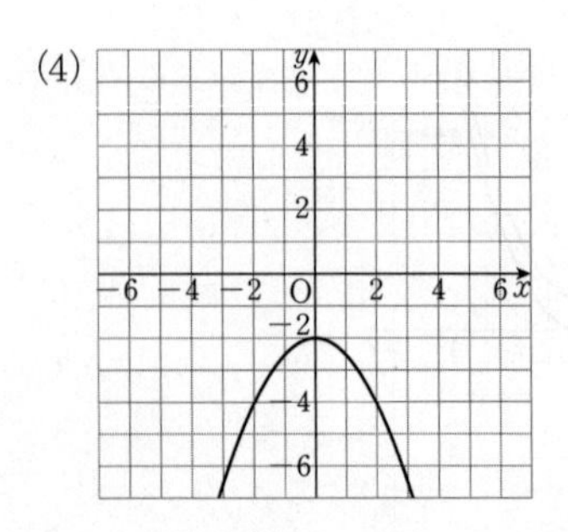

10 (2) 꼭짓점의 좌표는 $(0,\ 2)$이다.

(3) 축의 방정식은 $x=0$이다.

(6) 그래프는 제1, 2사분면을 지난다.

07 이차함수 $y=a(x-p)^2$의 그래프 149~152쪽

1 (1) 16, 9, 4, 1, 0, 1, 4 (2) -1, 0, 1, 2
(3) 풀이 참조

2 (1) $x=1$ (2) $(1,\ 0)$ (3) 제1, 2사분면 (4) 1

3 (1) x, 2 (2) x, -3

4 (1) $y=(x-3)^2$ (2) $y=2(x-1)^2$
(3) $y=4(x+3)^2$ (4) $y=\frac{1}{2}(x-2)^2$
(5) $y=\frac{1}{3}(x+5)^2$ (6) $y=-2(x-4)^2$
(7) $y=-(x+2)^2$ (8) $y=-\frac{3}{4}(x-2)^2$
(9) $y=-\frac{2}{3}\left(x-\frac{3}{2}\right)^2$ (10) $y=-\frac{2}{5}\left(x+\frac{2}{3}\right)^2$

5 (1) 1 (2) -7 (3) $\frac{1}{6}$ (4) $-\frac{5}{3}$

6 (1) 3 (2) -1 (3) $\frac{2}{3}$ (4) $-\frac{4}{5}$

7 (1) 풀이 참조 (2) 풀이 참조 (3) 풀이 참조
(4) 풀이 참조

8 (1) 풀이 참조 (2) 풀이 참조 (3) 풀이 참조
(4) 풀이 참조

9 (1) $(4,\ 0)$, $x=4$ (2) $(-1,\ 0)$, $x=-1$
(3) $(3,\ 0)$, $x=3$ (4) $(-2,\ 0)$, $x=-2$
(5) $(2,\ 0)$, $x=2$ (6) $(-5,\ 0)$, $x=-5$
(7) $\left(\frac{1}{4},\ 0\right)$, $x=\frac{1}{4}$ (8) $\left(-\frac{5}{2},\ 0\right)$, $x=-\frac{5}{2}$

10 (1) ○ (2) × (3) ○ (4) × (5) ○ (6) ×

1 (2) $y=x^2$, $y=(x-1)^2$

7 (1) $y=x^2$, $y=(x+2)^2$

(2)

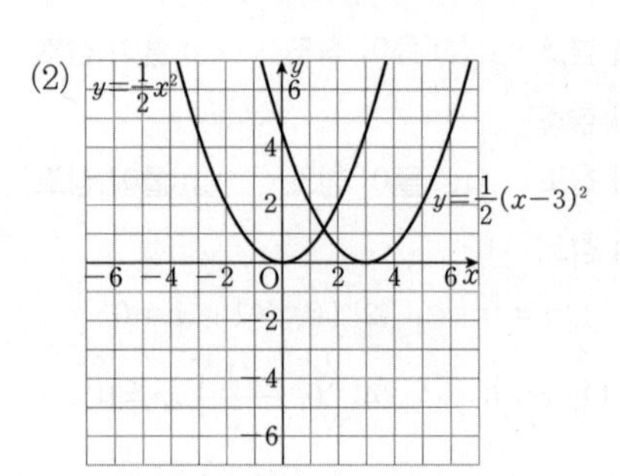

(3)

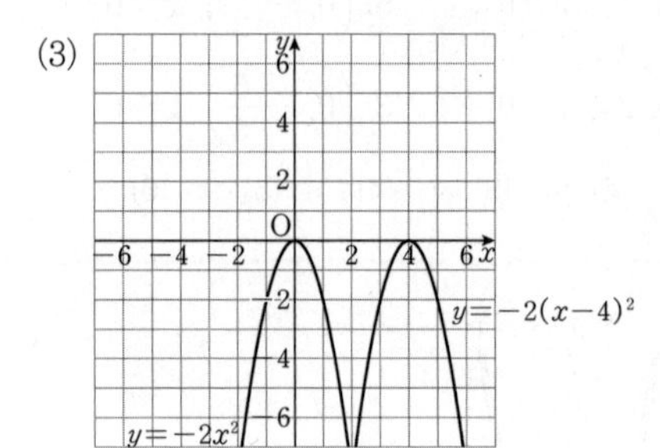

(4)

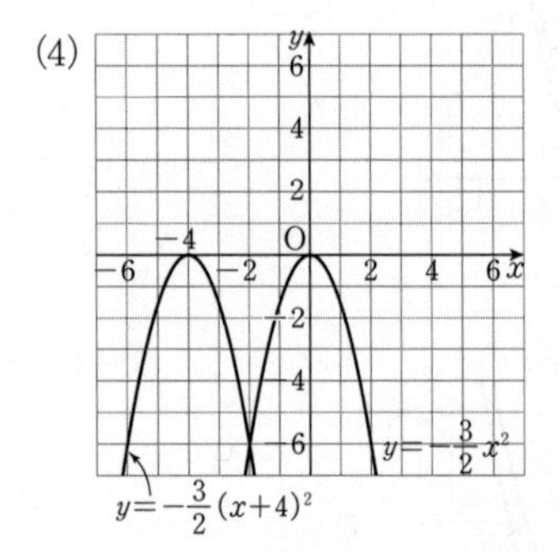

8 (1)

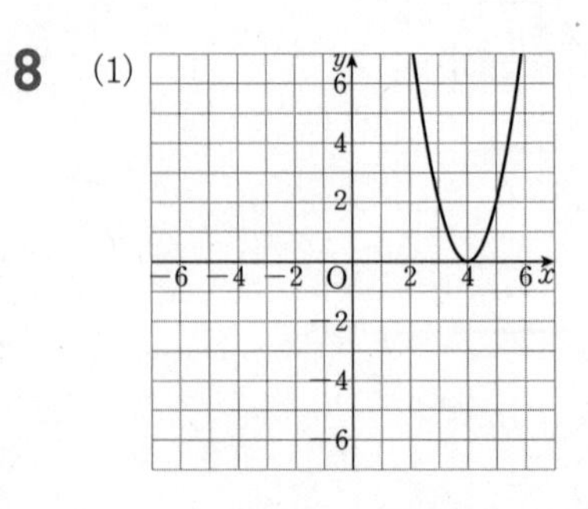

(2)

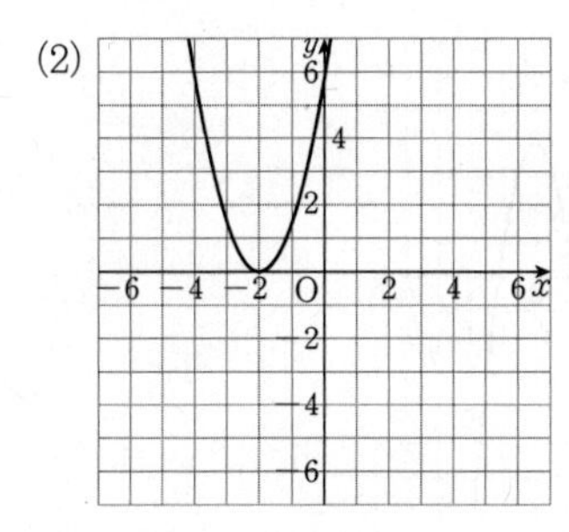

(3)

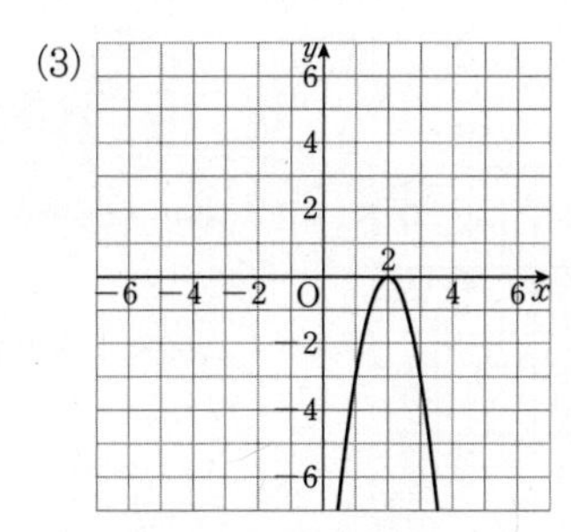

(4)

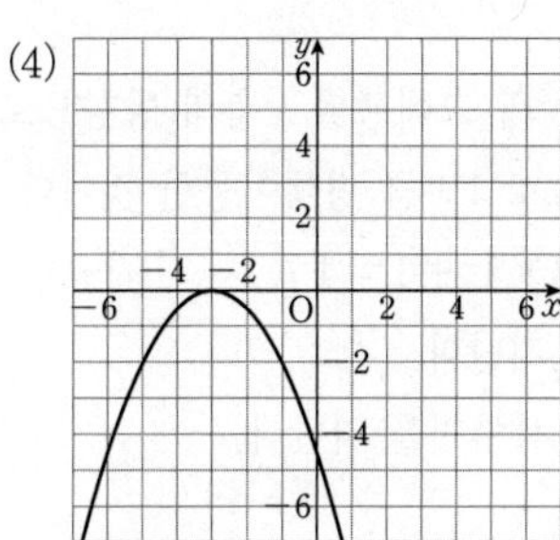

10 (2) 꼭짓점의 좌표는 $(2,\ 0)$이다.
(4) 아래로 볼록한 포물선이다.
(6) 그래프는 제1, 2사분면을 지난다.

08 이차함수 $y=a(x-p)^2+q$의 그래프 153~156쪽

1 (1) x, 3, y, 2 (2) 풀이 참조

2 (1) $x=3$ (2) $(3,\ 2)$ (3) 제1, 2사분면
(4) 3, 2

3 (1) -1, y, 2 (2) 2, y, -3

4 (1) $y=(x-1)^2-2$ (2) $y=3(x-4)^2+\frac{1}{2}$
(3) $y=6\left(x+\frac{3}{5}\right)^2+2$ (4) $y=\frac{3}{4}(x-2)^2+5$
(5) $y=\frac{2}{7}(x+4)^2-2$ (6) $y=-2(x-3)^2+1$
(7) $y=-3(x-4)^2-\frac{1}{2}$
(8) $y=-4(x-3)^2-5$
(9) $y=-\frac{3}{2}(x+2)^2+3$
(10) $y=-\frac{4}{5}(x+3)^2-1$

5 (1) $p=2$, $q=-1$ (2) $p=2$, $q=5$
(3) $p=-\frac{1}{2}$, $q=-6$ (4) $p=-5$, $q=\frac{3}{4}$

6 (1) $p=4$, $q=-3$ (2) $p=3$, $q=2$
(3) $p=-1$, $q=-\frac{4}{3}$ (4) $p=-4$, $q=5$

7 (1) 풀이 참조 (2) 풀이 참조 (3) 풀이 참조
(4) 풀이 참조

8 (1) 풀이 참조 (2) 풀이 참조 (3) 풀이 참조
(4) 풀이 참조

9 (1) $(5,\ 4)$, $x=5$
(2) $\left(\frac{1}{3},\ -1\right)$, $x=\frac{1}{3}$
(3) $(-1,\ -4)$, $x=-1$
(4) $\left(-\frac{9}{2},\ 7\right)$, $x=-\frac{9}{2}$
(5) $\left(3,\ \frac{1}{4}\right)$, $x=3$
(6) $\left(-4,\ -\frac{1}{2}\right)$, $x=-4$
(7) $(-1,\ -4)$, $x=-1$
(8) $(2,\ -3)$, $x=2$

10 (1) × (2) ○ (3) ○ (4) ○ (5) × (6) ×

1 (2)

$y=x^2$ $y=(x-3)^2+2$ $y=(x-3)^2$

7 (1)

$y=x^2$, $y=(x+2)^2+2$

(2)

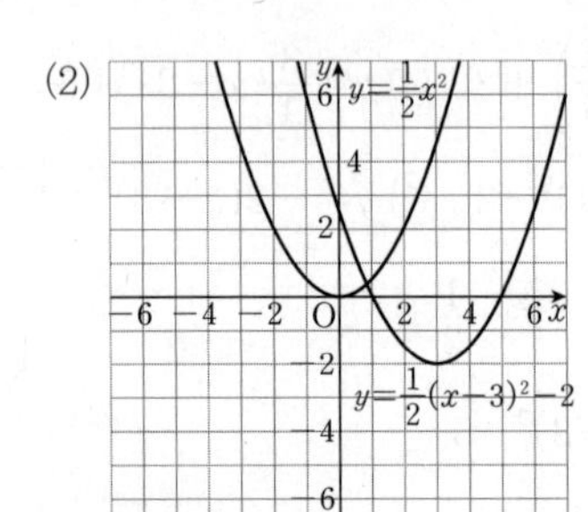

(3)

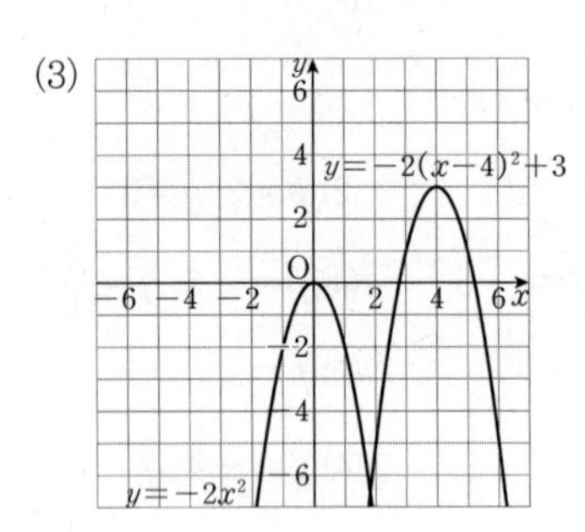

(4)

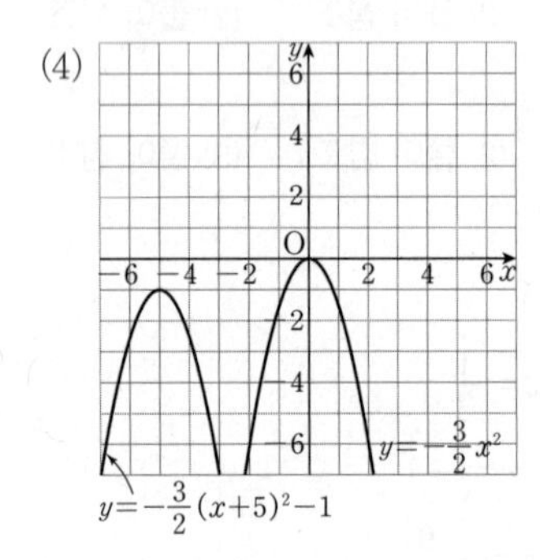

8 (1)

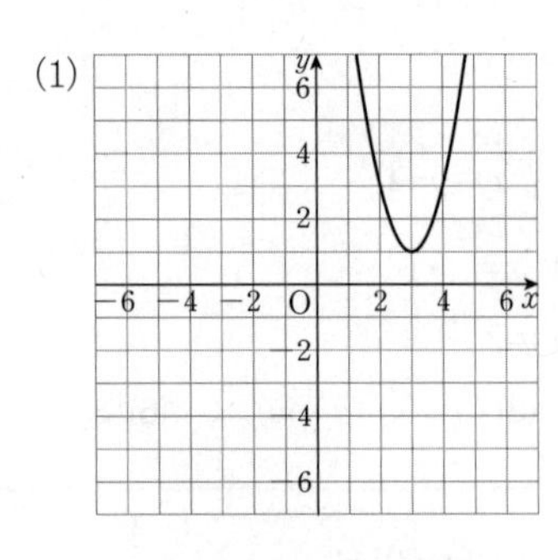

(2)

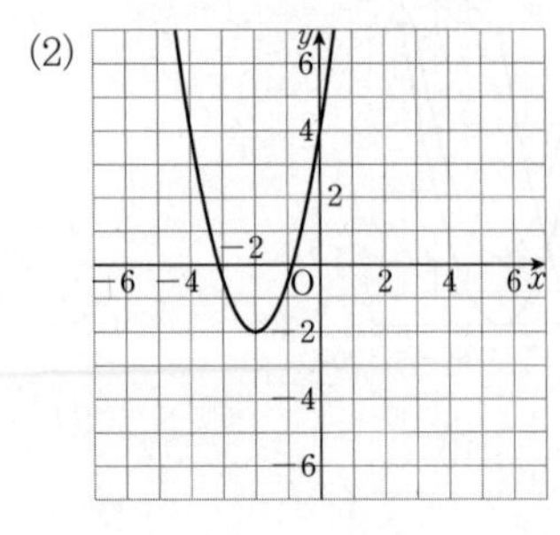

(3)

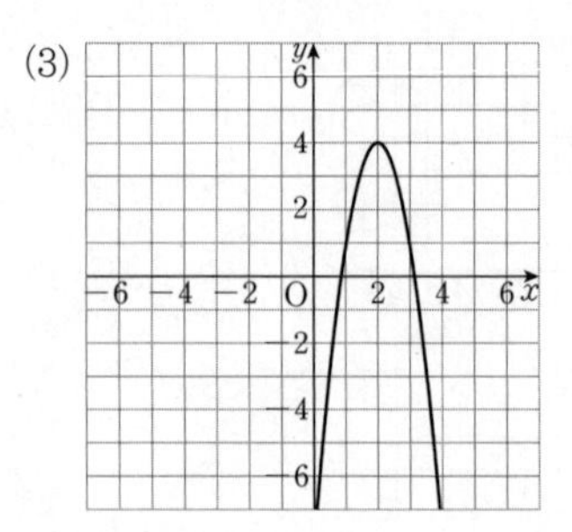

(4)

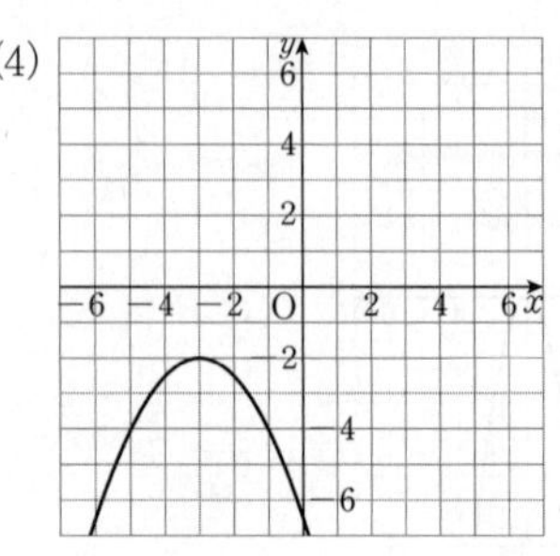

10 (1) 이차함수 $y=3x^2$의 그래프를 x축의 방향으로 2만큼, y축의 방향으로 1만큼 평행이동한 것이다.

(5) $x=3$일 때 $y=3\times1^2+1=4$
즉, 점 $(3,\ 4)$를 지난다.

(6) 그래프는 제1, 2사분면을 지난다.

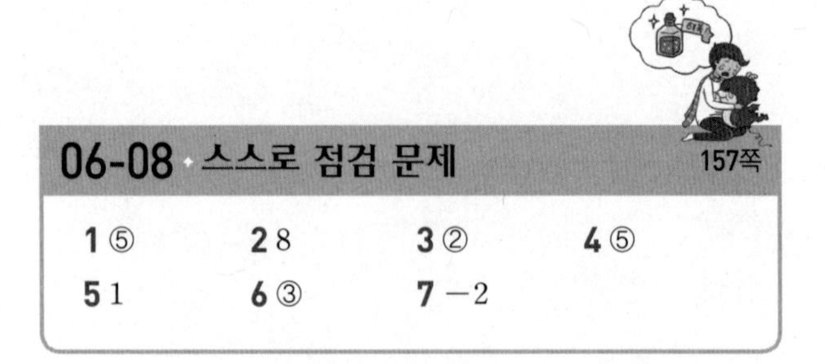

06-08 스스로 점검 문제 157쪽

1 ⑤ **2** 8 **3** ② **4** ⑤
5 1 **6** ③ **7** −2

1 ① 위로 볼록한 포물선이다.
② 꼭짓점의 좌표는 $(0,-1)$이다.
③ y축에 대칭이다.
④ 제 3, 4사분면을 지난다.

2 평행이동한 그래프의 식은 $y=\frac{1}{2}x^2+6$이므로

$k=\frac{1}{2}\times2^2+6=8$

3 ㄱ. $y=2x^2$의 그래프를 y축의 방향으로 -5만큼 평행이동하여 그릴 수 있다.

ㄹ. $y=2x^2$의 그래프를 x축의 방향으로 1만큼, y축의 방향으로 7만큼 평행이동하여 그릴 수 있다.

따라서 구하는 그래프는 ㄱ, ㄹ이다.

4 ⑤ $\frac{1}{3}\times(2-1)^2=\frac{1}{3}\neq-\frac{1}{3}$

5 이차함수 $y=-2(x+1)^2+a-2$의 그래프의 꼭짓점의 좌표는 $(-1,\ a-2)$이고 이 점은 $(b,\ 1)$과 일치하므로

$b=-1,\ a-2=1\qquad \therefore a=3$

또 축의 방정식은 $x=-1$이므로 $c=-1$

$\therefore a+b+c=3+(-1)+(-1)=1$

6 ③ 축의 방정식은 $x=-5$이다.

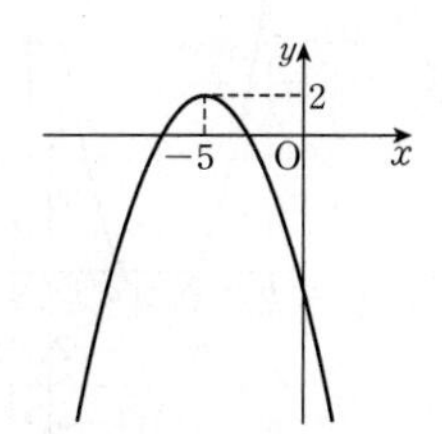

7 이차함수 $y=-3\left(x+\frac{1}{2}\right)^2+4$의 그래프는 이차함수 $y=-3x^2$의 그래프를 x축의 방향으로 $-\frac{1}{2}$만큼, y축의 방향으로 4만큼 평행이동한 것이므로

$m=-\frac{1}{2},\ n=4$

$\therefore mn=\left(-\frac{1}{2}\right)\times4=-2$

2 이차함수의 그래프 (2)

09 이차함수 $y=ax^2+bx+c$의 그래프 158~159쪽

1 (1) 2, 2, 1, 1, 1, 2, 1, 2 / 1, 2, $x=1$ (2) 4, 4

2 (1) 4, 4, 4, 4, 2, 4, 2, 1 / 2, 1, $x=2$

(2) -3, -3

3 (1) 풀이 참조 (2) 풀이 참조 (3) 풀이 참조

(4) 풀이 참조 (5) 풀이 참조

3 (1) $y=(x-1)^2+2$

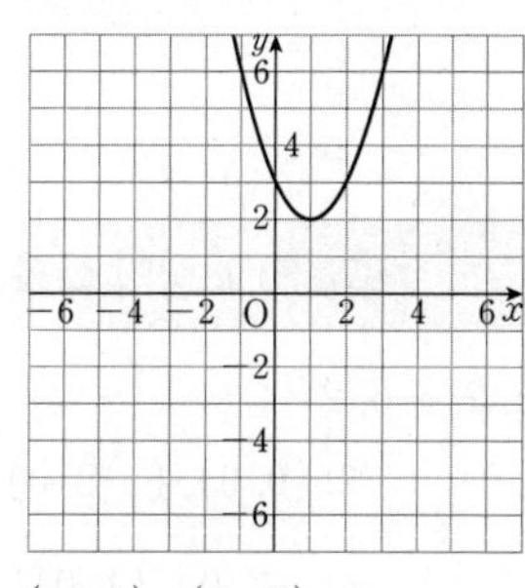

$(1,\ 2),\ (0,\ 3)$

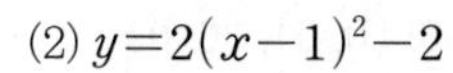

(2) $y=2(x-1)^2-2$

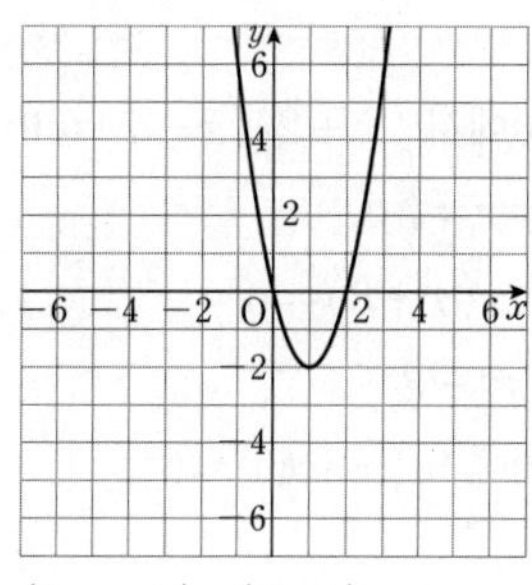

$(1,\ -2),\ (0,\ 0)$

(3) $y=-(x+2)^2+5$

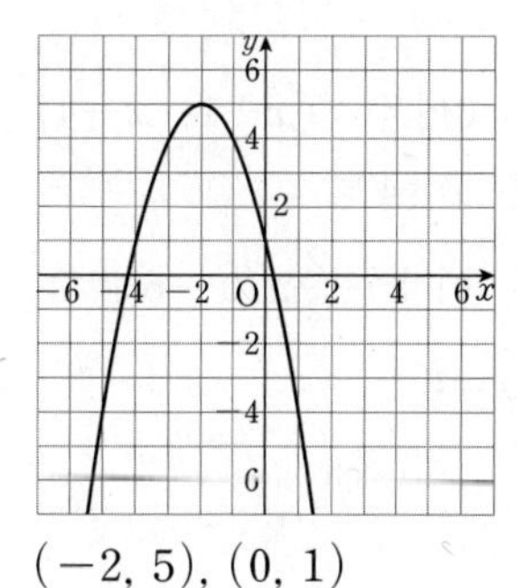

$(-2,\ 5),\ (0,\ 1)$

(4) $y=-2(x-2)^2+3$

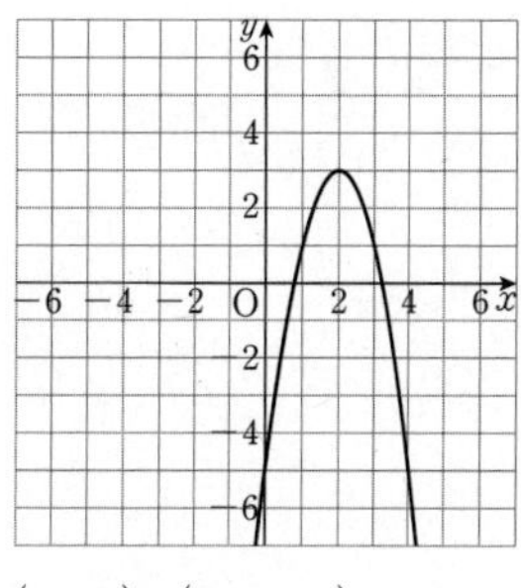

$(2,\ 3),\ (0,\ -5)$

(5) $y=-\frac{1}{2}(x-3)^2-1$

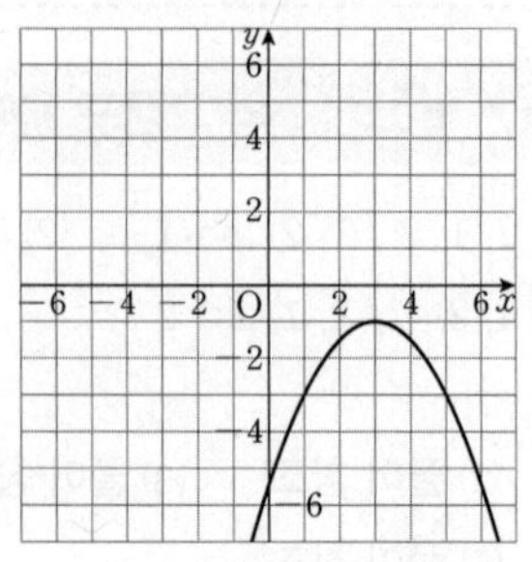

$(3,\ -1)$, $\left(0,\ -\frac{11}{2}\right)$

10 | 이차함수의 그래프와 x축과의 교점의 좌표 160쪽

1 0, 0, 6, 2, 0, -6, 2, -6, 2

2 (1) $(-2,\ 0)$, $(7,\ 0)$ (2) $(0,\ 0)$, $(-8,\ 0)$

(3) $(-4,\ 0)$ (4) $\left(\frac{1}{3},\ 0\right)$, $(1,\ 0)$

(5) $(-1,\ 0)$, $(4,\ 0)$ (6) $(0,\ 0)$, $(6,\ 0)$

2 (1) $x^2-5x-14=0$에서 $(x+2)(x-7)=0$

$\therefore x=-2$ 또는 $x=7$

(2) $x^2+8x=0$에서 $x(x+8)=0$

$\therefore x=0$ 또는 $x=-8$

(3) $x^2+8x+16=0$에서 $(x+4)^2=0$

$\therefore x=-4$

(4) $3x^2-4x+1=0$에서 $(3x-1)(x-1)=0$

$\therefore x=\frac{1}{3}$ 또는 $x=1$

(5) $-x^2+3x+4=0$에서 $-(x+1)(x-4)=0$

$\therefore x=-1$ 또는 $x=4$

(6) $-\frac{2}{3}x^2+4x=0$에서 $-\frac{2}{3}x(x-6)=0$

$\therefore x=0$ 또는 $x=6$

11 | 이차함수 $y=ax^2+bx+c$의 그래프의 성질 161~162쪽

1 9, 9, 9, 9, 3, 1, 그래프는 풀이 참조

2 (1) -3, -1 (2) $(-3,\ -1)$ (3) $x=-3$

(4) 아래 (5) $(0,\ 8)$

(6) $(-4,\ 0)$, $(-2,\ 0)$

3 (1) × (2) × (3) ○ (4) ○ (5) ×

(6) ○ (7) ○

4 (1) ○ (2) × (3) × (4) ○ (5) ○

(6) × (7) ×

5 (1) ○ (2) × (3) ○ (4) × (5) ○

(6) × (7) ×

1

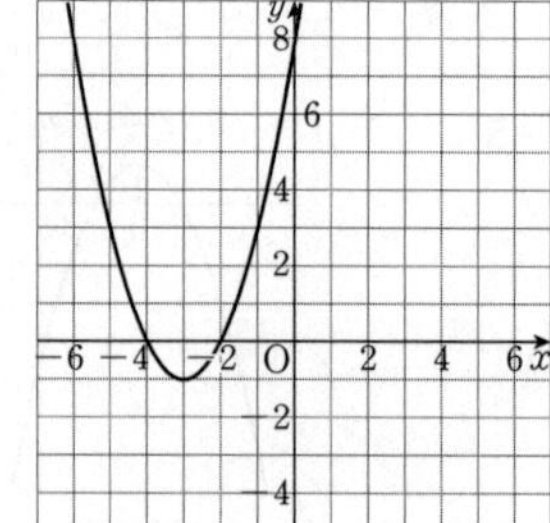

2 (6) $x^2+6x+8=0$에서 $(x+4)(x+2)=0$

$\therefore x=-4$ 또는 $x=-2$

3 $y=x^2+4x+3=(x+2)^2-1$

(1) 이차함수 $y=x^2$의 그래프를 x축의 방향으로 -2만큼, y축의 방향으로 -1만큼 평행이동한 것이다.

(2) 꼭짓점의 좌표는 $(-2,\ -1)$이다.

(5) 점 $(-1,\ 0)$을 지난다.

4 $y=-x^2+2x+3=-(x-1)^2+4$

(2) 꼭짓점의 좌표는 $(1,\ 4)$이다.

(3) 축의 방정식은 $x=1$이다.

(6) y축과의 교점의 좌표는 $(0,\ 3)$이다.

(7) x축과의 교점의 좌표는 $(-1,\ 0)$, $(3,\ 0)$이다.

5 $y=-2x^2+6x=-2\left(x-\frac{3}{2}\right)^2+\frac{9}{2}$

(2) 꼭짓점의 좌표는 $\left(\frac{3}{2},\ \frac{9}{2}\right)$이다.

(4) 위로 볼록한 포물선이다.

(6) y축과의 교점의 좌표는 $(0,\ 0)$이다.

(7) x축과의 교점의 좌표는 $(3,\ 0)$, $(0,\ 0)$이다.

12 이차함수 $y=ax^2+bx+c$의 그래프의 평행이동 163쪽

1 4, 4, 2, 1, 1, 2, 1, 2, 3, 1

2 (1) $y=-(x-1)^2$, $y=-(x-3)^2+1$

(2) $y=2(x-1)^2-2$, $y=2x^2-1$

(3) $y=\frac{1}{2}(x-1)^2-2$, $y=\frac{1}{2}(x+1)^2-5$

(4) $y=-3(x-1)^2$, $y=-3(x-4)^2-4$

2 (1) $y=-x^2+2x-1=-(x-1)^2$

이 그래프를 x축의 방향으로 2만큼, y축의 방향으로 1만큼 평행이동한 그래프의 식은

$y=-(x-2-1)^2+1$ $\quad\therefore y=-(x-3)^2+1$

(2) $y=2x^2-4x=2(x-1)^2-2$

이 그래프를 x축의 방향으로 -1만큼, y축의 방향으로 1만큼 평행이동한 그래프의 식은

$y=2(x+1-1)^2-2+1$ $\quad\therefore y=2x^2-1$

(3) $y=\frac{1}{2}x^2-x-\frac{3}{2}=\frac{1}{2}(x-1)^2-2$

이 그래프를 x축의 방향으로 -2만큼, y축의 방향으로 -3만큼 평행이동한 그래프의 식은

$y=\frac{1}{2}(x+2-1)^2-2-3$

$\therefore y=\frac{1}{2}(x+1)^2-5$

(4) $y=-3x^2+6x-3=-3(x-1)^2$

이 그래프를 x축의 방향으로 3만큼, y축의 방향으로 -4만큼 평행이동한 그래프의 식은

$y=-3(x-3-1)^2-4$

$\therefore y=-3(x-4)^2-4$

13 이차함수 $y=ax^2+bx+c$의 그래프에서 a, b, c의 부호 정하기 164~165쪽

1 (1) ① > ② 다르다, < ③ <

(2) ① > ② 같다, > ③ >

(3) ① < ② 같다, < ③ <

(4) ① < ② 다르다, > ③ >

2 (1) >, >, < (2) <, <, >

(3) >, =, < (4) <, >, <

(5) >, <, >

3 (1) 풀이 참조 (2) 풀이 참조 (3) 풀이 참조

(4) 풀이 참조

3 (1)

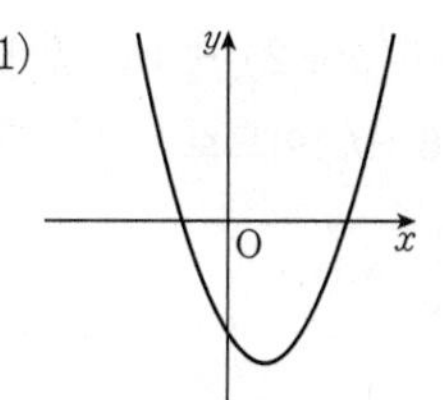

(2)

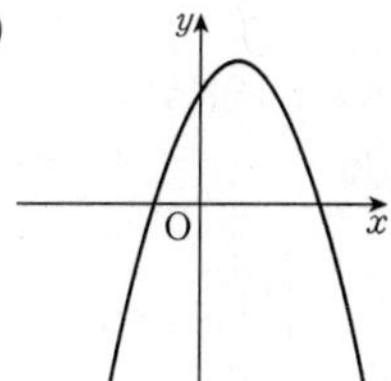

(3)

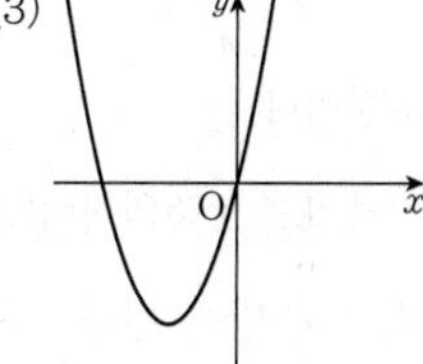

(4)

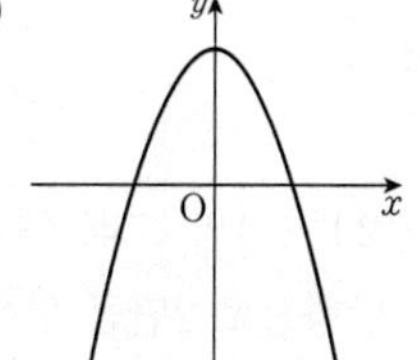

09-13 스스로 점검 문제 166쪽

1 -15 **2** ③ **3** 8 **4** ②

5 ㄴ, ㄷ, ㄹ **6** 6 **7** ⑤

1 $y=2x^2-12x+13=2(x-3)^2-5$이므로

$p=3$, $q=-5$

$\therefore pq=-15$

2 $-x^2-2x+15=0$에서

$x^2+2x-15=0$, $(x+5)(x-3)=0$

$\therefore x=-5$ 또는 $x=3$

따라서 $a=-5$, $b=3$ 또는 $a=3$, $b=-5$이므로

$a+b=-2$

3 $y=-4x^2-16x+k=-4(x+2)^2+16+k$에서
꼭짓점의 좌표가 $(-2,\ 16+k)$이므로
$m=-2,\ 16+k=12$
$\therefore k=-4 \qquad \therefore mk=8$

4 평행이동한 그래프의 식은
$y=3(x-1)^2-2=3x^2-6x+1$이므로
$a=3,\ b=-6,\ c=1$
$\therefore a+b+c=-2$

5 $y=-2x^2+6x-8=-2\left(x-\frac{3}{2}\right)^2-\frac{7}{2}$

ㄱ. 직선 $x=\frac{3}{2}$에 대하여 대칭이다.

ㅁ. 이차함수 $y=-2x^2$의 그래프를 x축의 방향으로 $\frac{3}{2}$만큼, y축의 방향으로 $-\frac{7}{2}$만큼 평행이동한 것이다.

이상에서 옳은 것은 ㄴ, ㄷ, ㄹ이다.

6 $y=2x^2-8x+4=2(x-2)^2-4$의 그래프를 x축의 방향으로 -1만큼, y축의 방향으로 2만큼 평행이동한 그래프의 식은
$y=2(x+1-2)^2-4+2$
$=2(x-1)^2-2$
$=2x^2-4x$
따라서 $a=2,\ b=-4,\ c=0$이므로
$a-b+c=2-(-4)+0=6$

7 위로 볼록하므로 $a<0$
축이 y축의 왼쪽에 있으므로 $b<0$
y축과 원점에서 만나므로 $c=0$

14 이차함수의 식 구하기 (1) 167~168쪽

1 2, 2, -2, 2, 2, -4, -1, 2, 2

2 (1) $y=(x+1)^2+1$ (2) $y=\frac{1}{2}(x-1)^2+\frac{5}{2}$
(3) $y=-4(x-1)^2-2$ (4) $y=-(x+2)^2-3$
(5) $y=-\frac{1}{2}x^2+1$ (6) $y=2(x-4)^2$
(7) $y=-2(x+1)^2+5$ (8) $y=5(x+3)^2-15$

3 (1) $y=(x-2)^2-1$ (2) $y=\frac{1}{2}(x+3)^2+1$
(3) $y=-(x+2)^2+9$ (4) $y=-\frac{1}{2}(x-2)^2$

4 (1) $y=3x^2+6x-1$ (2) $y=-2x^2+8$
(3) $y=-3x^2+12x-9$

2 (1) $y=a(x+1)^2+1$로 놓으면 점 $(2,\ 10)$을 지나므로
$10=9a+1$
$\therefore a=1$
$\therefore y=(x+1)^2+1$

(2) $y=a(x-1)^2+\frac{5}{2}$로 놓으면 점 $(0,\ 3)$을 지나므로
$3=a+\frac{5}{2}$
$\therefore a=\frac{1}{2}$
$\therefore y=\frac{1}{2}(x-1)^2+\frac{5}{2}$

(3) $y=a(x-1)^2-2$로 놓으면 점 $(2,\ -6)$을 지나므로
$-6=a-2$
$\therefore a=-4$
$\therefore y=-4(x-1)^2-2$

(4) $y=a(x+2)^2-3$으로 놓으면 점 $(0,\ -7)$을 지나므로
$-7=4a-3$
$\therefore a=-1$
$\therefore y=-(x+2)^2-3$

(5) $y=ax^2+1$로 놓으면 점 $(2,\ -1)$을 지나므로
$-1=4a+1$
$\therefore a=-\frac{1}{2}$
$\therefore y=-\frac{1}{2}x^2+1$

(6) $y=a(x-4)^2$으로 놓으면 점 $(3,\ 2)$를 지나므로
$2=a$
$\therefore y=2(x-4)^2$

(7) $y=a(x+1)^2+5$로 놓으면 점 $(-3,\ -3)$을 지나므로

$-3=4a+5$

$\therefore a=-2$

$\therefore y=-2(x+1)^2+5$

(8) $y=a(x+3)^2-15$로 놓으면 점 $(-2,\ -10)$을 지나므로

$-10=a-15$

$\therefore a=5$

$\therefore y=5(x+3)^2-15$

3 (1) 꼭짓점의 좌표가 $(2,\ -1)$이므로

$y=a(x-2)^2-1$로 놓을 수 있다.

점 $(0,\ 3)$을 지나므로

$3=4a-1$ $\quad \therefore a=1$

$\therefore y=(x-2)^2-1$

(2) 꼭짓점의 좌표가 $(-3,\ 1)$이므로

$y=a(x+3)^2+1$로 놓을 수 있다.

점 $(1,\ 9)$를 지나므로

$9=16a+1$ $\quad \therefore a=\frac{1}{2}$

$\therefore y=\frac{1}{2}(x+3)^2+1$

(3) 꼭짓점의 좌표가 $(-2,\ 9)$이므로

$y=a(x+2)^2+9$로 놓을 수 있다.

점 $(0,\ 5)$를 지나므로

$5=4a+9$ $\quad \therefore a=-1$

$\therefore y=-(x+2)^2+9$

(4) 꼭짓점의 좌표가 $(2,\ 0)$이므로 $y=a(x-2)^2$으로 놓을 수 있다.

점 $(0,\ -2)$를 지나므로

$-2=4a$ $\quad \therefore a=-\frac{1}{2}$

$\therefore y=-\frac{1}{2}(x-2)^2$

4 (1) 꼭짓점의 좌표가 $(-1,\ -4)$이므로

$y=a(x+1)^2-4$로 놓을 수 있다.

점 $(0,\ -1)$을 지나므로

$-1=a-4$ $\quad \therefore a=3$

$\therefore y=3(x+1)^2-4=3x^2+6x-1$

(2) 꼭짓점의 좌표가 $(0,\ 8)$이므로 $y=ax^2+8$로 놓을 수 있다.

점 $(1,\ 6)$을 지나므로

$6=a+8$ $\quad \therefore a=-2$

$\therefore y=-2x^2+8$

(3) 꼭짓점의 좌표가 $(2,\ 3)$이므로 $y=a(x-2)^2+3$으로 놓을 수 있다.

점 $(0,\ -9)$를 지나므로

$-9=4a+3$ $\quad \therefore a=-3$

$\therefore y=-3(x-2)^2+3=-3x^2+12x-9$

15 이차함수의 식 구하기 (2) 169쪽

1 3, 11, 3, −5, 3, 2, −7, 2, 3, 7

2 (1) $y=-(x+1)^2+7$ (2) $y=\frac{1}{2}(x-1)^2+\frac{5}{2}$

(3) $y=-3x^2+6$ (4) $y=2(x-2)^2$

(5) $y=(x+2)^2-4$

2 (1) 축의 방정식이 $x=-1$이므로 $y=a(x+1)^2+q$로 놓을 수 있다.

점 $(0,\ 6)$을 지나므로

$a+q=6$ ⋯⋯ ㉠

점 $(2,\ -2)$를 지나므로

$9a+q=-2$ ⋯⋯ ㉡

㉠, ㉡을 연립하여 풀면

$a=-1,\ q=7$

$\therefore y=-(x+1)^2+7$

(2) 축의 방정식이 $x=1$이므로 $y=a(x-1)^2+q$로 놓을 수 있다.

점 $(2,\ 3)$을 지나므로

$a+q=3$ ⋯⋯ ㉠

점 $(4,\ 7)$을 지나므로

$9a+q=7$ ⋯⋯ ㉡

㉠, ㉡을 연립하여 풀면

$a=\frac{1}{2},\ q=\frac{5}{2}$

$\therefore y=\frac{1}{2}(x-1)^2+\frac{5}{2}$

(3) 축의 방정식이 $x=0$이므로 $y=ax^2+q$로 놓을 수 있다.

점 $(1,\ 3)$을 지나므로

$a+q=3$ ⋯⋯ ㉠

점 $(2,\ -6)$을 지나므로

$4a+q=-6$ ⋯⋯ ㉡

㉠, ㉡을 연립하여 풀면

$a=-3,\ q=6$

$\therefore y=-3x^2+6$

(4) 축의 방정식이 $x=2$이므로 $y=a(x-2)^2+q$로 놓을 수 있다.

점 $(1, 2)$를 지나므로

$a+q=2$ …… ㉠

점 $(4, 8)$을 지나므로

$4a+q=8$ …… ㉡

㉠, ㉡을 연립하여 풀면

$a=2, q=0$

$\therefore y=2(x-2)^2$

(5) 축의 방정식이 $x=-2$이므로 $y=a(x+2)^2+q$로 놓을 수 있다.

점 $(0, 0)$을 지나므로

$4a+q=0$ …… ㉠

점 $(1, 5)$를 지나므로

$9a+q=5$ …… ㉡

㉠, ㉡을 연립하여 풀면

$a=1, q=-4$

$\therefore y=(x+2)^2-4$

16 이차함수의 식 구하기 (3) 170~171쪽

1 8, 3, 0, 1, -6, 8, x^2-6x+8

2 (1) $y=x^2-6x+3$ (2) $y=-x^2-3x+2$
(3) $y=2x^2-4x+1$ (4) $y=-3x^2+12x-8$
(5) $y=-3x^2+4$ (6) $y=x^2+8x+16$

3 2, 3, 6, 1,
$y=x^2-5x+6$ (또는 $y=(x-2)(x-3)$)

4 (1) $y=x^2-7x+10$ (2) $y=-2x^2-16x-14$
(3) $y=-x^2-x+2$ (4) $y=2x^2+4x$
(5) $y=-2x^2+6x+8$
(6) $y=-\frac{2}{3}x^2+\frac{4}{3}x+2$

5 (1) $y=x^2-2x-3$ (2) $y=-x^2+2x+8$
(3) $y=2x^2+8x+6$

2 (1) 세 점 $(0, 3)$, $(1, -2)$, $(2, -5)$를 지나므로

$c=3$, $a+b+c=-2$, $4a+2b+c=-5$

세 식을 연립하여 풀면

$a=1, b=-6, c=3$

$\therefore y=x^2-6x+3$

(2) 세 점 $(0, 2)$, $(1, -2)$, $(2, -8)$을 지나므로

$c=2$, $a+b+c=-2$, $4a+2b+c=-8$

세 식을 연립하여 풀면

$a=-1, b=-3, c=2$

$\therefore y=-x^2-3x+2$

(3) 세 점 $(0, 1)$, $(1, -1)$, $(2, 1)$을 지나므로

$c=1$, $a+b+c=-1$, $4a+2b+c=1$

세 식을 연립하여 풀면

$a=2, b=-4, c=1$

$\therefore y=2x^2-4x+1$

(4) 세 점 $(0, -8)$, $(2, 4)$, $(3, 1)$을 지나므로

$c=-8$, $4a+2b+c=4$, $9a+3b+c=1$

세 식을 연립하여 풀면

$a=-3, b=12, c=-8$

$\therefore y=-3x^2+12x-8$

(5) 세 점 $(-1, 1)$, $(0, 4)$, $(2, -8)$을 지나므로

$a-b+c=1$, $c=4$, $4a+2b+c=-8$

세 식을 연립하여 풀면

$a=-3, b=0, c=4$

$\therefore y=-3x^2+4$

(6) 세 점 $(-3, 1)$, $(-2, 4)$, $(0, 16)$을 지나므로

$9a-3b+c=1$, $4a-2b+c=4$, $c=16$

세 식을 연립하여 풀면 $a=1, b=8, c=16$

$\therefore y=x^2+8x+16$

4 (1) x축과 두 점 $(2, 0)$, $(5, 0)$에서 만나므로

$y=a(x-2)(x-5)$로 놓을 수 있다.

이 그래프가 점 $(0, 10)$을 지나므로

$10a=10$ $\therefore a=1$

$\therefore y=(x-2)(x-5)=x^2-7x+10$

(2) x축과 두 점 $(-7, 0)$, $(-1, 0)$에서 만나므로

$y=a(x+7)(x+1)$로 놓을 수 있다.

이 그래프가 점 $(-6, 10)$을 지나므로

$-5a=10$ $\therefore a=-2$

$\therefore y=-2(x+7)(x+1)=-2x^2-16x-14$

(3) x축과 두 점 $(-2, 0)$, $(1, 0)$에서 만나므로

$y=a(x+2)(x-1)$로 놓을 수 있다.

이 그래프가 점 $(0, 2)$를 지나므로

$-2a=2$ $\therefore a=-1$

$\therefore y=-(x+2)(x-1)=-x^2-x+2$

(4) x축과 두 점 $(-2, 0)$, $(0, 0)$에서 만나므로
$y=ax(x+2)$로 놓을 수 있다.
이 그래프가 점 $(1, 6)$을 지나므로
$3a=6 \quad \therefore a=2$
$\therefore y=2x(x+2)=2x^2+4x$

(5) x축과 두 점 $(-1, 0)$, $(4, 0)$에서 만나므로
$y=a(x+1)(x-4)$로 놓을 수 있다.
이 그래프가 점 $(0, 8)$을 지나므로
$-4a=8 \quad \therefore a=-2$
$\therefore y=-2(x+1)(x-4)=-2x^2+6x+8$

(6) x축과 두 점 $(-1, 0)$, $(3, 0)$에서 만나므로
$y=a(x+1)(x-3)$으로 놓을 수 있다.
이 그래프가 점 $(0, 2)$를 지나므로
$-3a=2 \quad \therefore a=-\frac{2}{3}$
$\therefore y=-\frac{2}{3}(x+1)(x-3)=-\frac{2}{3}x^2+\frac{4}{3}x+2$

5 (1) 세 점 $(-2, 5)$, $(0, -3)$, $(2, -3)$을 지나므로
$4a-2b+c=5$, $c=-3$, $4a+2b+c=-3$
세 식을 연립하여 풀면
$a=1$, $b=-2$, $c=-3$
$\therefore y=x^2-2x-3$

(2) 세 점 $(0, 8)$, $(2, 8)$, $(4, 0)$을 지나므로
$c=8$, $4a+2b+c=8$, $16a+4b+c=0$
세 식을 연립하여 풀면
$a=-1$, $b=2$, $c=8$
$\therefore y=-x^2+2x+8$

(3) x축과 두 점 $(-3, 0)$, $(-1, 0)$에서 만나므로
$y=a(x+3)(x+1)$로 놓을 수 있다.
이 그래프가 점 $(0, 6)$을 지나므로
$3a=6 \quad \therefore a=2$
$\therefore y=2(x+3)(x+1)=2x^2+8x+6$

14-16 스스로 점검 문제 172쪽

1 -8	**2** ③	**3** 1	**4** 10
5 ②	**6** ①	**7** $y=\frac{1}{2}x^2+3x-3$	
8 -3			

1 꼭짓점의 좌표가 $(-1, 4)$인 이차함수의 식
$y=a(x+1)^2+4$의 그래프가 점 $(-3, -8)$을 지나므로
$-8=4a+4 \quad \therefore a=-3$
$\therefore y=-3(x+1)^2+4=-3x^2-6x+1$
따라서 $a=-3$, $b=-6$, $c=1$이므로
$a+b+c=-8$

2 꼭짓점의 좌표가 $(2, 2)$인 이차함수의 식
$y=a(x-2)^2+2$의 그래프가 점 $(0, -6)$을 지나므로
$-6=4a+2 \quad \therefore a=-2$
$\therefore y=-2(x-2)^2+2=-2x^2+8x-6$
이 그래프와 x축과의 교점의 x좌표는 $y=0$일 때 x의 값이므로
$-2x^2+8x-6=0$
$-2(x-1)(x-3)=0$
$\therefore x=1$ 또는 $x=3$
따라서 $m=1$, $n=3$ 또는 $m=3$, $n=1$이므로
$mn=3$

3 축의 방정식이 $x=-4$인 $y=-(x+4)^2+q$의 그래프가 점 $(-2, 3)$을 지나므로
$3=-4+q \quad \therefore q=7$
$\therefore y=-(x+4)^2+7=-x^2-8x-9$
따라서 $m=-8$, $n=-9$이므로
$m-n=1$

4 축의 방정식이 $x=-1$이고 평행이동하면 이차함수 $y=3x^2$과 포개어지므로 이차함수의 식을
$y=3(x+1)^2+q$로 놓을 수 있다.
점 $(0, 1)$을 지나므로
$1=3(0+1)^2+q$, $1=3+q$
$\therefore q=-2$
따라서 $y=3(x+1)^2-2=3x^2+6x+1$이므로
$a=3$, $b=6$, $c=1$
$\therefore a+b+c=10$

5 $y=ax^2+bx+c$에 세 점 $(-1, 3)$, $(0, 2)$, $(3, 5)$를 대입하면
$a-b+c=3$, $c=2$, $9a+3b+c=5$이므로
세 식을 연립하여 풀면
$a=\frac{1}{2}$, $b=-\frac{1}{2}$, $c=2$
$\therefore a-b-c=\frac{1}{2}-\left(-\frac{1}{2}\right)-2=-1$

6 $y=a(x+3)(x-3)$으로 놓으면 점 $(2, 5)$를 지나므로
$5=a\times5\times(-1)$ $\therefore a=-1$
$\therefore y=-(x+3)(x-3)=-x^2+9$
따라서 y축과의 교점의 좌표는 $(0, 9)$이다.

7 세 점 $(-6, -3)$, $(0, -3)$, $(2, 5)$를 지나므로
$y=ax^2+bx+c$에 각각 대입하면
$36a-6b+c=-3$, $c=-3$, $4a+2b+c=5$
세 식을 연립하여 풀면
$a=\frac{1}{2}$, $b=3$, $c=-3$
$\therefore y=\frac{1}{2}x^2+3x-3$

8 이차함수의 그래프가 두 점 $(-2, 0)$, $(2, 0)$을 지나므로 $y=a(x+2)(x-2)$
또, 점 $(3, 5)$를 지나므로
$5=a\times5\times1$ $\therefore a=1$
$\therefore y=(x+2)(x-2)=x^2-4$
따라서 $a=1$, $b=0$, $c=-4$이므로
$a+b+c=-3$

풍산자

반복수학

중학수학 3-1